A Nanù, Libero e Gaia
per tanti buoni motivi

Collana di Fisica e Astronomia

Roberto Piazza

I capricci del caso

Introduzione alla statistica, al calcolo delle probabilità e alla teoria degli errori

Roberto Piazza
Dipartimento di Chimica, Materiali e Ingegneria Chimica
Politecnico di Milano - Sede Ponzio

Springer-Verlag fa parte di Springer Science+Business Media

springer.com

ISBN 978-88-470-1115-1 e-ISBN 978-88-470-1116-8

Riprodotto da copia camera-ready fornita dall'Autore
Progetto grafico della copertina: Simona Colombo, Milano
In copertina: "Il bacio" © René Magritte, by SIAE 2009
Stampa: Grafiche Porpora, Segrate, Milano

Springer-Verlag Italia s.r.l., Via Decembrio, 28 - 20137 Milano

Prefazione

Questo libro trae origine da una precisa convinzione: ritengo che chi si avvicina alla fisica (ma anche a molti altri settori delle scienze naturali e dell'ingegneria) abbia l'esigenza di far pienamente propri, e di sfruttare adeguatamente quanto prima possibile, molti concetti chiave di probabilità e statistica. L'esperienza maturata come docente, sia di corsi introduttivi di laboratorio che di fisica statistica a livello intermedio, mi spinge ad affermare che ciò può essere fatto sfruttando quasi esclusivamente gli strumenti matematici che si acquisiscono nel primo biennio di molti corsi di laurea in discipline scientifiche, senza per questo dover rinunciare ad una comprensione di fondo, di converso tutt'altro che immediata, di quelli che ho voluto chiamare i "capricci del caso".

Per quanto possa certamente costituire un testo di base o di supporto per i primi corsi di laboratorio o di fisica statistica, il volume vuole anche essere utile come strumento per l'apprendimento personale diretto, ed è rivolto soprattutto a quelle menti vive, curiose e per fortuna non rare che, avvicinandosi alla scienza, non cercano tanto un testo quanto un "compagno di viaggio". Sono infatti convinto che dovere primario e ineludibile di chi fa il mio lavoro sia quello di promuovere, per quanto gli è possibile, lo sviluppo del pensiero originale proprio in coloro nei quali si può già chiaramente intravvedere.

Con questo obiettivo, ho cercato di scrivere un testo introduttivo, ma non elementare, in cui tutti gli strumenti tecnici necessari alla comprensione vengano introdotti in modo semplice ma sufficientemente adeguato, e dove il livello dei contenuti cresca progressivamente a partire da concetti elementari.

Scopo principale dei primi due capitoli è soprattutto quello di suscitare la curiosità del lettore per mezzo di esempi semplici, ma non convenzionali, che permettano nel contempo di introdurre concetti rilevanti come quelli di invarianza di scala, di indistinguibilità quantistica, o di moto browniano.

Nel Cap. 3, a cui attribuisco un'importanza particolare, le distribuzioni di probabilità per una variabile casuale vengono introdotte in stretta e costante relazione con il loro interesse per la fisica e l'ingegneria. I Cap. 5 e 6, dedicati rispettivamente alla teoria degli errori e all'analisi dei dati sperimentali, hanno un carattere più "tradizionale", ma reso più rigoroso, rispetto a quanto fatto di norma nei corsi introduttivi, dai concetti sviluppati nei capitoli precedenti.

Un discorso a parte merita il Cap. 4, dove ho cercato di raccogliere tutti quei concetti più avanzati che richiedono conoscenze preliminari aggiuntive, in ogni caso introdotte a livello elementare nel testo o nelle appendici matematiche: in considerazione di quegli studenti "speciali" a cui mi riferivo, credo che ne sia valsa la pena. Queste nozioni, come quelle contenute nelle sezioni indicate con un asterisco, non sono comunque essenziali per una prima lettura.

Ho invece volutamente evitato di discutere metodi numerici o programmi di calcolo specifici per l'analisi statistica, sia in quanto ad essi sono già dedicati testi eccellenti, che soprattutto perché l'esperienza e l'età mi suggeriscono che, da questo punto di vista, qualunque studente un po' sveglio saprebbe fare decisamente meglio di me.

Non è mio compito giudicare se e quanto abbia raggiunto l'obiettivo che che mi ero proposto. Di per certo, credo di essere perlomeno riuscito in un intento più modesto, che tuttavia mi stava a cuore: realizzare quel "libriccino" che *io*, nei panni di un giovane studente in fisica, avrei voluto avere sotto mano molti anni or sono, e che neppure oggi mi è facile individuare sul mercato editoriale, a dispetto di intere collezioni dedicate a testi di probabilità e statistica.

Se vi sono riuscito, lo devo anche al prezioso aiuto di colleghi, studenti, amici, organizzazioni che, con i loro suggerimenti e le loro correzioni, o per avermi messo a conoscenza di dati statistici interessanti e curiosi, hanno contribuito alla realizzazione di questo volume. Voglio quindi ringraziare in particolare Vittorio Degiorgio, Stefano Buzzaccaro, Daniele Vigolo, Franco Peracchi, Victor Yakovenko, l'Istat e il Centro Interuniversitario per l'accesso alle Scuole di Ingegneria ed Architettura (CISIA). Un ringraziamento speciale va anche a Springer, ed in particolare a Maria Bellantone e Marina Forlizzi, per avermi spinto a contraddire (spero) la mia convinzione secondo cui "scrivere libri è ciò che fa un fisico quando diventa troppo vecchio per fare ricerca".

Questo libro è stato interamente redatto in LaTeX 2_ε, utilizzando per l'analisi computazionale e la grafica soprattutto piattaforme aperte quali SCILAB: desidero quindi infine esprimere il mio più vivo ringraziamento a tutti coloro (tra cui non posso non menzionare Claudio Beccari) che si adoperano per fini non commerciali al progetto e allo sviluppo di software di qualità, o in altri termini a ciò che viene definito, con un'espressione davvero efficace, *careware*.

Tanto basti per i colleghi che leggono queste righe con lo scopo di trovare motivazioni sufficienti per consigliare ai loro studenti questo testo: di più, una prefazione non può e non deve dire. A te, lettore "per davvero", è invece riservato il breve programma di lavoro che apre il volume: spero che possa esserti almeno utile a capire che cosa vogliamo fare insieme.

Milano, gennaio 2009 *Roberto Piazza*

Indice

Un programma di lavoro 1

1 **La descrizione statistica dei dati** 5
1.1 Descrizione statistica e proprietà "emergenti" 5
1.2 Un (apparente) ossimoro, per cominciare 6
1.3 Le *password* della statistica 12
1.4 Distribuzioni di frequenze 15
1.5 Indicatori di una distribuzione statistica 24
1.5.1 Media 24
1.5.2 Momenti di una distribuzione 26
1.5.3 Deviazione standard e asimmetria 28
1.6 Un "esperimento numerico": Il moto browniano 32
*1.7 Scale caratteristiche ed invarianza di scala 35
1.8 Correlazioni 44

2 **Probabilità: concetti di base** 49
2.1 Le regole di calcolo 50
2.2 Eventi indipendenti 56
2.3 Probabilità condizionata 59
2.3.1 Il teorema di Bayes 63
2.4 Eventi composti e conteggi degli eventi 64
*2.4.1 Conteggi in fisica statistica 70
*2.5 Sulle diverse interpretazioni della probabilità 73
*2.5.1 Probabilità e frequenze relative 74
*2.5.2 Probabilità "oggettiva" a priori 76
*2.5.3 Probabilità come inferenza (probabilità bayesiana) 77

3 **Distribuzioni di probabilità** 83
3.1 Variabili casuali e distribuzioni di probabilità 83
3.2 Valore di aspettazione, varianza e momenti successivi 88
3.3 La distribuzione binomiale 92

*3.3.1 Miseria del sistemista ... 96
3.4 La distribuzione di Poisson ... 98
3.4.1 La distribuzione di Poisson come limite della binomiale. 98
3.4.2 La distribuzione di Poisson: eventi istantanei in un continuo ... 101
3.5 Distribuzioni di probabilità per variabili continue ... 109
3.6 La distribuzione gaussiana ... 117
3.6.1 Dalla binomiale (o dalla Poisson) alla gaussiana ... 117
3.6.2 Probabilità gaussiana cumulativa ... 120
*3.6.3 Moto browniano e processi di diffusione ... 124
*3.7 La legge dei grandi numeri ... 127
*3.7.1 Legge dei grandi numeri: formulazione "debole" ... 128
*3.7.2 Legge dei grandi numeri: formulazione "forte" ... 129

4 Probabilità: accessori per l'uso ... 131
4.1 Funzioni di una variabile casuale ... 132
*4.2 Distribuzioni di probabilità per più variabili ... 136
*4.2.1 Distribuzioni gaussiane per due variabili ... 141
*4.3 Funzioni di due variabili casuali ... 142
*4.4 Funzione caratteristica ... 144
*4.4.1 Alcune proprietà della funzione caratteristica ... 146
*4.4.2 Funzioni caratteristiche di alcune distribuzioni notevoli. 147
*4.4.3 Funzione caratteristica e momenti ... 150
*4.4.4 Cumulanti: perché la gaussiana è così "speciale" ... 151
*4.5 Il Teorema Centrale Limite ... 153
*4.6 Probabilità ed informazione ... 156
*4.6.1 Entropia statistica ... 157
*4.6.2 Il principio di massima entropia ... 162
*4.6.3 Entropia statistica per variabili continue ... 164

5 Teoria degli errori ... 167
5.1 Alle radici degli errori ... 168
5.1.1 La struttura di un apparato di misura ... 168
5.1.2 Un *tour* (breve ed incompleto) sulle cause di errore ... 170
5.1.3 Errori sistematici ed errori casuali ... 174
5.1.4 Precisione ed accuratezza. Distribuzione gaussiana degli errori casuali ... 176
*5.1.5 Lo scheletro nell'armadio: i dati "strani" ... 178
5.2 Stime dei parametri della distribuzione limite ... 182
5.2.1 Perché fare più misure ... 182
5.2.2 La media come stima del valore di aspettazione ... 183
5.2.3 Stima di σ_x e deviazione standard "corretta" ... 184
5.2.4 L'errore standard: come si "scrive" un risultato ... 185
5.2.5 Stima della correlazioni tra due grandezze ... 187
5.3 Propagazione degli errori ... 187

5.3.1 Errori misurati ed errori stimati: le misure indirette 187
5.3.2 Stima del valore di aspettazione di $y = f(x)$ 188
5.3.3 Propagazione degli errori per funzioni di una variabile .. 189
5.3.4 Propagazione degli errori per funzioni di più variabili .. 192
5.4 Errore sulla deviazione standard e cifre significative 196
5.5 Medie pesate 198
*5.6 Piccoli campioni 198

6 Analisi dei dati sperimentali 203
6.1 Il principio di massima verosimiglianza 203
6.2 Il test del χ^2 206
6.2.1 Gradi di libertà 207
6.2.2 Distribuzione di probabilità per il χ^2 208
6.3 Il test del χ^2 per una distribuzione 210
*6.3.1 Massima verosimiglianza o massima entropia? 212
6.4 Fit dell'andamento di dati sperimentali 214
6.5 Il metodo dei minimi quadrati 216
6.5.1 Relazioni lineari (o riconducibili ad esse) 217
6.5.2 Funzioni non lineari 222
6.6 Il test del χ^2 per un fit 224
6.6.1 Utilità e limiti del χ^2 per giudicare la bontà di un fit ... 224
6.6.2 Far del vizio virtù: il test del χ^2 "rovesciato" 225

Letture consigliate 227

A Un *potpourri* matematico 231
A.1 Approssimazione di Stirling e funzione Gamma 231
A.2 Indicatori caratteristici delle distribuzioni 233
A.2.1 Binomiale 233
A.2.2 Poisson 234
A.2.3 Gaussiana 235
*A.3 Il teorema di DeMoivre–Laplace 237
*A.4 Lemma di Borel–Cantelli e legge dei grandi numeri 238
*A.4.1 Il lemma di Borel-Cantelli 238
*A.4.2 La "forma forte" della legge dei grandi numeri 241
A.5 La δ di Dirac 242
*A.6 Funzioni generatrici 244
A.7 La distribuzione del χ^2 245

B Tavole numeriche 247

Indice analitico 251

Un programma di lavoro

Ai miei 25 ± 5 *lettori*

Statisticamente, fino a pochi anni or sono, su cento studenti che si iscrivevano al corso di studi in Fisica meno di trenta conseguivano una Laurea, all'incirca tre ottenevano un Dottorato, solo un paio sarebbero poi entrati nel mondo della ricerca, e quasi certamente nessuno avrebbe vinto un premio Nobel (oggi le cose vanno lievemente meglio, ma solo per il primo passo). La fisica è una scienza statistica, e non solo in questo senso.

Quando ero uno studente dei primi anni, non la pensavo in questo modo. L'unico incontro, o meglio scontro con la statistica era quella sorta di frettolosa introduzione ai corsi di laboratorio che passava sotto il nome di "teoria degli errori". Il tutto si riduceva, in termini pratici, a cercare di dare un po' di "tono" ai risultati di un certo numero di pomeriggi per lo più noiosi passati in laboratorio. Quanto più belli e puliti mi sembravano i risultati esatti della teoria! Per una sorta di legge del contrappasso, una volta entrato nel mondo della ricerca, mi sono trovato a sbattere continuamente la testa contro problemi che coinvolgevano concetti di probabilità e statistica. Ne ho tratto perlomeno una convinzione chiara: statistica e probabilità sono cose nel contempo facili e difficili. Facili, perché le idee di fondo possono essere introdotte a livello elementare e non richiedono prerequisiti sofisticati. Difficili, perché sono idee "sottili", che si digeriscono solo col tempo, tanto che anche i più esperti possono talvolta prendere dolorose cantonate. La fisica contemporanea è una scienza eminentemente statistica, dove il Caso (val proprio la pena di usare la maiuscola) gioca un ruolo molto più determinante di quanto potessero immaginare Galileo, Newton o Laplace. Le ragioni così tante che è quasi vano cercare di elencarle tutte: ma siccome devo darvi qualche ragione per leggere quello che segue, almeno mi ci proverò.

Come ho già accennato, il primo scontro con la statistica si ha non appena si cerchi di misurare qualcosa, per la semplice ragione che misurando una stessa quantità, come il periodo di oscillazione di un pendolo, con la stessa strumentazione ed in condizioni il più possibile identiche, si ottengono in generale risultati diversi. Provare per credere. Perché? Dovremo fare un po' di strada per capirlo. Per ora lasciamo che l'inevitabile imprecisione delle misure sperimentali rappresenti per noi una specie di “mistero inglorioso”, con il quale comunque dobbiamo fare i conti. Dobbiamo cioè imparare ad avere a che fare non con *il* risultato di una misura, ma sempre e solo con una *collezione* di risultati che presenta un certo grado di variabilità. Scopo della statistica è proprio quello di trarre conclusioni generali a partire da un insieme frammentario di dati su quantità “fluttuanti” come i risultati di misure sperimentali, conclusioni basate sul confronto con modelli teorici sviluppati sulla base di quella che chiameremo teoria della probabilità.

Se l’utilità dei metodi statistici e probabilistici fosse però limitata all’analisi delle misure sperimentali, il problema si rivelerebbe tutto sommato un po’ noioso. Per fortuna un’analisi dei fenomeni casuali e delle regole cui, nonostante tutto, sono soggetti ci può permettere di prendere molti piccioni con una fava. Molto spesso è infatti il teorico, ancor più dello sperimentale, ad avere a che fare con grandezze fluttuanti. Se ad esempio vogliamo descrivere a livello microscopico le proprietà termodinamiche di un sistema di molte particelle, tutto ciò che possiamo fare è dare una descrizione statistica delle quantità fisiche che ci interessano. Così, tutto ciò che possiamo prevedere (e misurare) per la velocità o l’energia cinetica delle molecole di un gas è solo una distribuzione di valori possibili: voler descrivere il moto di ogni singola particella sarebbe solo fatica sprecata, visto che le informazioni interessanti riguardano soprattutto il comportamento collettivo (statistico) delle molecole.

Forse però la scoperta scientifica di maggior rilievo di questo secolo è che la fisica è una scienza probabilistica di per sé, al di la delle limitazioni imposte dalla precisione del processo di misura o dalla descrizione teorica. Su piccole scale di dimensione, il mondo è davvero un grande Casìno (e forse non solo nell’accezione francese del termine). Gli effetti di questa roulette microscopica non si rassegnano a restare, per così dire, nel loro piccolo, ma si manifestano spesso in modo macroscopico. Vedremo così che ci sono grandezze fisiche, come il tempo di decadimento di un nucleo radioattivo o la quantità di luce assorbita dall’occhio, caratterizzate da una distribuzione intrinseca di valori che non può essere eliminata migliorando la precisione sperimentale.

Anche nel caso in cui vogliate rifuggire dagli orrori del minestrone atomico e subatomico e dedicarvi alla fisica “classica” del mondo macroscopico, il regno del caso continuerà comunque ad inseguirvi: oggi sappiamo che anche sistemi semplici e del tutto classici, come ad esempio un’altalena, possono presentare un comportamento apparentemente del tutto casuale dovuto alla struttura delle equazioni che ne descrivono l’evoluzione nel tempo. In questo caso, anche se le grandezze fisiche che misuriamo non hanno di per se una natura casuale, e per quanto il sistema possa essere descritto specificando il valore di poche variabili, il ricorso alla descrizione statistica è inevitabile.

Rassegnamoci: più che a quell’“orologio svizzero” che immaginavano gli Illuministi, la realtà fisica assomiglia ad un ufficio del Catasto italiano. Ma anche se la presenza del Caso non si può eliminare, perlomeno si può imparare a convivere con essa. Paradossalmente, infatti, riusciamo oggi a descrivere questa realtà un po’ caotica meglio di quanto potremmo fare se fosse del tutto deterministica. E ciò grazie al modo di affrontare i fenomeni casuali proprio dei metodi probabilistici. È arrivato quindi il momento di capire lungo quale strada vogliamo muoverci, e di tracciare un piccolo programma di lavoro.

Tutto comincia con una collezione di dati di cui, come prima cosa, vogliamo imparare a dare una descrizione quantitativa. Che cosa intendiamo per "descrivere quantitativamente"? Supponete di dover fare un resoconto ad un amico su quanto avete osservato, e di dover convogliare attraverso un numero limitato di valori numerici il maggior grado di informazione possibile sui dati e sulla loro variabilità. Nella vita comune ciò è possibile quando tra noi e l'interlocutore c'è un linguaggio comune. Il nostro scopo iniziale sarà proprio quello di concordare una specie di "lessico familiare" dei metodi statistici, le cui parole chiave saranno quelle di frequenza relativa, di distribuzione di frequenze, e di parametri descrittivi di una distribuzione.

La descrizione quantitativa di dati statistici è utile, e spesso nella statistica applicata alle scienze umane è tutto ciò che si può fare. Sarebbe bello però capire *perché* un insieme di dati presenta una certa distribuzione di valori. Per far questo avremo bisogno di nuovi concetti che ci aiutino ad analizzare in modo astratto grandezze che presentano un comportamento casuale. Un linguaggio ha bisogno di una grammatica, e questa grammatica sarà per noi basata sull'idea di probabilità, sulle regole di calcolo per combinare tra loro le probabilità di diversi eventi, e sul concetto di distribuzione di probabilità come funzione che associa ai singoli valori di una variabile casuale dei valori di probabilità. Scoperta piacevole sarà che poche distribuzioni fondamentali sono sufficienti a descrivere un gran numero di situazioni fisiche disparate.

Per costruire un lingua non bastano un lessico ed una grammatica: serve anche una semantica. In altri termini ci serve un'*interpretazione*, che connetta i concetti probabilistici sviluppati ai parametri statistici che otteniamo da una misura. Osservando la struttura concreta di un apparato sperimentale, scopriremo che la precisione strumentale può essere analizzata in un quadro statistico dove gli errori sono descritti da variabili casuali con un'opportuna distribuzione di probabilità. Questo ci permetterà finalmente di confrontare delle previsioni teoriche con i dati effettivamente ottenuti. Ma che cosa significa concretamente "confrontare i dati con una previsione"? In realtà ci sono diversi "livelli" di confronto: ci chiederemo ad esempio come dalle misure si possano stimare i parametri di una distribuzione teorica (qual è il valore più probabile, quanto è "larga" la distribuzione, e così via), cercheremo di stimare gli errori che si compiono su una grandezza y che si determina indirettamente a partire da un'altra grandezza x che effettivamente misuriamo, ci chiederemo infine più in generale quanto sia "plausibile" un modello dei dati ottenuti.

Credo che il menu sia già abbastanza sostanzioso, anche se, come tutti i buoni menu, non lascia capire del tutto che cosa ci troveremo nel piatto. L'unica cosa da fare è dare quindi inizio al banchetto: buon appetito!

1

La descrizione statistica dei dati

"Tell the truth, nothing but the truth
but not the WHOLE truth"
M. Kac

1.1 Descrizione statistica e proprietà "emergenti"

Il breve "programma di lavoro" che avete appena finito di leggere dovrebbe avervi convinto che esistono molti e validi motivi per approfondire lo studio dei metodi statistici e probabilistici. Prima di addentrarci nel mondo del Caso, voglio però sottolinearne uno, che ritengo concettualmente il più significativo: cercherò di chiarirlo con un'analogia. Supponete di essere un giornalista, incaricato di redigere la cronaca di una manifestazione di piazza, a cui partecipi un gran numero di persone. In linea di principio, potreste pensare di cominciare il vostro articolo in questo modo:

> Verso il fondo, sulla destra, Tizio e Caio commentano animatamente il discorso dell'oratore, mentre Sempronio sembra meno interessato e scorre svogliatamente il giornale: un po' come Tizia che, al centro della piazza, sta conversando al telefonino. Proprio qui davanti, sua sorella Sempronia si guarda attorno alla ricerca di una via di uscita e, soprattutto, di una toilette...

È ovvio che queste poche righe costituirebbero già di per sé un'ottima credenziale per un immediato licenziamento. Ma chiediamoci perché un resoconto di questo tipo ci appare paradossale. La prima cosa che ci viene in mente è che, se ci soffermassimo a descrivere il comportamento di ogni singolo individuo, l'articolo diverrebbe insopportabilmente prolisso e pedante: in altri termini, "riassumere" in qualche modo la situazione è inevitabile, anche perché non riusciamo probabilmente a vedere ogni singolo individuo. Ma in realtà il punto non è questo: anche descrivendo puntigliosamente il comportamento di ogni manifestante, non comunicheremmo al lettore pressoché nulla. Per capirlo, consideriamo al contrario un resoconto che cominci in quest'altro modo:

> La folla è inizialmente tranquilla, pur stipando la piazza al punto di premere pericolosamente sulle transenne di contenimento. Ma le parole pronunciate da Tizio nel suo breve ed incisivo intervento generano

nel pubblico un'agitazione crescente ed incontenibile. Ad un certo punto, dal fondo della manifestazione si genera un corteo spontaneo, che abbandona la piazza invadendo l'adiacente corso Italia e coinvolgendo gran parte degli astanti. Nella piazza, ormai quasi deserta, rimangono solo alcuni gruppi sparuti di manifestanti, che commentano l'accaduto, e qualche individuo isolato, in tutt'altre faccende affaccendato...

Questa versione, al contrario, contiene informazioni precise: possiamo renderci conto dell'importanza dell'avvenimento "sentendo" quasi la pressione della folla straripante sulle transenne; possiamo intuire lo stato di agitazione della folla ed il suo repentino mutare a fronte di uno stimolo quale l'intervento di Tizio; possiamo vedere il flusso collettivo del corteo che si allontana; abbiamo una chiara immagine del quadro finale, così diverso da quello iniziale. Nessuna di queste informazioni (la "pressione" della folla, la sua agitazione, la risposta ad una "forzante" esterna, lo svilupparsi di moti ordinati) potrebbe essere convogliata da un'analisi, per quanto fine, del comportamento dei singoli manifestanti: sono proprietà *collettive*, neppure *definibili* per il singolo individuo. In altri termini, una descrizione degli aspetti collettivi, da intendersi come proprietà statistiche che descrivono il comportamento "medio" della folla (non tutti reagiranno allo stesso modo, e qualcuno si farà pur sempre i fatti propri), fa "emergere" *nuove* grandezze, che sfuggono alla descrizione individuale.

Dato che non ho molto probabilmente la stoffa del giornalista, è meglio chiudere qui per ora, riassumendo quanto visto con la semplice affermazione che dire la verità è essenziale, ma che "dir troppo" quasi sempre stroppia. Ma adesso è venuto il momento di chiedere a voi stessi se abbiate, almeno potenzialmente, la stoffa dello scienziato: supponete che la folla sia in realtà una certa quantità di gas racchiusa in un contenitore (la piazza), eventualmente connesso ad un tubo (il corso) da una valvola, e cercate di rintracciare nella descrizione un analogo di grandezze fisiche di cui avete sentito parlare nei corsi elementari di fisica, quali la pressione o la temperatura, o di fenomeni quali la risposta ad una forza esterna o il moto collettivamente ordinato di un fluido. Del resto, la vera differenza tra il primo ed il secondo resoconto sta proprio tutta in una di quelle grandezze che emergono nello studio dello proprietà di un gas: l'entropia, che si comprende a fondo solo facendo uso di probabilità e statistica.

1.2 Un (apparente) ossimoro, per cominciare

Il nostro primo compito è quello di imparare a descrivere quantitativamente dei dati che, o per effetto di misteriosi "errori di misura", o perché la grandezza a cui si riferiscono è intrinsecamente variabile, presentino un certo grado di casualità apparente. Tutti abbiamo una qualche idea su che cosa si intenda per "caso". Ad esempio, il fatto che lanciando una moneta "onesta" si ottenga testa o croce ci appare casuale, mentre senza dubbio non ci apparirebbe casuale che una scimmia, posta di fronte alla tastiera del computer su cui sto scrivendo, componga senza un solo errore di battitura la Divina Commedia[1]. In realtà le cose non sono così semplici e, per farci un'idea più chiara di che cosa sia il Caso, è proprio il caso di andare un po' più a fondo nella questione.

Come primo approccio all'analisi quantitativa di dati sperimentali, facciamo un piccolo "esperimento matematico". Sappiamo che π è un numero irrazionale, e che quindi può essere scritto come una successione infinita non periodica di decimali, i primi 1000 dei quali sono mostrati in Tab. 1.1. Ma quante volte appare una data cifra (ad esempio "uno" o "quattro" o "sette"), se consideriamo un certo numero di decimali successivi di π? Detto in altri termini, se considero N cifre della successione dei decimali di π e determino quante volte n_k appare una certa cifra k, che cosa posso aspettarmi? Se non c'è alcuna "preferenza" tra le varie cifre posso supporre che si abbia approssimativamente $n_k \simeq N/10$ per ogni cifra k. Questa condizione di "democrazia" tra le varie cifre viene soddisfatta da quei numeri che in matematica si dico-

Tabella 1.1. I primi 1000 decimali di π

$$\pi = 3.$$

1 4 1 5 9 2 6 5 3 5 8 9 7 9 3 2 3 8 4 6 2 6 4 3 3 8 3 2 7 9 5 0 2 8 8 4 1 9 7 1
6 9 3 9 9 3 7 5 1 0 5 8 2 0 9 7 4 9 4 4 5 9 2 3 0 7 8 1 6 4 0 6 2 8 6 2 0 8 9 9
8 6 2 8 0 3 4 8 2 5 3 4 2 1 1 7 0 6 7 9 8 2 1 4 8 0 8 6 5 1 3 2 8 2 3 0 6 6 4 7
0 9 3 8 4 4 6 0 9 5 5 0 5 8 2 2 3 1 7 2 5 3 5 9 4 0 8 1 2 8 4 8 1 1 1 7 4 5 0 2
8 4 1 0 2 7 0 1 9 3 8 5 2 1 1 0 5 5 5 9 6 4 4 6 2 2 9 4 8 9 5 4 9 3 0 3 8 1 9 6
4 4 2 8 8 1 0 9 7 5 6 6 5 9 3 3 4 4 6 1 2 8 4 7 5 6 4 8 2 3 3 7 8 6 7 8 3 1 6 5
2 7 1 2 0 1 9 0 9 1 4 5 6 4 8 5 6 6 9 2 3 4 6 0 3 4 8 6 1 0 4 5 4 3 2 6 6 4 8 2
1 3 3 9 3 6 0 7 2 6 0 2 4 9 1 4 1 2 7 3 7 2 4 5 8 7 0 0 6 6 0 6 3 1 5 5 8 8 1 7
4 8 8 1 5 2 0 9 2 0 9 6 2 8 2 9 2 5 4 0 9 1 7 1 5 3 6 4 3 6 7 8 9 2 5 9 0 3 6 0
0 1 1 3 3 0 5 3 0 5 4 8 8 2 0 4 6 6 5 2 1 3 8 4 1 4 6 9 5 1 9 4 1 5 1 1 6 0 9 4
3 3 0 5 7 2 7 0 3 6 5 7 5 9 5 9 1 9 5 3 0 9 2 1 8 6 1 1 7 3 8 1 9 3 2 6 1 1 7 9
3 1 0 5 1 1 8 5 4 8 0 7 4 4 6 2 3 7 9 9 6 2 7 4 9 5 6 7 3 5 1 8 8 5 7 5 2 7 2 4
8 9 1 2 2 7 9 3 8 1 8 3 0 1 1 9 4 9 1 2 9 8 3 3 6 7 3 3 6 2 4 4 0 6 5 6 6 4 3 0
8 6 0 2 1 3 9 4 9 4 6 3 9 5 2 2 4 7 3 7 1 9 0 7 0 2 1 7 9 8 6 0 9 4 3 7 0 2 7 7
0 5 3 9 2 1 7 1 7 6 2 9 3 1 7 6 7 5 2 3 8 4 6 7 4 8 1 8 4 6 7 6 6 9 4 0 5 1 3 2
0 0 0 5 6 8 1 2 7 1 4 5 2 6 3 5 6 0 8 2 7 7 8 5 7 7 1 3 4 2 7 5 7 7 8 9 6 0 9 1
7 3 6 3 7 1 7 8 7 2 1 4 6 8 4 4 0 9 0 1 2 2 4 9 5 3 4 3 0 1 4 6 5 4 9 5 8 5 3 7
1 0 5 0 7 9 2 2 7 9 6 8 9 2 5 8 9 2 3 5 4 2 0 1 9 9 5 6 1 1 2 1 2 9 0 2 1 9 6 0
8 6 4 0 3 4 4 1 8 1 5 9 8 1 3 6 2 9 7 7 4 7 7 1 3 0 9 9 6 0 5 1 8 7 0 7 2 1 1 3
4 9 9 9 9 9 9 8 3 7 2 9 7 8 0 4 9 9 5 1 0 5 9 7 3 1 7 3 2 8 1 6 0 9 6 3 1 8 5 9
5 0 2 4 4 5 9 4 5 5 3 4 6 9 0 8 3 0 2 6 4 2 5 2 2 3 0 8 2 5 3 3 4 4 6 8 5 0 3 5
2 6 1 9 3 1 1 8 8 1 7 1 0 1 0 0 0 3 1 3 7 8 3 8 7 5 2 8 8 6 5 8 7 5 3 3 2 0 8 3
8 1 4 2 0 6 1 7 1 7 7 6 6 9 1 4 7 3 0 3 5 9 8 2 5 3 4 9 0 4 2 8 7 5 5 4 6 8 7 3
1 1 5 9 5 6 2 8 6 3 8 8 2 3 5 3 7 8 7 5 9 3 7 5 1 9 5 7 7 8 1 8 5 7 7 8 0 5 3 2
1 7 1 2 2 6 8 0 6 6 1 3 0 0 1 9 2 7 8 7 6 6 1 1 1 9 5 9 0 9 2 1 6 4 2 0 1 9 8 9...

[1] In realtà, vedremo in seguito che prima o poi lo farà: anzi, lo farà infinite volte...

no *semplicemente normali*. Si può dimostrare che "quasi tutti" i numeri reali sono semplicemente normali. Anzi, in realtà si può dimostrare molto di più: ogni possibile coppia, o terna, o n-upla di cifre compare lo stesso numero di volte nella distribuzione dei decimali di quasi tutti i numeri reali, il che si esprime dicendo che quasi tutti i reali sono numeri *normali*. È però pressoché impossibile dimostrare in modo rigoroso che un *particolare* numero come π sia normale. Per i nostri scopi, dunque, la successione delle cifre di π è un territorio sconosciuto che vogliamo investigare "sperimentalmente".

A prima vista, la distribuzione delle cifre di π non assomiglia a quanto siamo abituati a considerare "casuale". Ad esempio, nessuno "zero" appare nei primi trenta decimali, che contengono invece ben sei "tre", e nella ventesima riga compare addirittura una sequenza di sei "nove" consecutivi. La Tab. 1.1 rappresenta tuttavia solo la parte iniziale dell'intero gruppo dei primi 10000 decimali di π che ho analizzato e che ora discuteremo più accuratamente, chiedendoci in primo luogo se effettivamente sia plausibile ritenere che ciascuna cifra compaia lo stesso numero di volte nella successione dei decimali. La Fig. 1.1a mostra l'andamento dello "scartamento" $\Delta_6(N) = n_6(N) - N/10$, cioè del numero $n_6(N)$ di sei riscontrati al variare del numero N di decimali esaminati, da cui sottraiamo il numero $N/10$ di "risultati positivi" che ci aspetteremmo se π fosse un numero normale. In realtà, le cose non sembrano andare troppo bene: lo scartamento dalla previsione, anche se con andamento un po' oscillante, sembra *crescere* progressivamente al crescere di N. Se però, come in figura 1.1b, consideriamo la *frazione* di sei $f_6 = n_6/N$ che otteniamo rispetto al numero totale di decimali esaminati, ci accorgiamo che questa tende ad assestarsi abbastanza rapidamente attorno ad un valore $f_6 \simeq 0.1$.

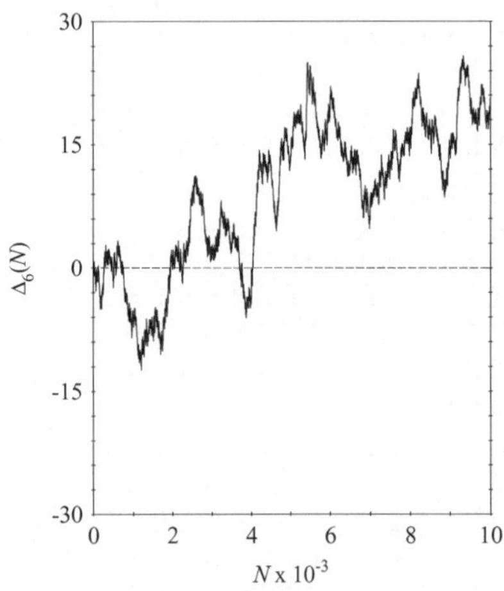

Figura 1.1a. Scartamento del numero n_6 di "sei" dal valore $n_6(N) = N/10$ nei primi 10000 decimali di π.

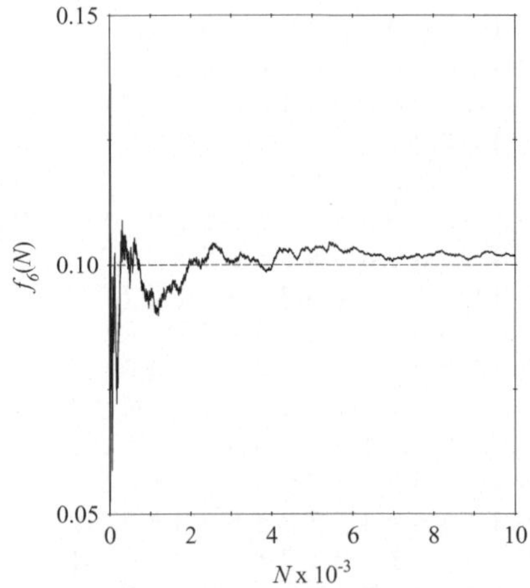

Figura 1.1b. Frequenza relativa $f_6(N)$ della cifra "sei" nelle distribuzione dei decimali di π.

Da dove nasce questa apparente contraddizione? Dalla Fig. 1.1a deduciamo che al crescere di N è sempre più raro che n_6 sia *esattamente* uguale ad $N/10$. Ma dalla Fig. 1.1b concludiamo anche che lo scarto dal valore previsto, anche se cresce in assoluto, diventa sempre più piccolo *rispetto ad* N, cioè cresce meno velocemente di N. In questo senso dunque, e cioè solo relativamente ad N, il numero di sei sembra tendere ad $N/10$. Il comportamento delle altre cifre non differisce qualitativamente da quanto abbiamo rilevato per la cifra "6". Se allora definiamo in modo analogo per ciascuna cifra k i rapporti $f_k = n_k/N$, otteniamo, al variare del numero N di decimali esaminati, la tabella 1.2.

Tabella 1.2.

N	f_0	f_1	f_2	f_3	f_4	f_5	f_6	f_7	f_8	f_9	Δ_f
30	0.000	0.067	0.133	0.200	0.100	0.100	0.100	0.067	0.100	0.133	0.1563
50	0.040	0.100	0.100	0.160	0.080	0.100	0.080	0.080	0.100	0.160	0.1095
100	0.080	0.080	0.120	0.110	0.100	0.080	0.090	0.080	0.120	0.140	0.0648
300	0.087	0.100	0.117	0.103	0.123	0.090	0.103	0.063	0.113	0.100	0.0514
500	0.090	0.118	0.108	0.100	0.106	0.100	0.096	0.072	0.106	0.104	0.0371
1000	0.093	0.116	0.103	0.102	0.093	0.097	0.094	0.095	0.101	0.105	0.0218
3000	0.086	0.103	0.101	0.088	0.106	0.105	0.101	0.096	0.103	0.111	0.0232
5000	0.093	0.106	0.099	0.092	0.102	0.105	0.103	0.098	0.098	0.104	0.0147
10000	0.097	0.103	0.102	0.097	0.101	0.105	0.102	0.097	0.095	0.101	0.0097

Come si può vedere, tutte le f_k si avvicinano rapidamente a 0.1 al crescere di N. Possiamo apprezzare meglio questo fatto se valutiamo quantitativamente lo scartamento complessivo dal valore 0.1 per tutte le cifre. È però poco utile considerare gli scarti semplici $f_k - 0.1$. La somma di queste quantità è sempre nulla, dato che gli scartamenti positivi e quelli negativi si bilanciano esattamente:

$$\sum_{k=0}^{9}(f_k - 0.1) = \sum_{k=0}^{9}\frac{n_k}{N} - 1 = 0.$$

Per evitare questo fatto, consideriamo la somma dei *quadrati* degli scarti

$$\Delta_f^2 = \sum_{k=0}^{9}(f_k - 0.1)^2,$$

che è sicuramente maggiore o uguale a zero. L'ultima colonna della tabella mostra che, aumentando di un fattore cento il numero decimali considerati, $\Delta_f = \sqrt{\Delta_f^2}$ decresce di circa un ordine di grandezza. Per approfondire questo risultato, riportiamo i valori in tabella per Δ_f nella Fig. 1.2 su una scala bilogaritmica, in cui la retta mostrata, che sembra interpolare ragionevolmente l'andamento dei dati, corrisponde ad una legge $\Delta_f = AN^{-1/2}$, con A costante: vedremo in seguito che ci sono buone ragioni per aspettarci che Δ_f sia inversamente proporzionale ad $\sqrt{N}$. Come conclusione, possiamo allora dire

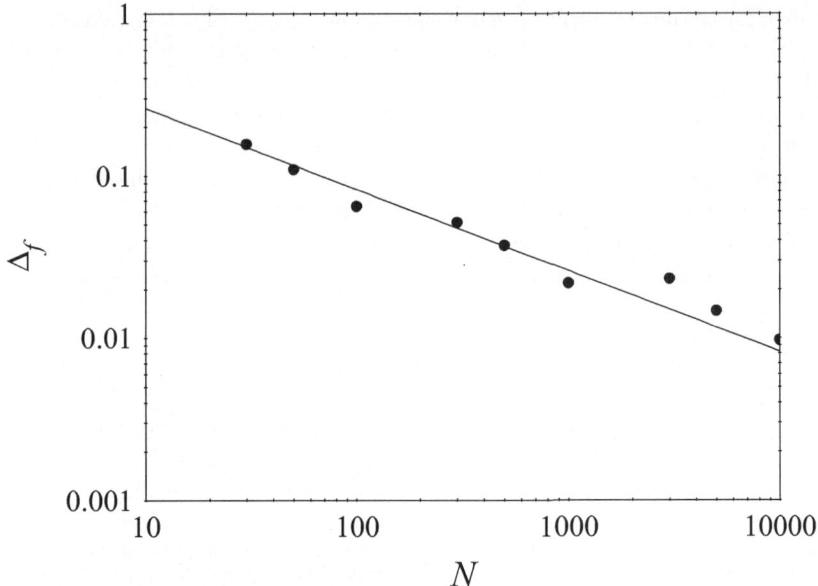

Figura 1.2. Andamento della quantità Δ_f definita nel testo in funzione del numero di decimali di π considerato. La retta corrisponde alla funzione $\Delta_f = 0.823N^{-1/2}$.

che, da un punto di vista "sperimentale", π "assomiglia" ad un numero semplicemente normale, o in altri termini che la distribuzione delle singole cifre nella successione dei decimali di π sembra abbastanza casuale.

Ne siete convinti? Bene: in questo caso possiamo utilizzare π per fare un piccolo gioco. Da quanto abbiamo visto, ci aspettiamo che approssimativamente nella metà dei casi una particolare cifra della successione sia minore, e nell'altra metà maggiore o uguale, di 5. Possiamo allora pensare alla successione dei decimali di π come alla sequenza dei lanci di una moneta, affermando che un particolare lancio ha dato come risultato "testa" se la corrispondente cifra nella successione dei decimali è minore di 5, e "croce" viceversa. Supponiamo che io scelga croce e voi testa. Voglio analizzare come si comportano i miei guadagni (o le mie perdite) nel corso dei 10000 "lanci", il cui risultato è stabilito proprio dal valore del corrispondente decimale di π. Il mio guadagno (eventualmente negativo) dopo n lanci sarà dato dalla quantità:

$$S(n)= \text{[numero di croci in n lanci] - [numero di teste in n lanci]}.$$

Come si vede dalla Fig. 1.3, che mostra l'andamento di $S(n)$ in funzione di n, il gioco finisce, come ci aspettavamo, più o meno in parità e il comportamento di $S(n)$ mostra lo stesso aspetto irregolare riscontrato nella Fig. 1.1a: ma l'andamento di questa particolare sequenza di 10^4 lanci (delle tante, e vedremo quante, possibili) ci riserva alcune nuove sorprese. Intuitivamente ci aspetteremmo che lanciando più volte una moneta onesta, io sia in vantaggio

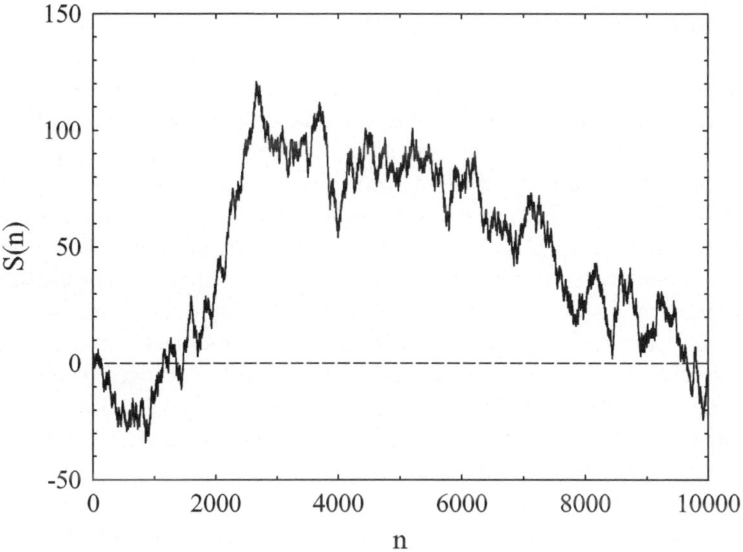

Figura 1.3. Giocando a "testa o croce" con i decimali di π (*vedi testo*).

per circa la metà del tempo, e che lo stesso capiti per voi. Inoltre ci aspetteremmo che il "leader", cioè il giocatore che è momentaneamente in vantaggio, cambi spesso nel corso del gioco. Ma i risultati contraddicono palesemente queste previsioni: dalla figura si può notare come in realtà, anche se il gioco finisce per essermi lievemente sfavorevole, io sia in vantaggio ben buona parte (circa l'85%) del tempo, e come i cambi di leader siano molto rari. Potremmo pensare che queste siano stranezze del gioco a "testa o croce" o di π, ma vedremo che non è così: in particolare, la lunga prevalenza di un leader è una caratteristica tipica di tutti i giochi "alla pari", nei quali l'andamento delle fluttuazioni è tutt'altro che intuitivo. Quindi non lamentatevi troppo se la vostra squadra del cuore rimane in testa alla classifica per buona parte del campionato, per poi essere superata all'ultima giornata dalla diretta inseguitrice!

Una nota finale: quanto ha senso parlare di "sperimentazione" in matematica? Fino a qualche tempo fa i matematici sarebbero inorriditi, e forse buona parte di loro inorridirebbe anche ora, tanto che l'espressione "esperimento matematico" potrebbe davvero sembrare un ossimoro. Ma le nuove possibilità di calcolo fornite dai computer hanno mostrato che molti modelli matematici apparentemente semplici, che spesso hanno un corrispettivo diretto in problemi reali come la previsione del tempo o la dinamica di un ecosistema, danno origine a soluzioni estremamente complesse ed imprevedibili. Se non si è troppo schizzinosi e se si ha il gusto della sorpresa, ha quindi perfettamente senso "indagare sperimentalmente" il mondo matematico.

1.3 Le *password* della statistica

Il nostro piccolo esperimento ci permette di introdurre qualche concetto chiave della statistica su cui cercheremo di costruire la descrizione quantitativa dei dati. Dunque, in primo luogo abbiamo visto che in un "esperimento statistico" abbiamo a che fare con una *grandezza statistica* S che può assumere un certo numero di "valori", e che un "esperimento statistico" consiste innanzitutto nel determinare quanto spesso S assume ciascuno dei valori possibili. Nell'esempio che abbiamo considerato, la grandezza statistica è la cifra che corrisponde a ciascun particolare decimale nella successione, che ha per valori possibili i numeri da 0 a 9. Per far questo, non potendo naturalmente esaminare tutti i decimali di π, ci siamo limitati a studiarne i primi 10000. In ogni esperimento statistico consideriamo cioè solo un *campione statistico*, ossia una collezione limitata di oggetti di qualunque natura per i quali determiniamo il valore di S. Ad esempio, se la grandezza S che ci interessa fosse la lunghezza del naso degli individui, un campione statistico potrebbe essere rappresentato dalle prime cento persone che incontriamo uscendo di casa. Oppure il campione potrebbe essere costituito dalle molecole che fuoriescono in un fissato intervallo di tempo da un piccolo foro praticato in un contenitore riempito di gas, e la grandezza statistica dalla velocità delle singole molecole che in qualche modo misuriamo.

L'esame del campione di cifre di π che abbiamo considerato aveva come scopo quello di trarre delle conclusioni sull'intera successione dei decimali. È spesso utile cioè pensare al nostro campione statistico come ad un sottoinsieme di quella che chiameremo *popolazione*. Il concetto di popolazione ha un significato molto concreto sia nel caso della misura della lunghezza del naso (ad esempio il complesso degli abitanti del quartiere, o dell'intera città, o del pianeta), che in quello della determinazione della velocità molecolare (l'insieme delle molecole di gas all'interno di un contenitore di grandi dimensioni). Ma non è sempre così. Quando ad esempio analizzeremo la precisione di una serie di misure sperimentali, la popolazione sarà solo un concetto astratto, che si riferisce ad una ripetizione in linea di principio illimitata dello stesso esperimento. In realtà abbiamo sempre e solo a che fare con campioni statistici. In ogni caso, la distinzione campione-popolazione che abbiamo introdotto fa comunque comodo, perché permette di separare operativamente una prima fase di *descrizione* dei dati del campione, seguita dall'*elaborazione di un modello* della popolazione e da una fase finale di *confronto* tra dati e previsioni.

Il rapporto tra un campione e la popolazione da cui è estratto è il vero "incubo" di chi si occupa di statistica applicata alle scienze sociali ed economiche. In primo luogo, abbiamo già visto che un campione, per dare informazioni significative sulla popolazione, deve essere il più esteso possibile. Una storiella che circolava all'inizio del secolo scorso è che all'Università di Harvard una studentessa su tre sposasse un professore. Il che era vero: l'unica cosa che ci si dimenticava di specificare è che i dati si riferivano ad un anno accademico in cui il numero di donne iscritte ad Harvard era uguale a tre. Questa vi sembrerà solo una battuta, ma ricordatela, quando leggerete su qualche giornale che un italiano su cinque fa colazione con il Cacao Meravigliao.

La domanda principale è però se il campione "rappresenti bene" la popolazione. Supponete ad esempio che io voglia condurre un'inchiesta sul modo in cui gli italiani passano le vacanze e che per far ciò invii per e-mail un questionario ad un certo numero di persone "scelte a caso". Potrei farmi in questo modo un'immagine corretta delle abitudini delle famiglie italiane? Evidentemente no, dato che il metodo con cui conduco l'inchiesta ha per effetto di selezionare un sottoinsieme della popolazione (quello di chi possiede un computer e non lo utilizza solo come *console* per videogiochi) che molto probabilmente ha un tenore di vita medio-alto. Questo è naturalmente un esempio limite, e chi si occupa si sondaggi non incorre certamente in simili errori (a meno che non lo faccia apposta per poter giungere a qualche conclusione "desiderata"). Ma quello di scegliere "a caso" un campione tra la popolazione è sicuramente il problema maggiore della statistica sperimentale.

Se credete di avere la coscienza a posto per il fatto di occuparvi di scienze "esatte", vi sbagliate. In seguito analizzeremo a fondo come il numero di dati di un campione influenzi le conclusioni statistiche che possiamo trarre. Ma il problema della "rappresentatività del campione" è più che mai presente anche nella fisica sperimentale (o nella biologia, nella paleontologia...). Un esempio che mi viene subito alla mente, dato che è legato a cose che faccio di solito in laboratorio, è quello di determinare come sono distribuite le dimensioni di piccole particelle disperse in un fluido, ad esempio goccioline d'acqua sospese nell'aria (una situazione meteorologica ben nota dalle mie parti e comunemente detta nebbia). Una tecnica molto efficiente per farlo è quella di inviare un fascio di luce attraverso il mezzo disperdente, ed analizzare le proprietà della luce diffusa dalle particelle (che le goccioline diffondano luce vi sarà evidente, se avete guidato almeno una volta in una notte invernale padana). Il guaio è che la quantità di luce diffusa cresce molto più rapidamente del raggio R della particella (come R^6, per particelle abbastanza piccole). Osservando la luce diffusa, la presenza delle particelle più piccole viene mascherata dal preponderante contributo all'intensità della luce diffusa da parte di quelle di maggiori dimensioni. Il tipo di esperimento tende cioè a favorire l'osservazione di un campione costituito prevalentemente da particelle grandi, e se non ne tenete conto rischiate di inferire una distribuzione dei raggi completamente sbagliata. Ci sono tuttavia situazioni molto più spinose di questa. In particolare, la questione della "rappresentatività del campione" è davvero un problema fondamentale per la cosmologia. Molte delle conclusioni che si possono trarre per questa strana scienza, che ha il grave problema di poter analizzare un "esperimento" unico (per l'appunto l'Universo reale, tra i tanti universi immaginabili) si basano sulla cosiddetta "ipotesi di omogeneità su larga scala", cioè sul fatto che le proprietà statistiche degli oggetti (il "campione") che osserviamo nella regione del Cosmo prossima (in senso astronomico!) alla nostra Galassia riflettano quelle di qualunque regione scelta a caso dell'Universo.

Una seconda difficoltà, non certo meno rilevante, sta nel modo in cui ci poniamo le domande. Supponete ad esempio di voler stabilire se sia più sicuro viaggiare in auto o in aereo. Che cosa confrontereste? Il numero di incidenti aerei per anno con il numero di incidenti stradali nello stesso periodo? Oppure il numero di persone decedute in incidenti aerei o stradali rispetto al numero di persone trasportate? O ancora, il numero di persone decedute per unità di distanza percorsa in aereo o in auto? Come vedete, non è immediato stabilire quale sia la domanda corretta, o meglio ogni risposta ha significato solo in relazione alla domanda che ci siamo posti. Il guaio è che molte affermazioni "statistiche" che troviamo sui giornali non fanno alcun riferimento al modo in cui sono state poste le domande. Da un punto di vista più generale, quello che stiamo cercando di fare è estrarre informazioni indirette su una grandezza statistica (ad esempio, la sicurezza nei viaggi) a partire dalla misura di un'*altra* grandezza (la percentuale di incidenti in un certo periodo, o per unità di percorso). La domanda è ben posta solo se tra queste grandezze esiste una precisa dipendenza funzionale, e non solo una certa relazione più o meno vaga, fondata su interpretazioni soggettive. Vedremo che la determinazione *indiretta* di grandezze è la situazione più comune negli esperimenti scientifici, e sarà quindi nostro compito analizzare a fondo il problema.

Quando parliamo di "valori" della grandezza S non ci riferiamo necessariamente a quantità numeriche. Se ad esempio estraiamo un campione da un'urna che contiene palline di diversi colori, e la grandezza che consideriamo è il colore della pallina estratta, i "valori" di S sono colori come rosso, o blu, o giallo. Molto spesso è però possibile associare a ciascuno dei diversi risultati di una misura di S un valore numerico. Così la lunghezza del naso o il modulo della velocità delle molecole sono grandezze statistiche che possono in linea di principio assumere qualunque valore numerico nell'intervallo $[0, +\infty)$ (se si prescinde dalla Teoria della Relatività e da qualche problema di carattere biologico). Nei casi di interesse fisico avremo pressoché sempre a che fare con grandezze a cui possiamo associare valori numerici.

Dobbiamo fare una distinzione importante a proposito della classe di valori che S può assumere. Per quanto riguarda la descrizione dei dati, il caso più semplice è quello di grandezze che possono assumere solo un *numero finito* di valori, come le dieci cifre nel caso della successione dei decimali di π. Lievemente diverso è il caso di grandezze che possono assumere solo valori *discreti* ma, almeno in linea di principio, possono assumere un numero *infinito* di valori, come ad esempio il numero di stelle N che costituisce un ammasso stellare. In realtà esiste un limite fisico alla massima dimensione di un ammasso, e dire che quattro stelle in croce costituiscono un ammasso è un po' arbitrario: ma l'intervallo di valori è così ampio che in pratica è comodo pensare ad N come ad una quantità che può assumere qualunque valore intero. Dato che analizziamo sempre un numero finito di dati, in questo caso la maggior parte di questi valori non saranno rappresentati nel nostro campione. Infine la situazione più delicata (e la più comune) è quella di grandezze che possono assumere un insieme *continuo*[2] di valori, ad esempio un intero intervallo dell'asse reale, come nel caso della lunghezza del naso o delle velocità molecolari. Il problema in questo caso è che non è possibile "numerare" i singoli valori assunti da S.

Abbiamo visto che il modo migliore per analizzare "quanto spesso" una grandezza S, che può assumere un numero finito di valori, assume un valore particolare è quello di rapportarlo al numero totale di casi esaminati, cioè alla dimensione del campione. Consideriamo allora un campione statistico costituito da N elementi, e numeriamo con un indice $k = 1, 2, ..., r$ i valori che può assumere la variabile statistica S che stiamo analizzando. Se n_k è il numero di elementi del campione per cui si riscontra il k-esimo valore di S, diremo *frequenza relativa* di k la quantità:

$$f_k = \frac{n_k}{N}. \tag{1.1}$$

Osserviamo che *la somma delle frequenze relative su tutti gli r valori possibili per S è sempre uguale ad uno*:

$$\sum_{k=1}^{r} f_k = \frac{1}{N} \sum_{k=1}^{r} n_k = 1. \tag{1.2}$$

Molto spesso in statistica n_k è a sua volta detto semplicemente "frequenza" del valore k. Dato che però, come vedremo, f_k gioca un ruolo molto più importante di n_k, preferiamo non adottare questa denominazione per non generare confusione. Quindi anche quando ci riferiremo alle f_k semplicemente come a delle "frequenze", intenderemo sempre parlare di frequenze relative. Permettendo a k di assumere qualunque valore intero, possiamo parlare di frequenze relative anche per grandezze che ammettono un numero infinito ma numerabile di valori. Naturalmente, in questo caso la maggior parte delle frequenze relative ad un campione sperimentale saranno nulle. Ci occuperemo in seguito delle grandezze a valori continui.

Campione, popolazione, frequenza sono allora le "password" che ci permetteranno di entrare nel mondo della descrizione statistica. Ma l'ultima e più importante parola chiave, che ci consentirà l'accesso all'analisi quantitativa dei dati statistici, è quella che è oggetto del prossimo paragrafo.

1.4 Distribuzioni di frequenze

Ritorniamo alla nostra successione di decimali di π. Fino ad ora ci siamo limitati a considerare solo il comportamento di ogni singola cifra, con la convinzione implicita che "una cifra valesse l'altra", ossia che tutte le cifre fossero in

[2] Useremo i termini "discreto" e "continuo" in un senso più "pratico" che matematico. Una grandezza che può assumere qualunque valore razionale non è matematicamente continua (i razionali sono numerabili), ma è in pratica indistinguibile da una grandezza continua, perché i razionali sono davvero tanti e "scomodi" da numerare (se volete, sono densi in $\mathbb{R}$).

qualche modo equivalenti. Serve infatti a poco confrontare il comportamento di diverse cifre, dato che, al crescere delle dimensioni del campione di decimali esaminato, tutte le frequenze tendono ad "appiattirsi" su un valore costante pari a 0.1. Ma il caso che stiamo considerando è davvero il più banale: in realtà, ciò che ci interesserà maggiormente è proprio analizzare *come varia la frequenza relativa in funzione del valore assunto dalla grandezza statistica*, cosa che faremo costruendo un grafico che ha in ascissa i valori assunti dalla grandezza statistica e in ordinata le frequenze relative. Chiameremo un tale grafico *distribuzione di frequenze* della grandezza considerata per il campione che stiamo analizzando. Naturalmente il concetto di distribuzione di frequenze ha senso solo per grandezze statistiche a valori numerici: per capire meglio questa affermazione, e per farci una prima idea su che cosa ci dice una distribuzione di frequenze, consideriamo i due esempi che seguono.

Esempio 1.1. Come primo esempio di una distribuzione di frequenze, consideriamo dei dati statistici relativi ad una grandezza a cui *non* sono associati valori numerici. Qualcuno di voi avrà forse letto un magnifico racconto di E. A. Poe intitolato "Lo scarabeo d'oro": nel racconto, il protagonista riesce a determinare il nascondiglio di un tesoro a partire da un messaggio scritto in misteriosi caratteri sul dorso di un oggetto a forma di scarabeo. La tecnica che segue è quella di associare questi caratteri alle lettere dell'alfabeto, confrontando le frequenze con cui ciascun carattere appare nel messaggio con quelle della distribuzione delle lettere nella lingua inglese (in realtà per arrivare alla soluzione, poiché il messaggio è breve, cioè il campione limitato, ha bisogno di un'analisi più fine e di qualche trucco: leggete il racconto per saperne di più).

Per decifrare un messaggio segreto "crittografato" in questo semplice modo, il primo passo è quello di determinare la distribuzione delle singole lettere in un testo scritto. La Fig. 1.4 mostra le frequenze relative delle singole lettere che ho utilizzato per scrivere questo capitolo fino a questo punto (per semplicità non ho tenuto conto né dei caratteri speciali, come le parentesi o gli spazi, né delle espressioni matematiche). Il campione è costituito da oltre circa 23000 lettere: quindi è presumibile che la distribuzione di frequenza rispecchi abbastanza fedelmente la distribuzione effettiva delle lettere nell'italiano scritto (almeno, come vedremo, per le lettere più frequenti) sempre ammesso che il mio modo di scrivere non si discosti troppo dalla norma. Per confronto, nella figura è riportata anche la distribuzione di frequenze per un testo di lunghezza paragonabile redatto in inglese (dal medesimo autore), che permette di apprezzare alcune differenze significative tra le due lingue.

Ma a che cosa ci serve in realtà un grafico come quello in figura, se non a rendere più facile un confronto "ad occhio" tra le varie lettere? La particolare distribuzione dei valori lungo l'asse orizzontale dipende solo dall'aver scelto l'ordine alfabetico per disporre i dati, e sarebbe stata completamente diversa se avessimo cambiato il criterio di disposizione. La *forma* della distribuzione è cioè del tutto arbitraria, e questo proprio perché non abbiamo un criterio

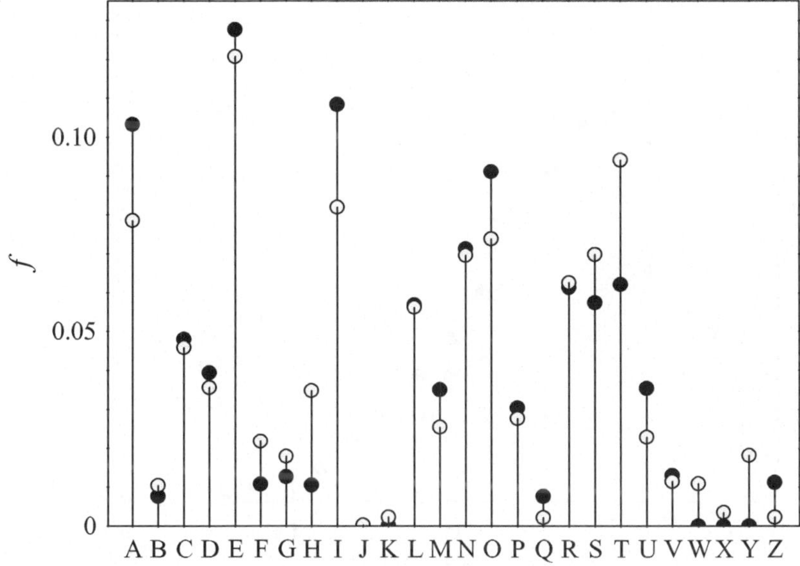

Figura 1.4. Confronto tra le frequenze relative delle lettere in un testo italiano (•) e in un testo in lingua inglese (∘), redatti dal medesimo autore.

numerico per ordinare i valori. Una tabella sarebbe stata forse di lettura meno immediata, ma avrebbe avuto lo stesso contenuto d'informazione.

Esempio 1.2. Come secondo esempio, consideriamo invece i risultati della prova di scienze per il Test nazionale di ammissione alle Facoltà di Ingegneria, che comprendeva una ventina di domande di fisica e chimica[3]. La figura 1.5 mostra la distribuzione per le frequenze del numero di risposte esatte ottenute per gli A.A. 2005/06 e 2007/08, ottenuta sull'ampio campione nazionale degli iscritti al test. Cominciamo a considerare i risultati relativi all'Anno Accademico più recente. Questa volta le cose stanno in maniera molto diversa: la forma della distribuzione ha un preciso significato, su cui possiamo cominciare a fare qualche osservazione.

- Abbiamo un *valore massimo* $f_{max} \simeq 0.13$ che si ottiene in corrispondenza a 5 risposte esatte.
- La distribuzione ha una certa *larghezza*. Un primo modo di stimarla è di valutare quali sono i valori per cui si ha una frequenza superiore a $f_{max}/2 \simeq 0.065$. Così facendo si determina un intervallo di valori compreso approssimativamente tra 2 e 9 risposte esatte: di fatto, oltre l'80% degli esaminandi cade entro questo intervallo.
- La distribuzione però *non è simmetrica*, nel senso che rispetto al massimo ha una "coda" più lunga verso i valori alti che verso quelli bassi. Ciò ci

[3] Ringrazio il CISIA, Centro Interuniversitario per l'accesso alle Scuole di Ingegneria ed Architettura, per la gentile concessione dei dati.

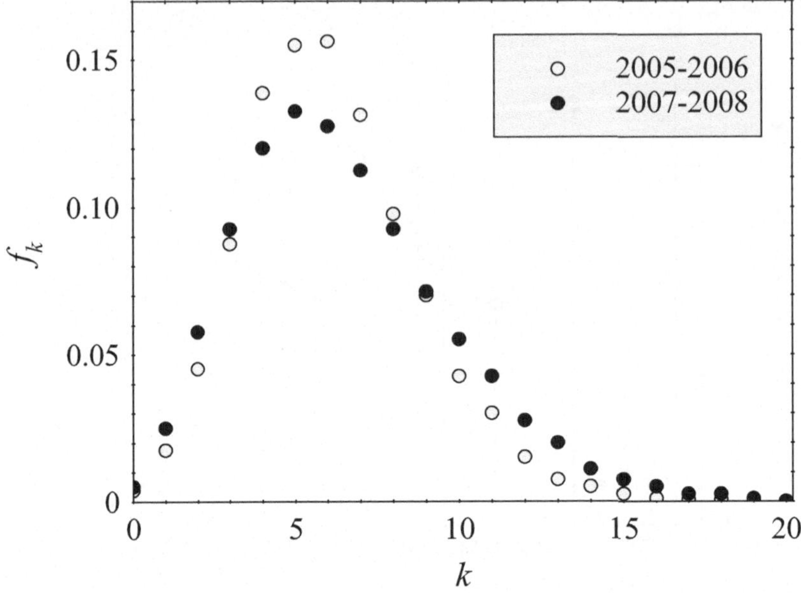

Figura 1.5. Frequenza relativa del numero di risposte esatte k ottenute nella prova di scienze del test elaborato dal CISIA per gli A.A. 2005/06 e 2007/08.

spinge a pensare che uno studente preso a caso tenda "mediamente" a rispondere ad un numero di domande leggermente superiore a 5, e che quindi il massimo non sia forse il valore più interessante di una distribuzione.

Confrontando poi la distribuzione con quella relativa al test svoltosi due anni prima, si riscontrano differenze che, per quanto non grandi, potrebbero essere significative proprio per l'ampiezza del campione considerato. In particolare, sembra che il numero di studenti che riesce a rispondere ad un numero elevato di domande (la "coda" a valori alti) sia sensibilmente maggiore per il 2007/08, forse perché la formazione di base alle scienze ottenuta negli studi superiori è migliorata, o forse perché la commissione che ha preparato il test si è un po' "ammorbidita"[4]. In ogni caso, le due distribuzioni sono *confrontabili quantitativamente* non solo per i singoli valori, ma per l'andamento complessivo (massimo, larghezza, simmetria, e così via).

Finora abbiamo considerato grandezze statistiche che presentano un insieme discreto e finito di valori possibili. Ma che cosa possiamo dire quando consideriamo proprietà che possono assumere un insieme continuo di valori, come ad esempio l'altezza di un campione di individui? Per quanto sia ampio il campione considerato e anche supponendo di poter misurare l'altezza con precisione arbitraria, sarà certamente difficile trovare qualcuno che sia alto *esattamente*

[4] Avendo coordinato tale commissione nei due anni di riferimento, ho buoni motivi per propendere per la seconda ipotesi...

170 cm. Il campione statistico è costituito da una quantità finita di misure sperimentali "disperse" in un continuo di valori possibili: al crescere del numero di dati tutte le frequenze sperimentali relative ai singoli valori tenderanno perciò a diventare sempre più piccole. L'unica cosa che possiamo fare è suddividere l'intervallo complessivo dei valori possibili della variabile continua x in sottointervalli di una certa ampiezza e raccogliere insieme i dati che cadono all'interno di ciascun sottointervallo. Ovviamente, il numero di individui compresi in certo intervallo crescerà al crescere dell'ampiezza dei sottointervalli. Possiamo allora rappresentare i dati attraverso un *istogramma*, che nel modo più semplice può essere costruito "discretizzando" la variabile in questo modo:

- in base alla differenza tra il massimo ed il minimo dei valore ottenuti per il campione, stabiliamo un intervallo complessivo L di valori da considerare, e suddividiamolo in r sottointervalli di ampiezza $\ell = L/r$;
- raccogliamo i dati nei singoli intervalli e valutiamo il numero n_k di dati che cadono nell' intervallo di valori $(k-1)\ell \leq x < kl$, con $k = 1 \dots r$ (il fatto di considerare intervalli semiaperti evita di contare due volte i dati che giacciono agli estremi dei sottointervalli);
- disponiamo sull' asse x dei rettangoli di base ℓ ed altezza n_k/ℓ centrati nei punti $x_k = (k-1/2)\ell$.

Osserviamo che per il modo in cui abbiamo costruito l'istogramma, l'area totale sottesa dai rettangoli è sempre pari al numero totale N di dati del campione considerato. All'istogramma dei dati possiamo poi associare un *istogramma delle frequenze*, attribuendo a tutti quei i valori della variabile $x \in [(k-1)\ell, kl)$ la stessa frequenza relativa "normalizzata":

$$f_x = \frac{n_k}{N\ell}.$$

In tutti gli esempi di istogrammi per una variabile continua x che considereremo in seguito indicheremo con f_x o $f(x)$ non le frequenze relative, ma le stesse *divise per la lunghezza dell'intervallo a cui si riferiscono*: in questo modo, *l'area totale racchiusa dall'istogramma è quindi sempre unitaria.* In talune situazioni, tuttavia, il numero di dati che cade all'interno di un certo intervallo può essere molto diverso, variando anche su scale di valori molto ampie: in questo caso, è opportuno scegliere intervalli di larghezza variabile ℓ_k, con la condizione $\sum_{k=1}^{r} \ell_k = L$, in modo tale che il numero di dati n_k che cade all'interno di ciascun intervallo sia dello stesso ordine di grandezza.

In pratica, difficoltà simili alle precedenti si pongono anche per variabili che assumono valori discreti quando il numero dei dati del campione non è molto grande rispetto al numero totale di valori possibili. Ad esempio l'estrazione di un numero a tombola può assumere 90 valori: per farci un'idea della distribuzione dei risultati con un campione di sole 100 estrazioni può risultare comodo raccogliere i dati in intervalli da 1 a 10, da 10 a 20 e così via, e disegnare l'istogramma. Qui però la scelta è solo di carattere pratico: possiamo benissimo calcolare le frequenze per ogni singolo numero, anche se approssimativamente 1/3 di queste, come vedremo, risulteranno di solito nulle. Per una grandezza a valori continui invece la frequenza di un singolo valore è concettualmente mal definita.

C'è un certo grado di arbitrarietà nel disegnare un istogramma, dato che il suo "aspetto" dipende in parte dall'ampiezza che scegliamo per i sottointervalli. Se si scelgono sottointervalli larghi si ottiene un andamento regolare, ma poco dettagliato. Intervalli più stretti accentuano invece i dettagli a scapito della regolarità. Il problema è stabilire quale finezza di dettaglio abbia un significato reale, e quanto invece non rifletta solo "rumore" associato al limitato numero di dati del campione. Non c'è una "regola d'oro" per scegliere l'ampiezza dei sottointervalli: il numero "ottimale" di sottointervalli comunque cresce molto più lentamente del numero totale di dati (approssimativemente come $N^{1/3}$). Come regola quindi, per campioni statistici di dimensioni comuni (diciamo tra qualche decina e qualche migliaio di dati) il numero sensato di sottointervalli varia solo tra 5 e 20. Un'osservazione finale: l'utilità di un istogramma è solo "descrittiva", ossia ci permette di farci un'idea della distribuzione dei dati. Per tutto quanto riguarda l'analisi quantitativa, non c'è alcun bisogno di raccogliere preliminarmente i dati in intervalli. Anzi, nel far ciò stiamo in realtà eliminando molti dettagli delle nostre osservazioni, gettando pertanto via delle informazioni. L'istogramma sarà quindi per noi sempre e solo uno strumento grafico. Cerchiamo di precisare queste considerazioni rivolgendo l'attenzione a qualche statistica di interesse demografico e sociale.

Esempio 1.3. Come primo esempio di istogramma, consideriamo proprio la distribuzione della statura degli italiani. Potremmo aspettarci che sia facile trovare dati accurati su questa grandezza antropometrica, che ovviamente ha notevole interesse sia socio-sanitario che economico. L'impresa si rivela in realtà molto più ardua del previsto. I dati più facilmente reperibili sono quelli relativi agli iscritti alle classi di leva del servizio militare, riportati ad esempio negli annuari ISTAT, che tuttavia si riferiscono solo a soggetti maschi, riportano una distribuzione in classi molto grossolana (ad esempio, tutti i coscritti con altezza superiore a 179 cm vengono raggruppati in modo indifferenziato in una singola classe anche se questi costituiscono oltre il 20% dei reclutati) e sono disponibili solo fino agli anni in cui è stata abolita la leva obbligatoria, e le cose non vanno molto meglio se si cercano dati relativi ad altri Paesi.

Per fortuna, almeno per quanto riguarda l'Italia, abbiamo a disposizione una sorprendente collezione di dati preparata per il Ministero della Guerra dal generale Federico Torre, primo "Direttore generale della Leva, Bassa-Forza e matricola". Tra il 1860 ed il 1905, Torre raccolse con dedizione e accuratezza per ciascuna provincia italiana i dati relativi ad oltre ventun milioni di giovani italiani chiamati alle armi, ottenendo tavole delle frequenze relative per l'altezza tra 125 e 199 cm suddivise in intervalli di 1 cm. La Fig. 1.6 riporta i dati originali di Torre[5] relativi alla classe di leva 1900, corrispondenti a circa

[5] I dati di Torre sono stati rianalizzati con cura in B. A'Hearn, F. Peracchi e G. Vecchi, *Demography* **46**, 1 (2009). Sono particolarmente grato a Franco Peracchi

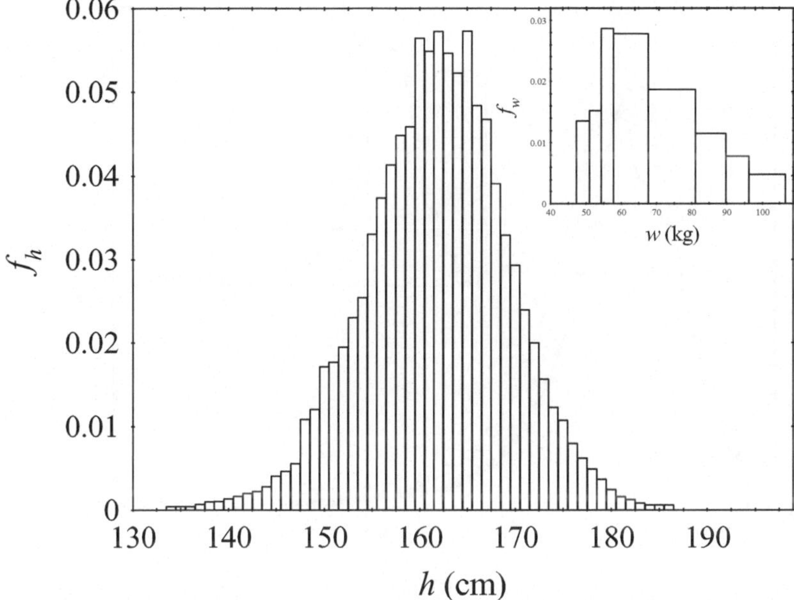

Figura 1.6. Distribuzione dell'altezza dei coscritti per la classe di leva 1900. Inserto: distribuzione del peso di un campione di donne americane tra i 20 e i 29 anni.

mezzo milione di coscritti.

Come si può notare, un campione statistico così ampio e, in prima approssimazione, omogeneo fornisce una distribuzione molto regolare, con una tipica forma "a campana" che incontreremo nuovamente. In particolare, la distribuzione è notevolmente simmetrica rispetto al massimo, fatto che non è così scontato. Ad esempio, la distribuzione del peso degli individui è molto meno simmetrica, come è evidente dall'inserto in Fig. 1.6 che mostra la distribuzione del peso per un campione di donne americane tra i 20 ed i 29 anni[6] (la distribuzione mostra solo le frequenze relative agli individui il cui peso cade tra il 5% ed il 95% dell'intervallo totale misurato, ossia, come si dice, tra il 5° ed il 95° percentile). Nel capitolo 4 scopriremo che la simmetria della distribuzione delle altezze trae origine da ragioni molto generali.

Esempio 1.4.

La figura 1.7 mostra due distribuzioni con "code" molto lunghe verso valori alti. La grandezza statistica che stiamo considerando è l'età al matrimonio di un uomo o di una donna[7]. Notate che in questo caso abbiamo usato una rappresentazione grafica diversa, sostituendo agli intervalli dei punti, posti al

---

per avermi messo a disposizione i dati originali e le elaborazioni degli autori.

[6] M.A. McDowell *et al.*, CDC Advance Data N. 361 (2005).

[7] ISTAT, *Matrimoni, separazioni e Divorzi*, Roma (2003).

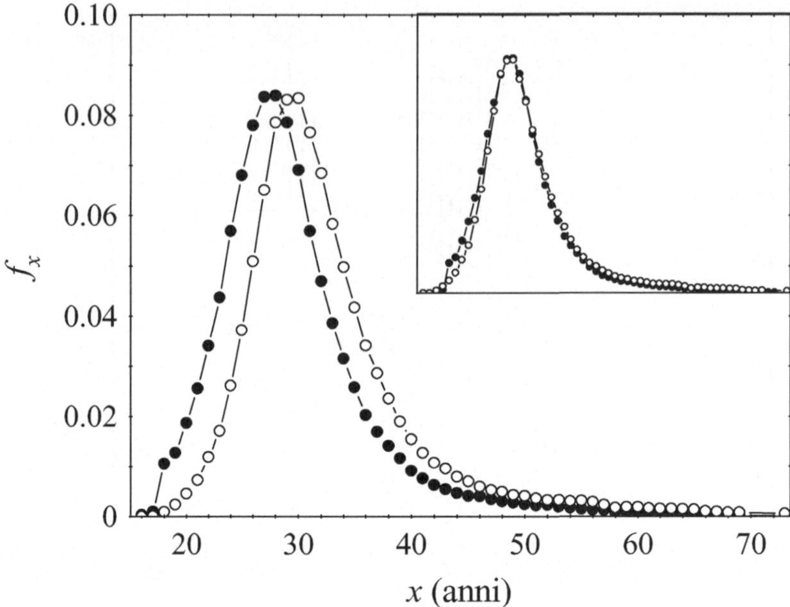

Figura 1.7. Età al matrimonio delle donne (•) e degli uomini(∘) residenti in Italia per l'anno di riferimento 2003. Nell'inserto la distribuzione per le donne è traslata rigidamente in avanti di 2 anni.

centro degli stessi, che ne indicano l'estremo superiore, e congiungendo i punti stessi. Questo tipo di rappresentazione può consentire una "lettura" migliore di un istogramma quando si ha a che fare con molti punti sperimentali: l'importante è comunque mantenere sempre il criterio per cui l'area al di sotto della curva è unitaria. Anche qui dobbiamo fare qualche osservazione sul campione statistico. Le curve si riferiscono a tutti i matrimoni avvenuti nel 2003: come si sarebbero modificate se non avessimo tenuto conto delle persone che si sposano per la seconda, o terza, o decima volta? Notate poi come la distribuzione relativa alle donne presenti una peculiare distorsione rispetto a quella per gli uomini (per quale età specifica, e quale ne è la causa probabile?). La somiglianza complessiva tra le due distribuzioni si apprezza meglio "traslando" in avanti di due anni la distribuzione per le donne, il che fa coincidere i massimi. Tuttavia anche qui si può notare qualche differenza interessante: provate ad interpretarla.

Esempio 1.5. Quando il numero totale di dati ha un preciso significato, può essere più utile fornire un istogramma di dati non normalizzati che di frequenze, in particolare se si devono confrontare due serie di dati. La figura 1.8 mette ad esempio in evidenza le variazioni nell'arco di mezzo secolo del tasso di fecondità specifico, ossia il numero medio di figli che ha una donna *ad una specifica età*. In questo caso, l'area totale sotto le curve rappresenta semplicemente il numero di bimbi nati in certo anno rapportato al totale della popolazione femminile, ossia il numero medio $\bar{n}$ di figli per donna, che è ovviamente un importante indicatore demografico. Per i due anni che stiamo considerando si ha $\bar{n}_{1955} \simeq 2.33$ e $\bar{n}_{2005} \simeq 1.32$, che testimonia la drastica riduzione delle nascite di cui tutti siamo a conoscenza. Il confronto mostra anche un sensibile spostamento verso età maggiori della distribuzione: in cinquant'anni, il massimo della curva si sposta infatti da circa 26 a circa 31 anni. Se vogliamo confrontare correttamente la *forma* delle due distribuzioni, è comunque essenziale "normalizzarle", ossia riportarci alle distribuzioni di frequenze mostrate nell'inserto. In questa rappresentazione, possiamo ad esempio apprezzare come, rispetto al 1955, la distribuzione divenga più "stretta". Inoltre, mentre negli anni in cui stava per avere inizio il *baby boom* demografico la distribuzione presentava una sensibile "coda" verso le età più avanzate, ai giorni nostri l'asimmetria della curva è più contenuta e, soprattutto, invertita.

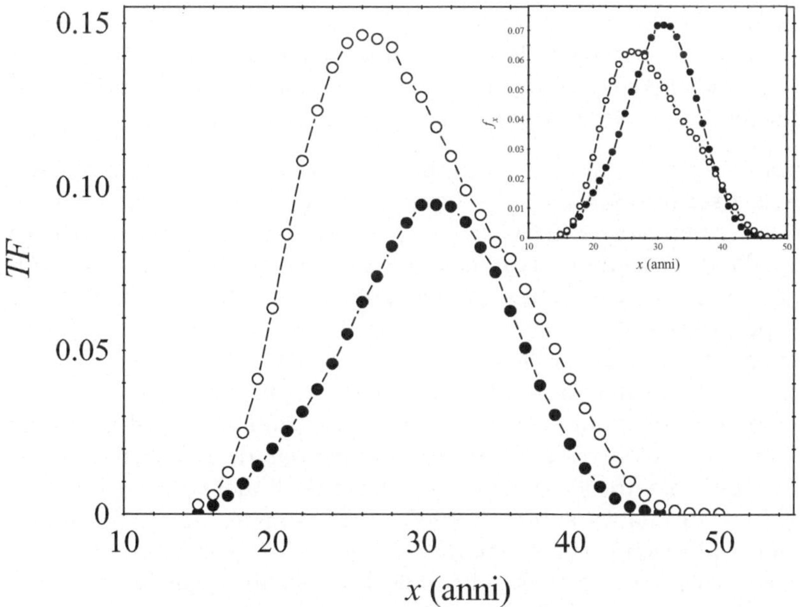

Figura 1.8. Variazione tra l'anno 1955 (∘) e l'anno 2005 (•) dei tassi specifici di fecondità TF , calcolati rapportando per ogni donna in età feconda di età x il numero di nati vivi all'ammontare della popolazione femminile. L'inserto mostra le distribuzione delle frequenze ottenute normalizzando l'area sottesa da ciascuna curva. (Fonte: ISTAT, Annuario Statistico 2007).

1.5 Indicatori di una distribuzione statistica

1.5.1 Media

La descrizione dei dati di un campione statistico viene dunque fatta determinando la distribuzione delle frequenze relative, che contiene implicitamente tutte le informazioni che dal campione possiamo trarre. Spesso però non siamo interessati a descrivere in modo dettagliato la statistica dei dati, ma ci è sufficiente avere un'idea quantitativa di certe caratteristiche generali dell'andamento delle frequenze, come ad esempio attorno a quale valore sia "centrata", o quanto sia "larga", o quanto sia "simmetrica" la distribuzione. Per piccoli campioni statistici inoltre, questo è spesso tutto ciò che possiamo dire sulla distribuzione: cercare di dare una descrizione più fine risulterebbe arbitrario, dato che i dettagli della distribuzione sono generalmente solo "accidenti" dovuti al piccolo numero di dati che consideriamo. Per far questo introduciamo degli *indicatori*, cioè dei parametri che descrivono quantitativamente questi aspetti generali. Cerchiamo innanzitutto di trovare un indicatore del valore tipico attorno a cui si accentra la distribuzione dei valori misurati per una grandezza, che indicheremo in quanto segue come x sia nel caso continuo che in quello discreto. La scelte che possiamo fare sono più di una.

- Potremmo scegliere come indicatore il valore x_{max} per cui si ha un *massimo della frequenza relativa*, che viene detto in statistica *moda* della distribuzione. Abbiamo già visto però che per una distribuzione asimmetrica (come quella dell'esempio 1.4) il massimo non è certamente un buon indicatore del valore attorno a cui si raccolgono i dati. In altri termini il valore assunto più spesso non è necessariamente un valore tipico. Una ragione più sottile che rende la moda un indicatore piuttosto "debole" è che la definiamo a partire dal valore della distribuzione in un singolo punto (o in un intervallo, se stiamo considerando un istogramma): se il campione è piccolo potremmo allora aver trovato un massimo di frequenza solo per un "incidente", dovuto al fatto che con pochi dati quel valore è risultato più frequente di quanto avremmo rilevato utilizzando campioni più ampi. È molto più sicuro cercare indicatori "globali", cioè legati all'intera distribuzione dei dati, piuttosto che indicatori "locali" come la moda.
- Un possibile indicatore globale è il valore rispetto a cui *un uguale numero di dati cade a destra e a sinistra*, cioè quel valore x_m tale che la frequenza con cui $x < x_m$ sia pari alla frequenza con cui $x > x_m$ (e quindi $f(x < x_m) = f(x > x_m) = 0.5$). Chiameremo *mediana* questo valore che "spacca in due" la distribuzione e che come detto dipende dall'intera distribuzione dei dati. Se dovessimo ad esempio analizzare la distribuzione dei redditi di una popolazione, è particolarmente utile sapere che una metà degli individui guadagna più di un tot, e l'altra metà di meno. In questo caso siamo soprattutto interessati a trovare lo "spartiacque" della distribuzione. Ci interessa relativamente poco sapere se poi la fascia superiore sia tutta composta da persone che hanno un reddito appena superiore al

valore mediano, o se tra di essa si possano trovare sia piccoli benestanti che multimiliardari. In molte situazioni come questa la mediana è un parametro molto significativo e ovviamente molto semplice da calcolare, ma il suo limite è proprio quello di separare i dati in due gruppi di ugual numero, senza tener conto del valore di ogni singolo dato.

- Per tener conto in modo più efficace della specifica distribuzione dei dati, chiediamoci se sia possibile determinare un valore $\overline{x}$, che diremo *media* o *valore medio*, dal quale l'insieme dei dati si scosti "tanto in eccesso quanto in difetto". Considerato cioè un campione di N dati x_i $(i = 1...N)$ di una grandezza statistica x, vogliamo che la somma degli "scarti" $\delta_i = x_i - \overline{x}$ rispetto alla media sia nulla. Poiché dobbiamo avere:

$$\sum_{i=1}^{N} \delta_i = \sum_{i=1}^{N} (x_i - \overline{x}) = \sum_{i=1}^{N} x_i - N\overline{x} = 0$$

otteniamo che il valore medio è dato da:

$$\overline{x} = \frac{1}{N} \sum_{i=1}^{N} x_i \tag{1.3}$$

ossia ciò che in matematica siamo abituati a chiamare "media aritmetica".

Osserviamo che in generale la media non coincide né con la mediana né con la moda: perché ciò avvenga è necessario che la distribuzione sia simmetrica rispetto al suo valore massimo, che in questo caso rappresenta sia la moda che, per simmetria, la mediana e la media. Non sempre la media è l'indicatore più utile di una distribuzione: ad esempio, la presenza di qualche multimiliardario può spingere piuttosto in alto la media dei redditi: sarebbe però un po' fuorviante affermare che ciò rende la popolazione nel suo complesso più ricca, o almeno questa affermazione dovrebbe essere presa *cum grano salis.*

Per quanto ci riguarda però, la media sarà il valore che assumeremo come indicatore del valore tipico di una distribuzione, anche se la ragione per introdurre questa "discriminazione" rispetto alla mediana e alla moda ci sarà chiara solo in seguito. Se x assume solo valori discreti, possiamo riscrivere l'espressione per la media in termini di frequenze relative. Si ha infatti evidentemente:

$$\overline{x} = \frac{1}{N} \sum_{j=1}^{r} n_j x_j = \sum_{j=1}^{r} f_j x_j \tag{1.4}$$

dove $x_1, x_2, \ldots, x_r$ sono gli r *valori* che x assume $n_1, n_2, \ldots, n_r$ volte. Vedremo che questo modo di scrivere la media permette un confronto più diretto dei dati del campione con i parametri di una distribuzione teorica relativa alla popolazione di cui parleremo nel capitolo 3.

Saremmo tentati di fare lo stesso per una variable continua, utilizzando le frequenze degli intervalli di un istogramma, ma ciò non funziona. Nel raccogliere i dati in sottointervalli perdiamo informazione sulla posizione effettivamente occupata da un dato all'interno del sottointervallo. La media calcolata a partire dalle frequenze di un istogramma quindi non coinciderà con quella ottenuta direttamente, se non quando (per campioni molto grandi) si scelgono sottointervalli molto stretti.

Esempio 1.6. Esaminiamo la distribuzione delle frequenze delle cifre k in π, al variare del numero N di decimali considerati. Per i primi 100 decimali, il massimo di frequenza si ottiene per $k = 9$, ma questo valore "salta" a $k = 1$ o $k = 5$ se analizziamo rispettivamente 1000 o 10000 decimali. Come si può vedere, la moda, per una distribuzione così "piatta", non ha alcun senso. Il calcolo della mediana presenta qualche difficoltà: dalla tabella possiamo vedere che, considerando ad esempio 1000 decimali, la somma di tutte le frequenze fino a $k = 3$ è pari a 0.414, e a 0.507 se sommiamo le frequenze fino a $k = 4$. Questo ci dice solo che la mediana è compresa tra 3 e 4, e molto più vicina a 4 che a 3, ma non ci dà un valore preciso. Il problema nasce tutte le volte che si ha a che fare con valori discreti: la cosa migliore che si può fare è interpolare linearmente tra i due valori di confine per x_m. Se calcoliamo invece il valore medio $\overline{k}$ della distribuzione delle cifre usando l'espressione 1.4, otteniamo $\overline{k} \simeq 4.77$ ($N = 100$), $\overline{k} \simeq 4.47$ ($N = 1000$) e $\overline{k} \simeq 4.49$ ($N = 10000$). Come si vede, al crescere di N la media approssima sempre meglio il valore:

$$\overline{k}_{teo} = 0.1(0 + 1 + 2 + 3 + 4 + 5 + 6 + 7 + 8 + 9) = 4.5$$

che si otterrebbe se tutte le cifre fossero distribuite con frequenza $f_k = 0.1$.

1.5.2 Momenti di una distribuzione

Ricordate come funziona una leva? Per sollevare un peso appoggiato su uno dei due estremi non ha tanto importanza la forza che si applica, quanto il fatto che il prodotto della forza applicata per la distanza dal fulcro (il "braccio") sia pari al prodotto del peso dell'oggetto per il suo braccio. In fisica incontriamo spesso quantità, che chiamiamo *momenti*, definite come il prodotto di una grandezza per la distanza da un punto. Ad esempio, la posizione del centro di massa di un sistema non è altro che la somma dei momenti delle singole masse rispetto all'origine, divisa per la massa totale. Talvolta conviene anche introdurre quantità che "pesano" i valori di una grandezza con il quadrato della distanza da qualcosa. Ad esempio, definiamo il momento di inerzia di un corpo rigido pesando i singoli elementi di massa con il quadrato della distanza da un asse. Un'operazione di questo tipo introduce una "discriminazione" tra masse vicine e masse lontane all'asse considerato, cosicché, a parità di massa, un corpo presenta un maggiore momento d'inerzia se la sua massa sta più "in fuori" rispetto all'asse. Il momento d'inerzia ci dà cioè un'ulteriore informazione sulla distribuzione delle masse rispetto a quella costituita dalla posizione del centro di massa. Per specificare il fatto che il peso che attribuiamo a ciascuna massa è legato al quadrato di una distanza, diremo più precisamente che il momento d'inerzia si calcola come un *momento secondo*, mentre la posizione del centro di massa è legata ad un *momento primo*.

Dato che siamo assetati di informazioni sulle distribuzioni di frequenze, cerchiamo di vedere se sia possibile "riciclare" queste idee. Ad ogni valore x_i assunto dalla grandezza x associamo allora una "massa" uguale alla frequenza relativa con cui quel valore compare. La massa totale di questa distribuzione unidimensionale è ovviamente uguale ad uno, visto che questo è il valore della somma delle frequenze. Quali saranno i momenti della distribuzione rispetto all'origine? La posizione del "centro di massa" del sistema, ossia il momento primo, sarà data da $x_{cm} = \sum_{j=1}^{r} f_j x_j$. Ma questo non è altro che il valor medio della distribuzione, cosa in accordo con il fatto di pensare al centro di massa come al punto in cui è concentrata in media la massa del sistema. Il valor medio allora non è altro che *il momento primo di una distribuzione di frequenze rispetto all'origine*. Possiamo adesso definire un analogo del momento d'inerzia, cioè un momento secondo rispetto all'origine, come la somma dei quadrati dei valori assunti dalla grandezza, moltiplicati per le frequenze ad essi associate: $\sum_{j=1}^{r} f_j x_j^2$. Ciò equivale a calcolare la media del *quadrato* di x:

$$\overline{x^2} = \sum_{j=1}^{r} f_j x_j^2 = \frac{\sum_{i=1}^{N} x_i^2}{N}, \tag{1.5}$$

dove, ricordiamo sempre, la prima somma è fatta sugli r *valori* che può assumere la variabile, mentre la seconda sugli N *dati* del campione. L'aver posto la barra *al di sopra* del quadrato di x e non viceversa è fondamentale, perché la media del quadrato è in generale *maggiore* del quadrato della media:

$$\overline{x^2} = \frac{\sum_{i=1}^{N} x_i^2}{N} \geq \left(\frac{\sum_{i=1}^{N} x_i}{N} \right)^2 = \overline{x}^2. \tag{1.6}$$

A questo punto nessuno ci impedisce di andare oltre, e di chiamare per analogia *momento k-esimo* M_0^k di una distribuzione rispetto all'origine la media di x^k, ossia:

$$M_0^k = \overline{x^k} = \sum_{j=1}^{r} f_j x_j^k = \frac{\sum_{i=1}^{N} x_i^k}{N}. \tag{1.7}$$

Quanta informazione contengono i momenti sulle caratteristiche di una distribuzione di N dati sperimentali? È chiaro che conoscendo solo il momento primo, secondo, e magari terzo di una distribuzione, abbiamo a disposizione una quantità di informazione molto minore di quella contenuta negli N dati sperimentali (in linea di principio, per sapere tutto sulla distribuzione, dovremmo conoscere tutti i primi N momenti). Ma i momenti ci danno un tipo di informazione del tutto diversa, relativa all'insieme della distribuzione, non ad un singolo punto: è per questa ragione che i momenti entrano direttamente nella definizione degli indicatori caratteristici di una distribuzione.

1.5.3 Deviazione standard e asimmetria

Cerchiamo un indicatore che ci dica quanto è "larga" una distribuzione. Questo vuol dire cercare un parametro che ci dica in che misura i dati si discostano dalla media, che è il valore "tipico" della distribuzione. Un primo tentativo potrebbe essere quello di valutare quanto valga la somma degli "scarti" dal valor medio, e poi dividerla per il numero di dati in modo da ottenere una specie di "scarto medio": ma abbiamo visto che, proprio per come è definita la media, questa quantità è sicuramente nulla per la presenza di contributi sia di segno positivo che negativo che si bilanciano. Per superare questo inconveniente, possiamo considerare i *quadrati* degli scarti rispetto alla media, che sono sicuramente positivi, o al più nulli.

Ricordiamoci però che le grandezze fisiche hanno delle *dimensioni*: la media ha ovviamente le stesse dimensioni della grandezza x, ma il quadrato di uno scarto ha le dimensioni di x^2. Così, se x è una velocità, gli scarti quadratici hanno le dimensioni di una velocità al quadrato. Per avere una quantità con le stesse dimensioni di x, introduciamo allora la *deviazione standard* s_x:

$$s_x = \sqrt{\frac{\sum_{i=1}^{N} (x_i - \overline{x})^2}{N}} = \sqrt{\overline{(x - \overline{x})^2}}, \tag{1.8}$$

ossia la radice della media degli scarti quadratici o "scarto quadratico medio", che sarà quindi il parametro che utilizzeremo per stimare la larghezza di una distribuzione. Per inciso, potevamo aggirare il problema dei segni alterni anche considerando i *valori assoluti* anziché i quadrati degli scarti. Al di là del fatto che è molto più faticoso fare i conti con i valori assoluti che con i quadrati, le vere ragioni della scelta fatta ci saranno chiare solo in seguito. È facile vedere che per una variabile discreta, la deviazione standard si può scrivere in termini di frequenze come:

$$s_x = \left[\sum_{j=1}^{r} f_j (x_j - \overline{x})^2\right]^{1/2}. \tag{1.9}$$

Dalla definizione di deviazione standard otteniamo:

$$s_x^2 = \frac{1}{N}\sum_{i=1}^{N}\left(x_i^2 - 2\overline{x}x + \overline{x}^2\right) = \frac{1}{N}\left[\sum_{i=1}^{N} x_i^2 - 2\overline{x}\sum_{i=1}^{N} x_i + N\overline{x}^2\right] = \overline{x^2} - 2\overline{x}^2 + \overline{x}^2$$

e quindi:

$$s_x^2 = \overline{x^2} - \overline{x}^2, \tag{1.10}$$

che ci dice che il quadrato della deviazione standard è anche la differenza tra il momento secondo ed il quadrato del momento primo (rispetto all'origine).

Una distribuzione che presenti un valor medio elevato avrà in generale una deviazione standard maggiore di una distribuzione di forma simile, ma con un valor medio minore. Spesso però fa comodo confrontare la forma di due distribuzioni svincolandosi dai valori numerici assoluti che le due variabili statistiche assumono. Più che la larghezza in assoluto di una distribuzione, è quindi utile stimare la sua larghezza in rapporto al valore medio: per far ciò, faremo uso della *deviazione standard relativa*, pari a $s_x/\overline{x}$. Mentre la deviazione standard ha le dimensioni della grandezza x che consideriamo e pertanto dipende dalle unità di misura che scegliamo di usare, la deviazione standard relativa ha il vantaggio di essere *adimensionale*.

Osserviamo che la deviazione standard è ancora un momento secondo della distribuzione, ma fatto *prendendo come origine la media*. Perché abbiamo bisogno di considerare un momento rispetto alla media? Se il valore della media è elevato, $\overline{x^2}$ sarà molto probabilmente grande: questo però dipende solo dal fatto che l'intera distribuzione è molto spostata rispetto all'origine, e non ha niente a che fare con la sua larghezza. Possiamo rileggere allora la (1.8) come una "correzione" che toglie di mezzo il contributo "spurio" legato al valore della media[8].

La definizione di s_x ha in realtà qualche piccolo problema. Se consideriamo un campione statistico costituito da un solo dato x_1, non ha ovviamente alcun senso parlare di larghezza della distribuzione: ma, per la (1.8), s_x risulterebbe invece nulla, suggerendo piuttosto che la distribuzione sia infinitamente "stretta", qualcosa di molto diverso dal non poter dire nulla! Vedremo nel Cap. 5 che vi sono fondati motivi per modificare lievemente la (1.8) attraverso un fattore correttivo che, oltre ad avere un preciso significato teorico, rende invece in questo caso del tutto *indeterminata* la deviazione standard.

Esempio 1.7. In corrispondenza ai valori di N considerati nell'esempio 1.6, possiamo calcolare la deviazione standard e la deviazione standard relativa della distribuzione delle cifre di π:

N	s_k	$s_k/\overline{k}$
100	2.92	0.619
1000	2.90	0.649
10000	2.86	0.637

Se per un numero N molto grande tutte le frequenze relative diventassero pari a circa 0.1, ci aspetteremmo una deviazione standard:

$$s_k = \sqrt{\sum_{k=0}^{9} 0.1 \left(k - \frac{9}{2}\right)^2} \simeq 2.87$$

[8] Quanto abbiamo detto ha un equivalente meccanico nel Teorema di Steiner, per il quale il momento d'inerzia rispetto ad un asse può essere separato nella somma del momento rispetto a un asse passante per il centro di massa, che è un contributo "proprio" del corpo considerato, più un termine di "trasporto", che dipende solo da dove abbiamo scelto di fissare l'asse di riferimento.

ed una deviazione standard relativa $s_k/\overline{k} \simeq 0.638$. Quindi, anche in questo caso, al crescere delle dimensioni del campione i risultati sembrano supportare l'ipotesi di una distribuzione uniforme delle cifre.

Estendendo le idee che abbiamo appena sviluppato, possiamo definire i momenti di una distribuzione rispetto ad un valore x_0 qualsiasi come:

$$M_k(x_0) = \overline{(x - x_0)^k} = \frac{1}{N}\sum_{i=1}^{N}(x_i - x_0)^k = \sum_{j=1}^{r} f_j (x_j - x_0)^k \tag{1.11}$$

ed in particolare i momenti rispetto alla media:

$$M_k(\overline{x}) = \overline{(x - \overline{x})^k} = \frac{1}{N}\sum_{i=1}^{N}(x_i - \overline{x})^k = \sum_{j=1}^{r} f_j (x_j - \overline{x})^k . \tag{1.12}$$

Questa definizione ci permette di fare un'osservazione importante: l*a media è quel valore x_0 rispetto al quale è minimo il momento secondo, ossia lo scarto quadratico medio.* Infatti:

$$\frac{\mathrm{d}}{\mathrm{d}x_0}\sum_{i=1}^{N}(x - x_0)^2 = 0 \Longrightarrow \sum_{i=1}^{N} x_i - Nx_0 = 0 \Longrightarrow x_0 = \frac{1}{N}\sum_{i=1}^{N} x_i .$$

È facile far vedere che il valore rispetto al quale è minima la somma dei *valori assoluti* degli scarti è invece la mediana.

Vogliamo infine definire un parametro che ci permetta di valutare quanto una distribuzione sia *simmetrica* rispetto alla media, ossia se e quanto la distribuzione presenti "code lunghe" verso un estremo o l'altro dell'intervallo di valori di x. In questo caso allora hanno interesse proprio i segni algebrici delle deviazioni rispetto alla media, di cui abbiamo cercato di sbarazzarci definendo la deviazione standard. Sappiamo già che una semplice media degli scarti non funziona, dato che è sempre nulla. Una quantità non necessariamente nulla e che tiene conto del segno degli scarti è la media dei *cubi* degli scarti, cioè il momento terzo rispetto alla media. Le dimensioni di questa quantità sono chiaramente il cubo delle dimensioni di x: come abbiamo fatto per la deviazione standard relativa, è però più interessante definire una quantità non dimensionale. Per far ciò, osserviamo che una mancanza di simmetria si "nota" maggiormente per una distribuzione molto stretta che per una molto larga (un noto vantaggio dei grassi), e che quindi conviene rapportare l'asimmetria assoluta alla deviazione standard della distribuzione. Introduciamo allora l'*asimmetria* γ_x di una distribuzione definendola come:

$$\gamma_x = \frac{1}{Ns_x^3}\sum_{i=1}^{N}(x - \overline{x})^3 = \frac{M_3(\overline{x})}{s_x^3}. \tag{1.13}$$

Esempio 1.8. Supponiamo di aver ottenuto, da due campioni sperimentali delle grandezze A e B, le due semplici distribuzioni in figura 1.9. Per la distribuzione di A si ha $\overline{A} = 2$ e (se il numero di dati è molto grande) $s_A = \sqrt{3}$. Per B si ha invece $\overline{B} = 4$ e $s_B = \sqrt{3}$. La deviazione standard è quindi la stessa per entrambe le distribuzioni. Ma calcolando l'asimmetria abbiamo:

$$\gamma_A = +\frac{2}{\sqrt{3}}; \gamma_B = -\frac{2}{\sqrt{3}}.$$

In generale quindi, $\gamma_x > 0$ comporta una coda per valori alti, mentre l'opposto si ha per $\gamma_x < 0$.

Esempio 1.9. Qualche ulteriore considerazione sugli indicatori statistici può essere tratta analizzando le distribuzioni presentate negli esempi 1.3–1.5.

a) La media, deviazione standard e asimmetria per la distribuzione delle altezze dell'esempio 1.3 sono date da:

$\overline{h}$ (cm)	s_h (cm)	$s_h/\overline{h}$	γ
161.5	7.6	0.047	-0.025

È invece abbastanza arbitrario definire una moda, dato che i valori per $h = 162$ e $h = 165$ cm sono pressoché uguali, mentre la mediana $h_m \simeq 162$ cm è molto prossima alla media proprio in virtù del valore molto basso di γ. Osservando la Fig 1.6, si può notare come, per questa particolare distribuzione "a campana", almeno 2/3 dei dati cadano in un

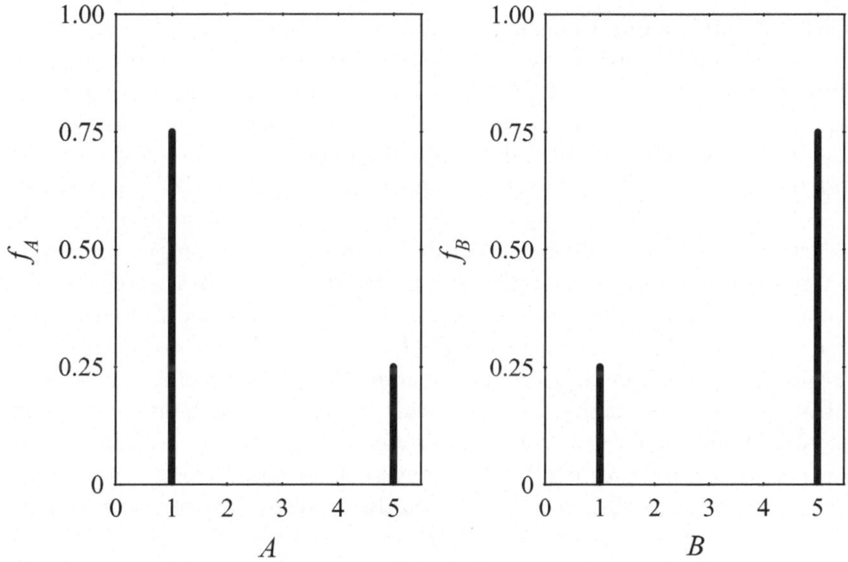

Figura 1.9.

intorno $\overline{h} - s_h < h < \overline{h} + s_h$. La curva è anche piuttosto stretta, dato che l'"allargamento" relativo $s_h/\overline{h}$ è solo di circa il 5%.

b) Nell'esempio 1.4, di converso, mentre le mode per le distribuzioni relative agli uomini e alle donne sono rispettivamente $x^U_{max} = 30$ e $x^D_{max} = 28$, le medie sono pari a $\overline{x}^U = 32.4$ e $\overline{x}^D = 29.4$, e le mediane a $x^U_m \simeq 30.5$ e $x^D_m \simeq 28$. Si ha quindi $x_{max} < x_m < \overline{x}$ (cercate di capire perché). Osserviamo poi che la differenza $\overline{x}^U - \overline{x}^D \simeq 3 > x^U_{max} - x^D_{max}$: potevamo aspettarcelo da un esame dell'inserto di Fig. 1.7? La tabella che segue mostra come entrambe le distribuzioni abbiano un'asimmetria molto accentuata e positiva ("code" verso valori alti).

	$\overline{x}$ (anni)	s_x (anni)	$s_x/\overline{x}$	γ
Donne	29.4	6.9	0.24	+1.59
Uomini	32.4	5.6	0.18	+1.77

c) Infine, per quanto riguarda l'esempio 1.5 (si veda tabella), osserviamo che, per effetto della diversa forma e simmetria delle due curve (quest'ultima risulta come si vede di segno opposto) la differenza tra $\overline{x}_{2005}$ e $\overline{x}_{1955}$ è molto minore della differenza di 6 anni che si riscontra tra i valori massimi.

	$\overline{x}$ (anni)	s_x (anni)	$s_x/\overline{x}$	γ
1955	29.1	6.3	0.22	+0.30
2005	30.4	5.6	0.18	-0.08

1.6 Un "esperimento numerico": Il moto browniano

Da qualche decennio a questa parte, al tradizionale binomio esperimenti-teoria che sta alla base della pratica scientifica si è aggiunto in modo sempre più prorompente un terzo "personaggio": la simulazione numerica. In parole povere, simulare al computer significa inventare una realtà soggetta a leggi che *noi* imponiamo, ed usare la rapidità di calcolo degli elaboratori per vedere quale "mondo" abbia origine da queste leggi. Quest'ultime possono essere naturalmente scelte in modo da assomigliare a quelle del mondo reale; ma spesso la realtà è un po' troppo complicata, e l'utilità della simulazione è proprio quella di poter costruire mondi più semplici su cui mettere alla prova la teoria.

Vogliamo allora divertirci ad usare un po' di simulazione numerica per analizzare in modo semplice un problema fisico particolarmente interessante e che ritornerà spesso nei capitoli che seguono. Nella teoria cinetica dei gas, l'equilibrio termico ha origine dalle continue collisioni che hanno luogo tra le molecole. Ogni singola molecola compie un complicato moto a zig-zag attraverso il gas, scambiando negli urti quantità di moto ed energia cinetica e muovendosi di moto rettilineo uniforme tra due collisioni. Il tempo medio τ_c che intercorre tra due collisioni, calcolato a partire dalla distanza media tra due molecole e dal valore della velocità quadratica media, risulta dell'ordine di 10^{-12} s. È quindi impensabile (ed anche inutile) descrivere nei dettagli il moto di ciascuna molecola: possiamo però cercare di dare una descrizione statistica di questo moto, che diremo di *Random Walk* (RW).

Non si può ovviamente osservare direttamente il moto di una singola molecola, ma è possibile visualizzare un altro fenomeno fisico simile al moto molecolare. Nel 1827 Robert Brown (non un fisico, ma un botanico!) osservò al microscopio che dei granelli di polline sospesi in un liquido compiono un moto molto irregolare e caotico. La sua origine rimase oscura fino all'inizio di questo secolo, quando A. Einstein e M. Smoluchowski ne diedero indipendentemente la corretta interpretazione, fornendo così la prima prova diretta della struttura molecolare della natura. Ciò che produce il moto irregolare di una particella sospesa in un fluido è l'impulso ad essa comunicato dalle molecole di solvente tramite gli urti. La particella è "bombardata" in tutte le direzioni, e quindi il trasferimento di quantità di moto $\overline{\Delta\mathbf{q}}$ da parte delle molecole è nullo: ma istante per istante $\Delta\mathbf{q}(t)$ è una grandezza fluttuante, il che può essere visualizzato come una serie di "colpetti" con direzione causale che la particella subisce. Il moto che ne risulta, che viene detto *moto browniano*, è in molti sensi analogo al moto molecolare in un gas.

Cominciamo a farci un idea delle proprietà statistiche di un RW con un modello molto semplificato. Limitiamoci per ora a considerare un moto lungo una retta, cioè in una sola dimensione. Ad esempio pensiamo di aver bevuto un po' troppo e di uscire nella notte lungo la strada su cui si affaccia il pub che abbiamo visitato (e di cui abbiamo abbondantemente fruito): non ci ricordiamo bene se per tornare a casa si debba andare a destra o a sinistra, per cui facciamo un primo passo in una direzione a caso, diciamo a destra. Poi ci fermiamo a ripensare e come conseguenza decidiamo di tornare sui nostri passi, oppure di fare un altro passo nella stessa direzione, e così via ad ogni passo. Ogni decisione presa corrisponde così ad un "urto" della nostra molecola. Dove ci troveremo, dopo aver fatto un certo numero N di passi? A tutti gli effetti, il problema è del tutto identico a quello di un gioco a "testa o croce" che abbiamo descritto nella Sez. 1.2: del resto, dato che non abbiamo nessuna idea su come arrivare a casa, potremmo ogni volta decidere da che parte andare proprio lanciando una moneta. Una *singola* realizzazione di un RW avrà quindi un aspetto statisticamente analogo a quello mostrato nella Fig. 1.3 (o anche, se vogliamo, a quello della distribuzione di una particolare cifra nella successione dei decimali di π). Pur vagando qui e là, quindi, ci aspettiamo di non allontanarci molto dal punto di partenza, anche se ripasseremo raramente di fronte al pub: molto di più non possiamo dire.

Per capire quali siano davvero le proprietà statistiche di un RW, l'unico modo di procedere è quello di ripetere il nostro esperimento davvero tante volte. La figura 1.10 mostra due distribuzioni della posizione finale x raggiunta dal nostro ubriaco, ottenute simulando 10000 RW distinti, ciascuno costituito rispettivamente da 100 (distribuzione più "stretta") e 2500 (distribuzione più "larga") passi di lunghezza unitaria. La somiglianza di entrambe le distribuzioni con la curva "a campana" dell'esempio 1.3 è davvero notevole, e ci fa

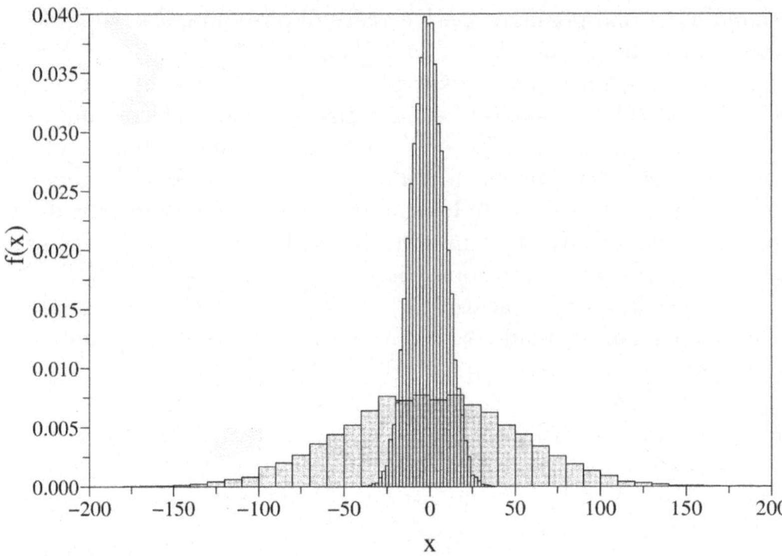

Figura 1.10. Distribuzioni della posizione finale ottenute dalla simulazione di 10^4 RW di 100 (curva interna) e 2500 (curva esterna) passi unitari ciascuno.

cominciare a pensare che questo tipo di distribuzione sia per qualche oscura ragione molto comune. Per entrambe le distribuzioni si ha $\overline{x} \simeq 0$, come potevamo aspettarci. Le deviazioni standard risultano rispettivamente pari a $s_x \simeq 10.05$ e $s_x \simeq 50.1$, valori che coincidono con buona approssimazione con la *radice del numero di passi* di un singolo RW.

Il significato dell'"allargamento" della distribuzione delle posizioni finali può essere meglio apprezzato considerando un RW in 2 dimensioni (l'ubriaco questa volta si aggira in una piazza). Per far ciò, ho simulato 2500 RW di 1600 passi, ciascuno di lunghezza unitaria ma diretto con un angolo ϑ_r rispetto alla direzione dell'asse x scelto a caso in $[0, 2\pi]$ (a cui corrispondono quindi spostamenti lungo x ed y dati rispettivamente da $\cos\vartheta_r$ e $\sin\vartheta_r$). La Fig. 1.11a fornisce in questo caso una chiara impressione grafica della distribuzione delle posizioni finali, mentre le distribuzioni per le componenti dello spostamento lungo x ed y presentano un andamento del tutto simile a quello in Fig. 1.10.

È anche interessante analizzare l'andamento del modulo r della distanza dall'origine, ossia della radice $r = \sqrt{x^2 + y^2}$ dello spostamento quadratico medio (*root mean square displacement*, RMSD), che è ovviamente una quantità a valori solo positivi. La fig. 1.11b mostra che la distribuzione di frequenze per r cresce rapidamente e presenta un massimo per $r \simeq 25$, mentre il valore della deviazione standard per le distribuzioni di entrambe le componenti, $s_x \simeq s_y \simeq 40$, corrisponde al RMSD per cui la distribuzione ridiscende a circa metà del suo valore massimo. Giustificheremo questi risultati nei capitoli che seguono.

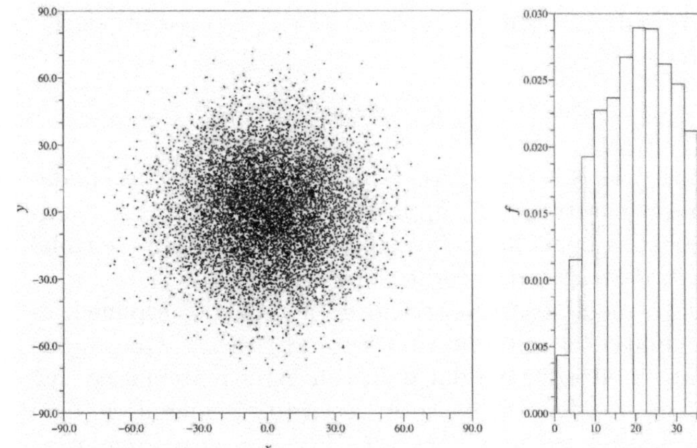

Figura 1.11a. Simulazione delle posizioni finali per 2500 RW in due dimensioni, ciascuno di 1600 passi.

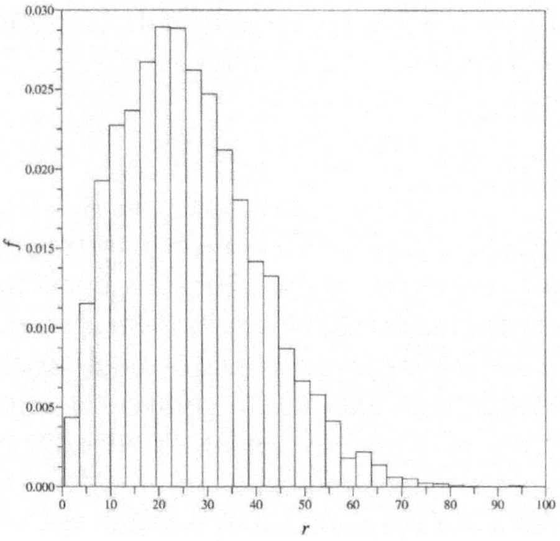

Figura 1.11b. Distribuzione dello spostamento quadratico medio r per i dati in Fig. 1.11a.

*1.7 Scale caratteristiche ed invarianza di scala

Facciamo a questo punto una breve digressione per parlare di due classi molto generali di distribuzioni statistiche di estremo interesse non solo per le scienze naturali, ma anche per quelle economiche e sociali. Per quanto ci riguarda, vedremo che la differenza sostanziale tra questi due tipi di distribuzioni sottointende un profondo significato fisico. Per farlo, cominciamo ad analizzare una grandezza il cui andamento sembra essere in qualche modo "paradigmatico" di *entrambi* questi tipi di distribuzioni: il reddito pro capite. La Fig.1.12 mostra la distribuzione di frequenza del reddito individuale R dei residenti negli USA come dedotto dalle dichiarazioni fiscali per il 2006[9]. Per evidenziare contemporaneamente sia l'andamento dei redditi medio-bassi che di quelli molto elevati, ho scelto di rappresentare i dati in un modo non convenzionale: mentre l'asse delle ordinate è logaritmico, l'asse delle ascisse è *lineare* fino ad un reddito di 100 k\$, mentre è *logaritmico* per redditi maggiori. Questa partizione sembra corrispondere a due regimi ben distinti di andamento. In entrambi i casi, infatti, i dati sembrano essere interpolati abbastanza bene da una retta (anche se non sappiamo ancora come farlo correttamente, fidiamoci per ora dell'impressione visiva, che sembra piuttosto convincente). Ma mentre nel caso dei redditi minori ciò corrisponde ad un andamento del tipo $\ln f(R) = aR + b$, che possiamo riscrivere come

$$f(R) = C \exp\left(-\frac{R}{R_0}\right) \qquad (R < 10^5\,\$),$$

[9] Internal Revenue Service (IRS), US Department of the Treasury, Publ. # 1304.

con $C = e^b$ e $R_0 = -1/a$ costanti positive ($R_0 \simeq 45.7\,\text{k\$}$), per i redditi elevati si ha $\ln f(R) = -\alpha \ln(R) + \beta$, ossia

$$f(R) = CR^{-\alpha} \qquad (R > 10^5\,\$),$$

con $C = e^\beta$ e α costanti positive ($\alpha \simeq 2.5$). L'inserto mostra come l'andamento esponenziale sembri caratterizzare approssimativamente anche i redditi netti fino a circa 50000 € per le famiglie italiane nel 2005 (non vengono sfortunatamente riportati dettagli per i redditi superiori)[10].

Mentre quindi i redditi medio-bassi mostrano un andamento esponenziale, quelli alti hanno un comportamento del tipo *legge di potenza*. Queste due funzioni sono ovviamente molto diverse dal punto di vista matematico, ma lo sono ancor più da un punto di vista *fisico*. In fisica (o in generale in ogni descrizione scientifica quantitativa) abbiamo a che fare con grandezze a cui corrispondono delle specifiche *dimensioni* e delle *unità di misura*. Avere a che fare con grandezze dimensionali cambia sensibilmente le carte in tavola. Supponiamo ad esempio che certe considerazioni fisiche ci portino a concludere che una grandezza y è legata ad una seconda grandezza x, con le dimensioni

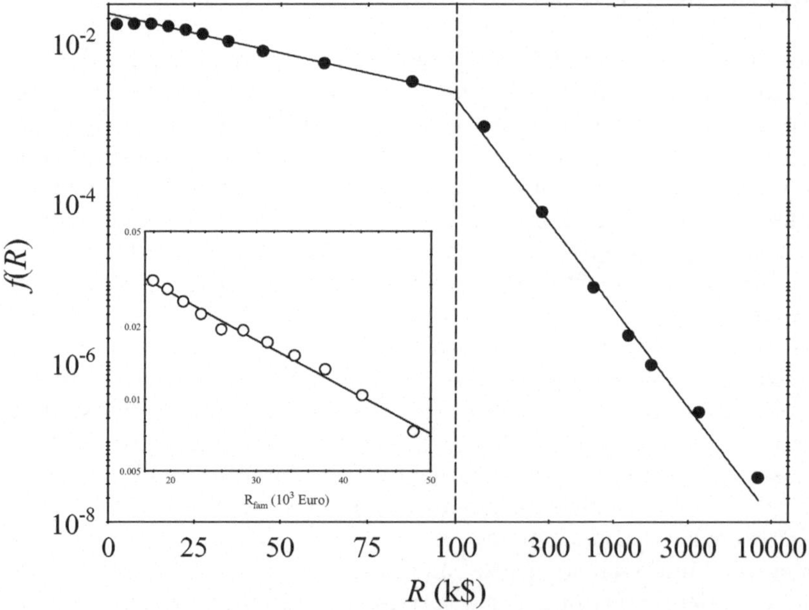

Figura 1.12. Distribuzione dei redditi lordi USA, come da dichiarazioni fiscali per l'anno 2006. La linea tratteggiata verticale separa i redditi medio-bassi, riportati in scala *semi*logaritmica, da quelli superiori a \$ 100.000, mostrati in scala *bi*logaritmica. Inserto: Distribuzione dei redditi familiari netti italiani per il 2005, rilevati da ISTAT su un campione di 21499 famiglie.

[10] ISTAT, Indagine campionaria "Reddito e condizioni di vita", gennaio 2008.

di una lunghezza, da una legge esponenziale. Avrebbe senso scrivere questa relazione semplicemente come $y = A\exp(x)$? Evidentemente no: in che cosa stiamo misurando y, in "esponenziali di metri"? Le dimensioni di y devono essere esprimibili in termini delle grandezze fondamentali (lunghezza ℓ, tempo t, massa m), come $[y] = [\ell]^a[t]^b[m]^c$, dove a, b, c sono potenze intere. Dobbiamo *necessariamente* introdurre una lunghezza caratteristica x_0 e scrivere $y = A\exp(x/x_0)$: in altri termini, l'argomento di un'esponenziale deve essere *adimensionale*, e ciò vale ovviamente per ogni altra funzione trascendente. Ciò non è al contrario necessario per una una legge di potenza: se scrivessi analogamente $y = C(x/x_0)^\alpha$, la costante x_0 non avrebbe alcun significato particolare, dato che potrei sempre "riassorbirla" nella costante scrivendo $y = C'x^\alpha$, con $C' = C/x_0^\alpha$ (cosa che ovviamente non si poteva fare nel caso precedente). Infatti, a differenza di quanto abbiamo detto per y, non vi è alcun requisito sulle dimensioni di C', che *non è* una grandezza fisica, ma semplicemente una costante che "accoppia" grandezze di diversa natura legate da legge fisica.

Per capire meglio il significato di questa importante differenza, riesaminiamo la distribuzione dei redditi, che sembra essere uno dei rari esempi in cui questi due comportamenti "convivono" nella distribuzione di una singola grandezza statistica. I redditi alti (quelli descritti da una legge di potenza) godono della proprietà che il rapporto tra il numero di individui che guadagnano 100 k\$ e 300 k\$ ha lo *stesso* valore del rapporto tra quelli che guadagnano 1000 k\$ e 3000 k\$ (ciò si esprime dicendo che la distribuzione è *self-similare*, nel senso che il comportamento della grandezza su piccole scale "riproduce" quello su scale più grandi), cosa che *non* avviene per i redditi medio-bassi. Di conseguenza, se avessimo deciso, ad esempio, di esprimere i redditi USA in euro anziché in dollari, e se il tasso di cambio tra le due valute è dato da 1\$ = r€, la pendenza della retta che interpola i redditi più bassi in Fig. 1.12 cambierebbe da a ad a/r, ossia il reddito caratteristico diverrebbe ovviamente rR_0. Di converso, per i redditi rappresentati in scala bilogaritmica questo "cambiamento di scala" si riflette solo in una traslazione dei dati, mentre la pendenza resta immutata.

Mentre una distribuzione esponenziale è quindi un importante esempio di una distribuzione che presenta una *scala intrinseca* per il valore della variabile, una legge di potenza è il prototipo di quelle distribuzioni che presentano *invarianza di scala*. Individuare una scala caratteristica (di lunghezza, tempo, energia ...) in un problema è da sempre una strategia vincente per sviluppare modelli teorici dei fenomeni fisici. Così, ad esempio, tutti i fenomeni termodinamici sono caratterizzati dalla scala naturale di energia k_BT, data dal prodotto della costante di Boltzmann per la temperatura assoluta. Spesso, l'analisi di uno *specifico* problema fa emergere nuove scale caratteristiche che costituiscono una guida alla soluzione. Molti degli avanzamenti più recenti in fisica statistica (e non solo) sono tuttavia nati dalla considerazione di grandezze che al contrario presentano invarianza di scala e che quindi mostrano self-similarità.

Dal punto di vista di chi deve occuparsi di campionamenti statistici, le grandezze che presentano un comportamento a legge di potenza possono costituire un vero e proprio incubo, perché la presenza delle "lunghe code" tipiche di una distribuzione di questo tipo (molto più lunghe di quelle di un'esponenziale o di una curva "a campana" come quella che abbiamo precedentemente incontrato, qualunque sia il valore dell'esponente α) pone seri problemi per quanto riguarda la rappresentatività del campione. Supponiamo ad esempio che vogliate analizzare il peso degli americani a partire da un campione di 1000 individui. Non sarebbe un campione molto esteso ma, ponendo una certa attenzione al modo in cui lo scegliete, potreste farvi un'idea a grandi linee della distribuzione, almeno per quanto riguarda la media o la deviazione standard. In ogni caso, il risultato non cambierebbe di molto se scambiaste John Smith, un super-ciccione di modesta estrazione sociale succube dei *fast food*, con un cinquantenne dalla dieta equilibrata e in discreta forma fisica: in fondo, per come è fatta la distribuzione del peso (una campana un po' "storta"), è pressoché impossibile che il peso di questi due individui differisca di più di un fattore 2−3. Ma supponiamo che vogliate invece analizzare la distribuzione del *reddito* degli stessi individui, e che il cinquantenne si chiami William Henry Gates III (comunemente detto Bill)... Come vedremo, situazioni analoghe (risultati che si presentano molto raramente, ma che "stravolgono" completamente i valori ottenuti per gli indicatori statistici di una distribuzione) possono presentarsi anche in misure di quantità molto più "innocue". Consideriamo allora più da vicino qualche grandezza statistica con queste proprietà, per vedere come spesso l'invarianza di scala sottointenda contenuti fisici tutt'altro che banali.

***Esempio 1.10.** La magnitudine apparente (o visuale) m è un indice che quantifica le luminosità delle stelle visibili, scelto in modo tale che ad un aumento di +1 del valore di m corrisponda una riduzione di $10^{2/5} \simeq 2.512$ della luminosità apparente di una stella. In questo modo, le stelle con $m = 1$, o come si suol dire di "prima grandezza", sono 100 volte più luminose delle stelle di sesta grandezza, le più deboli ad essere percepite ad occhio nudo[11]. Come varia il numero di stelle visibili con m? L'inserto in Fig. 1.13 mostra l'andamento di $N(m)$ per le oltre 36000 stelle con $m < 10$, ossia di tutte le stelle visibili con un piccolo telescopio amatoriale, tratta del catalogo astronomico Tycho[12]. Come si può notare dalla scala semilogaritmica, il numero di stelle cresce esponenzialmente con m. Osserviamo però che m è solo un indice convenzionale, scelto per comodità secondo una scala *logaritmica* di intensità. Se infatti indichiamo rispettivamente con L ed L_1 le luminosità apparenti di una stella di magnitudine apparente m e di una stella di prima grandezza, si ha $m = 1 + 2.5\log(L_1/L)$. È molto più interessare allora analizzare l'istogramma

[11] Alcuni astri particolarmente luminosi possono ovviamente avere una magnitudine apparente negativa. Ad esempio Sirio, la stella più luminosa, ha $m \simeq -1.5$, Venere al massimo del suo splendore ha $m = -4.4$, e per il Sole si ha $m = -26.7$.

[12] Per l'esattezza si tratta della luminosità fotovisuale V. Per il catalogo Tycho si veda: http://www.rssd.esa.int/index.php?project=hipparcos&page=multisearch2.

delle frequenze *normalizzate con la luminosità apparente* (rapportata a quelle di prima grandezza) L/L_1, a cui corrisponde un significato fisico diretto. Come si può vedere della Fig. 1.13, questo andamento è rappresentato molto bene da una legge di potenza con un esponente $\alpha \simeq 2.15 - 2.18$: la luminosità apparente delle stelle mostra quindi un'evidente invarianza di scala.

Possiamo darci ragione di questo andamento? La luminosità apparente di una stella dipende sia dalla sua distanza R dalla Terra (come per una candela, una lampadina, o qualunque sorgente che emetta radiazione in modo isotropo l'intensità apparente decresce come R^{-2}) che, ovviamente, dalla sua luminosità *assoluta* L_{ass}, ossia dalla potenza totale irraggiata. Quest'ultima può variare di molti ordini di grandezza, ed inoltre la radiazione emessa può avere caratteristiche spettrali molto diverse: ci sono "nane rosse", che emettono una quantità di luce molto inferiore a quella del Sole (che è comunque una stella "nana", anche se gialla) e "supergiganti azzurre", luminose quanto

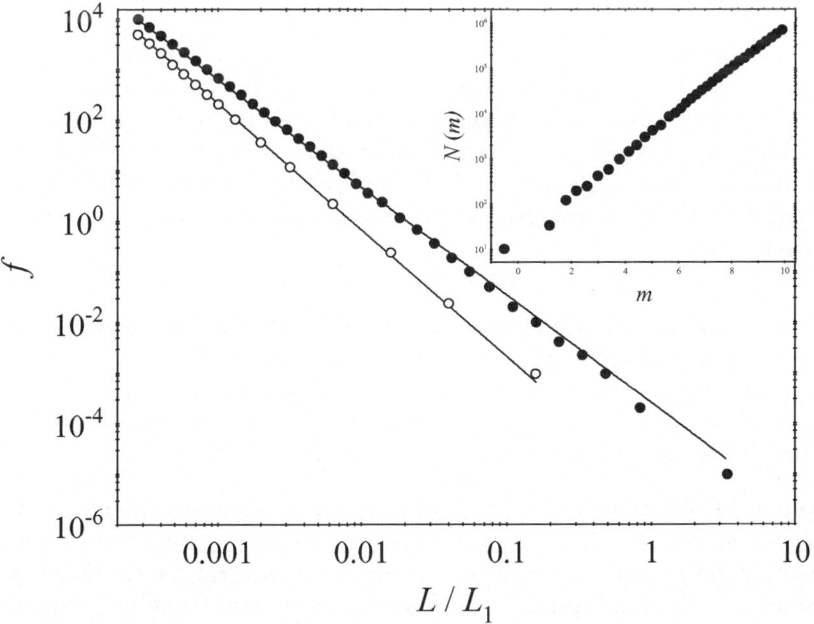

Figura 1.13. Inserto: Andamento esponenziale del numero di stelle $N(m)$ in funzione della magnitudine visuale m. Corpo centrale: Distribuzione di frequenza per il numero di stelle con magnitudine $m < 10$ in funzione della luminosità apparente L rapportata a quella delle stelle di prima grandezza L_1 (•). La retta sul grafico bilogaritmico corrisponde ad una legge di potenza $f = A(L/L_0)^\alpha$, con $\alpha \simeq 2.15$. Il grafico mostra anche le frequenze relative alle sole stelle con caratteristiche spettrali simili al Sole (○), interpolate da una legge di potenza con esponente $\alpha = 5/2$.

migliaia di soli[13]. La distribuzione di L è quindi strettamente legata a quella per L_{ass}, che a sua volta è determinata sia dai meccanismi di formazione delle stelle, che da quelli dell'evoluzione stellare (dato che luminosità e classe spettrale di una stella variano nel tempo), che in definitiva dall'intera storia della nostra Galassia: non è quindi per nulla semplice prevedere la distribuzione di L_{ass} che osserviamo in questo momento. È sorprendente tuttavia come l'effetto combinato di meccanismi così complessi si traduca in un semplice andamento a legge di potenza, che dovrebbe poter essere prevedibile almeno qualitativamente da ogni buon modello teorico.

Se tutte le stelle avessero la *stessa* luminosità assoluta, le cose sarebbero molto più semplici. Poiché possiamo scrivere $L \propto L_{ass}/R^2$, il numero di stelle $N(L)$ con luminosità apparente superiore ad un fissato valore L sarà quello contenuto in una sfera di raggio $(L_{ass}/L)^{1/2}$, ossia

$$N(L) = A\rho \left(\frac{L_{ass}}{L} \right)^{3/2},$$

dove A è una costante e ρ la densità di stelle, ossia il numero di stelle per unità di volume. La stragrande maggioranza delle stelle con $m \leq 10$ si trova tuttavia in una piccola (in senso astronomico, ovviamente!) regione della Galassia prossima a noi, in cui ρ di stelle può essere assunta come approssimativamente costante. Allora il numero di stelle $n(L)\mathrm{d}L$ con luminosità apparente compresa tra L ed $L + \mathrm{d}L$ si otterrà derivando l'espressione precedente, e si dovrà dunque avere:

$$n(L) = CL^{-5/2},$$

dove C è una nuova costante: ci aspettiamo quindi che la frequenza relativa di stelle con una data luminosità apparente "vada" come $L^{-2.5}$. Per vedere se funziona, consideriamo solo quelle stelle, tra quelle con $m < 10$, con caratteristiche simili al nostro Sole[14]: la Fig. 1.13 mostra come questa semplice (quasi banale) previsione sembri essere in buon accordo con i dati osservativi.

***Esempio 1.11.** Come le stelle, i terremoti possono essere enormemente diversi: da piccoli sussulti rilevabili sono dai pennini dei sismografi ad eventi cataclismatici che possono addirittura modificare la geografia terrestre. Una scala sismica come quella Mercalli, che classifica i terremoti sulla base dei loro effetti distruttivi è tuttavia, oltre che un po' troppo "antropomorfica", scarsamente utile per studiare la geofisica degli eventi sismici. Le scale moderne, come la scala Richter, utilizzano un singolo indice, detto ancora una volta magnitudine m, per quantificare l'intensità di un terremoto, che è stabilito

[13] Tra caratteristiche di emissione spettrale e luminosità assoluta sussiste peraltro un profondo legame, quantificato dal diagramma di Herzprung-Russell, che costituisce uno dei capisaldi dell'astrofisica stellare.

[14] Per gli esperti ed i pignoli, ho estratto dal catalogo Tycho solo quelle stelle con un "indice di colore" B-V compreso tra 0.6 e 0.7, a cui corrisponde una temperatura superficiale T compresa tra circa 5750 e 6100 K.

come per la magnitudine stellare su una scala logaritmica sulla base dell'ampiezza dello spostamento massimo del pennino dei sismografi. L'aumento di un grado di magnitudine corrisponde così ad un incremento di un fattore $10^{3/2} \simeq 31.6$ dell'energia dall'evento sismico (questa può essere sia l'energia effettivamente rilasciata che quella che raggiunge la crosta terrestre). Già nel 1954, Beno Gutenberg e lo stesso Richter osservarono una notevole correlazione tra il numero di terremoti osservati e la loro magnitudine, esprimibile come $N(m) \propto 10^{-bm}$, dove b è una costante approssimativamente uguale ad uno. Per ovvie ragioni, esistono ampie collezioni di dati relative agli eventi sismici osservati, in particolare per quanto riguarda la California, zona notoriamente "a rischio"[15]. Questo andamento esponenziale è chiaramente confermato dall'inserto di Fig. 1.14 (dove la retta ha pendenza unitaria), che mostra l'andamento della frequenza dei quasi 12.000 terremoti di magnitudine $2 < m < 5.7$ avvenuti nella California del sud a partire dall'inizio di questo millennio fino al momento in cui sto scrivendo (non spaventatevi troppo: i terremoti con $m < 3$, anche se possono rilasciare *nel sottosuolo* un'energia pari a quella di un bombardamento aereo sono in genere rilevati in superficie solo dai sismo-

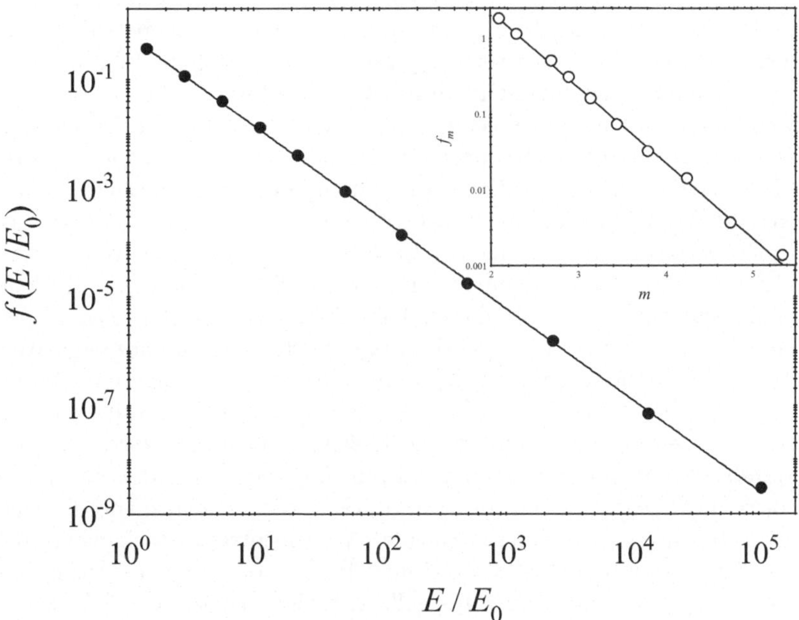

Figura 1.14. Inserto: Andamento della frazione di terremoti con magnitudine Richter $2 < m < 5.7$ rilevati nella California del sud dal 1/1/2001 all'ottobre 2008. Corpo centrale: Distribuzione di frequenza per l'energia E rilasciata dagli stessi eventi sismici, rapportata all'energia E_0 di un terremoto con $m = 2$.

[15] I dati che discuteremo sono tratti dal Southern California Earthquake Data Center, http://www.data.scec.org/.

grafi). Ancora una volta, come mostrato nel corpo centrale della Fig. 1.14, è tuttavia più utile considerare l'andamento della distribuzione di frequenze[16] di una grandezza fisica significativa quale l'energia rilasciata (rapportata ad una data scala, ad esempio quella dell'energia rilasciata da un debole evento di magnitudine $m = 2$) piuttosto che rispetto ad un parametro convenzionale (e logaritmico) come m. Come si può vedere, si ottiene di nuovo una legge di potenza $f(E/E_0) = A(E/E_0)^\alpha$ con un esponente $\alpha \simeq 5/3$. Ovviamente, se non è facile determinare l'andamento della luminosità delle stelle, prevedere quello dell'intensità dei terremoti sembra essere quasi una *mission impossible.* Tuttavia, il tentativo di giustificare la legge di Gutenberg-Richter ha dato origine a molte ed interessanti analisi teoriche, che hanno cercato di inquadrarla in contesti molto più generali di fisica statistica (anche se, a mio modo di vedere, c'è ancora molto da fare).

***Esempio 1.12.** Come ultimi esempi di invarianza di scala, consideriamo due distribuzioni relative a quantità apparentemente molto diverse, ma che in realtà presentano un aspetto in comune che vale la pena di analizzare.

Cerchiamo innanzitutto di "classificare" le aziende operanti in Italia in base al numero totale di addetti N che lavorano in ogni singola azienda. Qui intendiamo il termine "aziende" in senso lato, considerando come tali sia le vere e proprie industrie di tutti i settori produttivi (con aziende che nel nostro Paese possono avere anche decine di migliaia di addetti), che ad esempio gli esercizi commerciali (anche i piccoli negozi a gestione familiare) o i liberi professionisti (dove si ha evidentemente un solo addetto). Più propriamente, quindi, parleremo di "unità lavorative". La domanda che ci poniamo è: esiste una "dimensione tipica" per un'unità lavorativa, o, in altri termini, esiste un "numero tipico" di addetti per azienda? La Fig. 1.15a, che mostra la distribuzione delle aziende italiane[17] con un numero di addetti compreso tra 1 e 1000 (non sono purtroppo disponibili dati dettagliati sulle - poche - aziende di grande dimensione) al variare di N, ci dà una risposta palesemente negativa: le frequenze relative seguono infatti ancora una volta una distribuzione a legge di potenza $f_N = AN^\alpha$, con $\alpha \simeq -2.2$. Personalmente, la prima volta che mi sono trovato ad osservare questo fatto l'ho trovato abbastanza sorprendente (una così rapida diminuzione del numero di imprese con N significa in particolare che oltre metà degli italiani opera in unità lavorative con meno di dieci addetti, fatto che ha ovvio interesse sociale): posso tuttavia assicuravi che quest'andamento è comune anche a molti altri Paesi (con esponenti simili).

Consideriamo ora un parametro di quella che viene detta "qualità scientifica" di un ricercatore, ossia il numero totale di citazioni su pubblicazioni scientifiche internazionali ottenute dagli articoli di cui tale ricercatore è au-

[16] Per normalizzare correttamente le frequenze, è importante notare che l'aver scelto intervalli uguali per i valori di m non corrisponde ad avere uguali intervalli di *energia* (lo stesso si poteva dire per magnitudine e luminosità apparenti nell'esempio precedente). Come fareste?

[17] ISTAT, 8°Censimento generale dell'Industria e dei Servizi 2001.

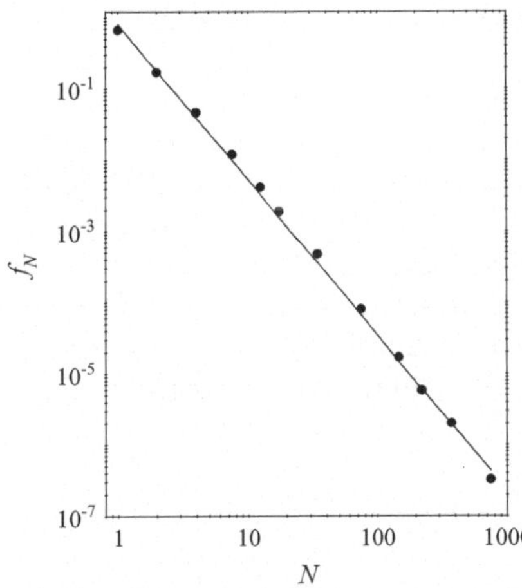

Figura 1.15a. Distribuzione di frequenza del numero di unità lavorative in Italia in funzione del numero di addetti delle singole unità.

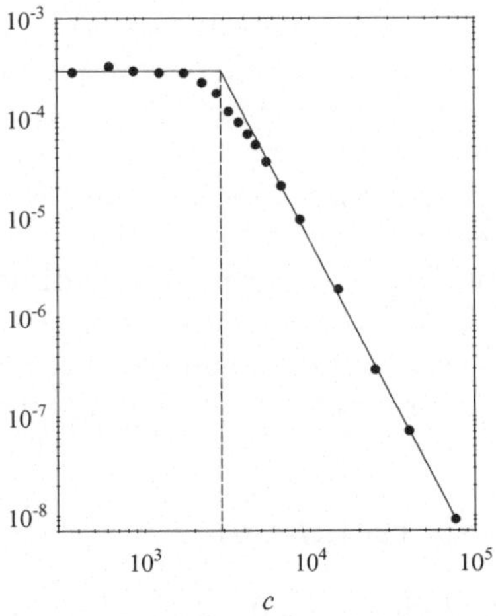

Figura 1.15b. Numero di autori di articoli scientifici in funzione del totale di citazioni ottenute da ciascun autore nel periodo 1/1/1998 – 30/6/2008.

tore o co-autore. L'importanza di questo indicatore è evidente, dato che in sostanza ci dice quanto la comunità scientifica si accorge di quello che facciamo (a meno che non siamo noi stessi, o non siano solo i nostri amici, a citare i nostri lavori). Uno dei più importanti strumenti di analisi in questo senso è lo *ISI Web of Knowledge* della Thomson-Reuters, che fornisce dati accurati relativi alle citazioni ottenute da tutti gli articoli pubblicati su quasi 10000 riviste scientifiche, economico-sociali e umanistiche. Attraverso lo strumento *Essential Science Indicators* di ISI ho determinato quindi la distribuzione della frazione di autori $N(c)$ che hanno ottenuto nell'ultimo decennio un numero totale c di citazioni, che è mostrata in Fig. 1.15b. Come si può vedere, l'andamento presenta due regimi ben distinti. Fino a circa 2500 – 3000 citazioni, la distribuzione è sostanzialmente "piatta": ciò significa ad esempio che il numero di autori che hanno ottenuto tra 1500 e 2000 citazioni non è molto inferiore a quello di chi è stato citato "solo" (non crediate che sia poco!) 500 – 1000 volte. Nel complesso, più dell'85% degli scienziati esaminati (oltre 60.000) rientra in questa categoria. Per $c > 3000$, al contrario, la frequenza relativa decresce ancora una volta come una legge di potenza con esponente $\alpha \gtrsim 3$, con una distribuzione che si estende fino a valori incredibilmente alti[18].

[18] Anche se ciò influenzerebbe solo marginalmente le nostre conclusioni, ho comunque il forte sospetto che l'autore più citato, un tal signor J. Wang con oltre 10^5 citazioni in 10 anni, rappresenti in realtà una piccola comunità di omonimi, e che lo stesso valga per tutti agli autori con $c > 30000 - 50000$ (per dovere di cronaca, il secondo autore più citato si chiama Y. Wang. . .).

Che cosa hanno di diverso le due distribuzioni che stiamo considerando rispetto a quelle degli esempi precedenti? In questo caso, la variabile che stiamo considerando non è una quantità fisica ben definita (come la luminosità o l'energia di un terremoto), ma semplicemente *un numero*. Stiamo cioè semplicemente *ordinando* le aziende e gli autori "classificandoli" in base al numero crescente di addetti e citazioni o, come si direbbe in inglese, stiamo facendo un *ranking*. L'apparire di leggi di potenza nella distribuzione di grandezze per cui sia stata fatta un operazione di *ranking* è abbastanza comune (nello stesso modo si comportano ad esempio i siti Internet, ordinati secondo il numero di "visite" ricevute) e sottointende motivi generali solo in parte chiariti.

1.8 Correlazioni

Consideriamo ora dei dati relativi a *due* grandezze statistiche x ed y, ottenuti misurando il valore assunto da x e quello assunto da y nelle medesime condizioni. Ad esempio potremmo riferirci a due quantità misurate nello stesso istante, o nello stesso luogo, o per uno stesso oggetto. Il nostro campione è allora costituito da coppie di valori (x_i, y_i). Naturalmente questo è proprio ciò che facciamo quando cerchiamo una legge fisica che colleghi y ad x. Nel capitolo 5 ci occuperemo a fondo di questo problema. Per adesso poniamoci una domanda più semplice: possiamo dire che c'è una generica "somiglianza" nel modo in cui x ed y variano? Questa domanda è particolarmente interessante quando stiamo in realtà effettuando misure di una *stessa* grandezza, effettuate però in due istanti diversi o in luoghi distinti.

Introduciamo allora il concetto di *correlazione*, fondamentale nello studio di grandezze fisiche statistiche sia da un punto di vista teorico che sperimenta-

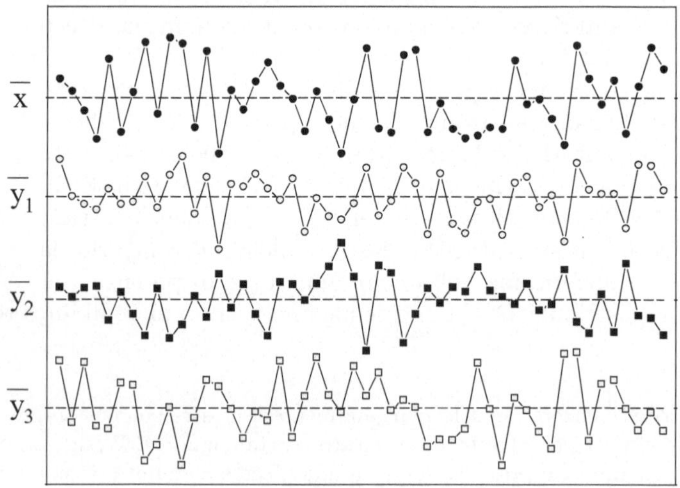

Figura 1.16.

le. Cerchiamo di vedere come possiamo affrontare intuitivamente la questione. Le due grandezze fluttueranno, assumendo valori in eccesso o in difetto rispetto ai loro valori medi. Si possono allora presentare situazioni distinte del tipo di quelle mostrate per le tre grandezze y_1, y_2, y_3, confrontate in Fig. 1.16 (dove l'asse delle ascisse potrebbe semplicemente rappresentare una serie di misure successive di ciascuna grandezza) con la grandezza di riferimento x. Per la grandezza y_1 si può notare che, se x eccede rispetto ad $\bar{x}$, anche y_1 tende ad essere in eccesso rispetto a $\bar{y}_1$. In questo caso diremo che x ed y_1 sono correlate in senso positivo, o semplicemente *correlate.* Per y_2 avviene esattamente l'opposto. Questo non vuol dire che tra le fluttuazioni di x ed y_2 non ci sia legame, ma al contrario che hanno una relazione ben precisa, solo "in senso opposto": diremo allora che x ed y_2 sono correlate in senso negativo, o più semplicemente *anticorrelate.* Una situazione che si avvicina a quanto intendiamo per variabili *non correlate* è invece quella relativa alla grandezza y_3, i cui scartamenti rispetto alla media non mostrano alcuna relazione evidente nei confronti di quelli per x. Osserviamo che nel primo caso il prodotto degli scartamenti di x ed y_1 dalle rispettive medie è tendenzialmente positivo, mentre è prevalentemente negativo per x e y_2. Per quantificare le nostre osservazioni è allora logico considerare la media del prodotto degli scartamenti:

$$s_{xy} = \frac{1}{N} \sum_{i=1}^{N} (x - \bar{x})(y - \bar{y}) = \overline{xy} - \bar{x}\bar{y}. \tag{1.14}$$

Nel caso particolare in cui x ed y siano in realtà la *stessa* variabile x si ottiene $s_{xy} = s_x^2$, mentre se $y = -x$ si ha $s_{xy} = -s_x^2$. Possiamo quindi pensare ad s_{xy} come ad una specie di "deviazione standard incrociata" di x ed y (che tuttavia, a differenza di s_x ed s_y può essere anche negativa): di fatto, vedremo nel Cap. 5 che, come per la deviazione standard, la definizione di s_{xy} richiederà una correzione lieve, ma significativa se si ha a che fare con pochi dati.

Dato che s_{xy} ha per dimensioni il prodotto delle dimensioni di x ed y, conviene anche in questo caso definire una quantità adimensionale r_{xy} che diremo *coefficiente di correlazione lineare* tra x ed y:

$$r_{xy} = \frac{s_{xy}}{s_x s_y}. \tag{1.15}$$

Se stiamo considerando un campione molto grande di dati, il coefficiente di correlazione sarà approssimativamente uguale a $+1$ se le grandezze sono completamente correlate, a -1 se completamente anticorrelate, e approssimativamente nullo per grandezze non correlate. Ad esempio, i coefficienti di correlazione con x delle grandezze considerate in Fig. 1.16 sono dati da $r_{xy_1} \simeq +0.82$, $r_{xy_2} \simeq -0.81$, $r_{xy_3} \simeq -0.03$.

Come abbiamo detto il concetto di correlazione è estremamente importante, ma proprio per questo dobbiamo avere ben chiaro il significato del coefficiente di correlazione lineare. Sottolineiamo allora qualche punto che potrebbe essere fonte di confusione.

- Il fatto che due grandezze siano correlate *non vuole assolutamente dire che tra di esse vi sia una relazione di tipo "causale"*. Consideriamo ad esempio come variabili l'altezza media degli individui, e il consumo annuale medio di olio d'oliva per gli stati dell'Unione Europea. Sono quasi certo di non sbagliare se affermo che ad un'altezza media elevata degli abitanti di una data nazione corrisponda tendenzialmente un basso consumo medio pro capite di olio. Dovremmo concludere che l'olio d'oliva è dannoso per la crescita? Naturalmente no. La ragione è che sia la tendenza a non essere dei giganti che quella a consumare olio d'oliva sono maggiormente accentuate nelle regioni mediterranee. La correlazione tra queste due variabili è dunque indotta in maniera *indiretta* dal fatto di dipendere entrambe dalla regione geografica considerata, ossia da altre variabili "nascoste" che agiscono nello stesso senso sulle due che stiamo considerando.
- Vedremo nel Cap. 4 che se due grandezze sono indipendenti, nel senso che non c'è alcun legame tra l'una e l'altra, il coefficiente di correlazione tende a divenire nullo al crescere del numero di dati (e quindi, un coefficiente di correlazione non nullo è indice del fatto che due variabili non sono indipendenti). Ma il contrario è falso: $r_{xy} = 0$ *non implica necessariamente che x ed y siano indipendenti.* Consideriamo ad esempio una quantità x che possa assumere solo i valori ± 1, e per y scegliamo di prendere $y = x^2$. Allora, qualunque sia il valore x_i di x , troveremo sempre $y_i = \bar{y} = 1$, e quindi $r_{xy} = 0$ anche se y non è *per nulla* indipendente da x, anzi ne è addirittura determinata funzionalmente.
- L'esempio precedente ci mostra che, anche x ed y sono legate da una legge $y = f(x)$, non è necessariamente detto che $r_{xy} \neq 0$. Che cosa significa allora $r_{xy} = 1$, o $r_{xy} = -1$? Vedremo in seguito che una correlazione (o una anticorrelazione) completa significa che x ed y sono legate *linearmente*, ossia che si può scrivere $y = ax + b$. È questa la ragione per cui abbiamo chiamato r_{xy} coefficiente di correlazione *lineare*.
- Trarre conclusioni da un campione limitato di dati può essere pericoloso. Ad esempio, possiamo concludere che c'è una qualche correlazione tra x ed y se abbiamo ottenuto $r_{xy} = 0.1$? Oppure è solo un effetto della limitatezza del campione, e se aumentassimo la quantità di dati r_{xy} diventerebbe pressoché nullo? Il problema, che affronteremo nel capitolo 5, sussiste per tutti gli indicatori statistici che abbiamo definito, ma nel caso del coefficiente di correlazione è forse più grave, perché rischiamo di trarre conclusioni anche qualitativamente sbagliate sull'esistenza o meno di un legame tra due grandezze.

Esempio 1.13. Oltre che nelle scienze naturali, il concetto di correlazione gioca un ruolo primario anche per l'economia e la finanza. Stabilire se due grandezze siano correlate o meno permette ad esempio di valutare quanto l'andamento (o, per usare un termine molto di moda nel mondo economico, il *trend*) osservato per una certo indicatore economico influenzerà un secondo indicatore. Gli indicatori economico-finanziari più significativi sono ovviamente gli indici di borsa "globali", ossia quelli che riassumono l'andamento medio di tutti i titoli o di quelli più significativi. Analizziamo allora l'andamento dettagliato di tre importanti indici di borsa nell'ultimo lustro del millennio scorso. Questi indici sono definiti in modo molto diverso (ad esempio il Nikkei 300, NK, riflette il valore medio dei 300 titoli più significativi della Borsa di Tokio, mentre il Dow Jones Industrial, DJ, si limita a considerare l'andamento a Wall Street dei 30 maggiori titoli pubblici) e sono ovviamente calcolati nella valuta locale. In Fig. 1.17a ho quindi riportato lo scartamento $\Delta = (I - \overline{I})/\overline{I}$ di un dato indice rispetto al valore medio $\overline{I}$ nel quinquennio considerato. Dalla figura è immediato notare come esista un'evidente correlazione positiva tra l'indice FTSE 100 (FT) della Borsa di Londra ed il Dow Jones (le cose non sarebbero cambiate di molto se avessi considerato, anziché l'indice britannico, l'indice MIBTEL della Borsa di Milano), mentre le cose sembrano andare in modo assai diverso per l'indice giapponese, che fino a tutto il 1998 mostra un trend negativo al contrario degli altri due indici. Di fatto, i coefficienti di correlazione lineare tra i diversi indici sono dati da:

	DJ	FT	NK
DJ	+1	+0.98	+0.02
FT	+0.98	+1	-0.09
NK	+0.02	-0.09	+1

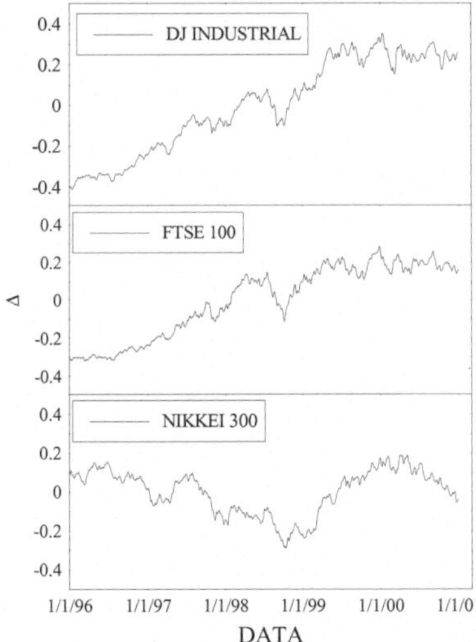

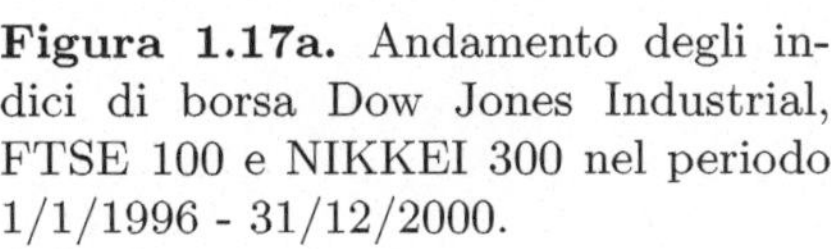
Figura 1.17a. Andamento degli indici di borsa Dow Jones Industrial, FTSE 100 e NIKKEI 300 nel periodo 1/1/1996 - 31/12/2000.

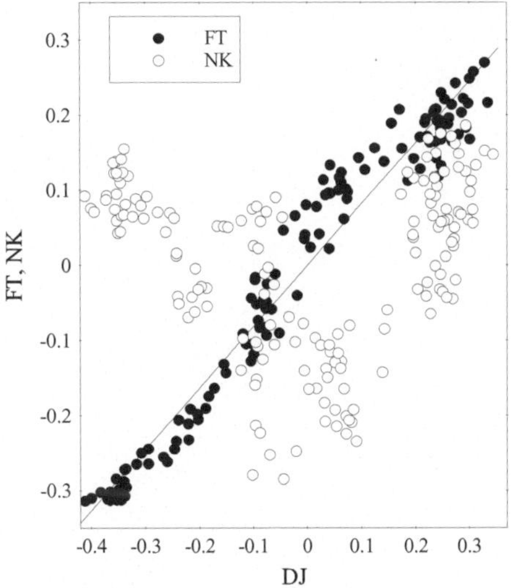

Figura 1.17b. Confronto tra gli indici di chiusura per uno stesso giorno delle borse inglese e giapponese con quella di Wall Street.

Come si vede dalla tabella (ovviamente simmetrica), non vi è alcuna correlazione apparente tra l'indice Dow Jones ed il Nikkei, che sembra addirittura lievemente anticorrelato con l'indice FTSE. Su una scala di tempi così lunga, la borsa asiatica sembra "andare per i fatti propri" rispetto a quelle occidentali. I risultati sarebbero stati molto diversi se avessi considerato scale di tempi più brevi. Se ad esempio ci limitiamo a considerare l'ultimo biennio, quando ormai la crisi strutturale del sistema economico giapponese sembra superata, la correlazione tra DJ e NK diviene $\rho = +0.73$. Ovviamente, su tempi sufficientemente brevi, ci aspettiamo che gli andamenti di borse diverse siano molto più correlati (specialmente in periodi di grave crisi finanziaria come quello che stiamo vivendo nel momento in cui scrivo) per effetto della specifica congiuntura economica internazionale.

Il significato di coefficiente di correlazione lineare diviene più chiaro se consideriamo l'andamento degli indici l'uno rispetto all'altro, come ho fatto in Fig. 1.17b, dove il valore di chiusura degli indici FT e NK è rappresentato in funzione dell'indice DJ nello stesso giorno. Come si vede, la coppie (DJ, FT) si raggruppano in modo evidente attorno ad una retta (quella mostrata in figura rappresenta il miglior fit lineare, ottenuti con i metodi che svilupperemo nel Cap. 6) dell'indice, mentre le coppie (DJ, NK) sembrano "sparpagliate" sul grafico in modo abbastanza casuale.

2

Probabilità: concetti di base

"Comment oser parler des lois du hasard?
Le hasard n'est-il pas l'antithèse de toute loi?"
J. Bertrand

Come avrebbe detto Cesare, è venuto davvero il momento di "gettare il dado" (anche in senso non metaforico) e di chiederci se sia possibile sviluppare un quadro teorico all'interno del quale analizzare il comportamento di variabili statistiche come quelle che abbiamo descritto nel capitolo precedente. Così come il concetto fondamentale per la descrizione dei dati statistici è quello di frequenza relativa, la chiave d'accesso ai modelli d'interpretazione teorica è data dall'idea di probabilità. Il compito che ci poniamo sembra a prima vista agevole, dato che il concetto di probabilità è ben radicato nel senso e nel linguaggio comune. Il guaio è che il *significato* che ad esso associamo cambia a seconda delle situazioni. Consideriamo ad esempio queste tre affermazioni:

A) *la probabilità che una particolare cifra nella successione dei decimali di π sia uguale a "sette" è del 10%*;
B) *la probabilità di ottenere "quattro" lanciando un dado (onesto) è di 1/6*;
C) *la probabilità che domani piova a Milano è del 20% circa.*

Le tre frasi sottointendono "letture" ben diverse del concetto di probabilità.

A) Dato che la frequenza relativa con cui otteniamo una particolare cifra tende ad assestarsi, al crescere del numero di cifre considerate, attorno ad un valore $p \simeq 0.1$, stiamo affermando che è plausibile trovare approssimativamente Np "sette" all'interno di un gruppo di N cifre. Per "probabilità" intendiamo allora in qualche modo il *limite della frequenza relativa* al crescere del campione considerato. Dato che a priori non abbiamo alcuna indicazione su come siano distribuite le cifre, il modo naturale per definire p è un approccio di tipo "sperimentale".
B) Anche in questo caso potremmo pensare ad 1/6 come alla frequenza limite per molti lanci di un dado. Ma per dare questa stima nessuno di noi sente davvero bisogno di procurarsi un dado e di mettersi a lanciarlo con furia. Quando pensiamo ad un dado "onesto" gli associamo istintivamente una "proprietà di simmetria" che ci fa supporre che ciascuna faccia apparirà approssimativamente con la stessa frequenza. Forse anche in questo caso

la nostra risposta nasce da un'esperienza che facciamo fin da bambini. Ma è difficile appellarsi ad esperienze infantili quando ad esempio, per sviluppare la teoria cinetica dei gas, si ipotizza che ciascun atomo si muova con la stessa probabilità in ogni direzione. Può anche darsi che nessun dado reale mostri ciascuna faccia esattamente con la stessa frequenza. L'*ipotesi di equiprobabilità* che abbiamo introdotto costituisce però una prima approssimazione particolarmente semplice, rispetto alla quale possiamo poi fare un raffronto più dettagliato con i dati reali.

C) In questo caso non possiamo certamente valutare il grado di probabilità analizzando una sequenza di eventi identici (c'è un solo domani!), né tanto meno riusciamo ad individuare una classe di eventi equiprobabili. Ciò che facciamo è utilizzare informazioni che già possediamo (ad esempio il valore della pressione atmosferica, l'altezza a cui volano le rondini, o il fiuto infallibile del nonno) per attribuire un grado di probabilità ad un evento futuro. Stiamo cioè *inferendo* un nostro grado soggettivo di certezza a partire da altri fatti di cui siamo a conoscenza.

Senza soffermarci a discutere la validità o meno di questi diversi approcci, cercheremo per ora di farci guidare dal buon senso nell'attribuire un valore di probabilità a certi eventi "semplici". Alla fine del capitolo riserveremo qualche commento alle diverse interpretazioni dell'idea di probabilità, ciascuna delle quali non sembra del resto in grado di catturare tutto l'insieme delle situazioni in cui facciamo uso di questo concetto.

Per fortuna è possibile sviluppare una teoria assiomatica della probabilità che astrae dalla particolare interpretazione che ad essa attribuiamo, da cui si possono dedurre precise regole di calcolo. Quest'approccio, anche se non riesce forse a fornire un quadro concettuale esauriente per *tutte* le situazioni in cui vorremmo far uso di metodi probabilistici, è estremamente chiaro e robusto, e soprattutto "funziona" bene nella maggior parte delle situazioni in cui si ha a che fare con variabili statistiche d'interesse per la scienza. Non ci addentreremo molto nella teoria astratta della probabilità, che richiede strumenti matematici abbastanza complessi, ma cercheremo ugualmente di avvicinarci ad essa, anche se in modo non proprio rigoroso. L'idea da cui partiremo è quella di introdurre delle regole di calcolo derivate da ciò che in termini pratici intendiamo per "misurare", guardando alla probabilità come ad una particolare *misura* associata ai sottoinsiemi di un insieme dato.

2.1 Le regole di calcolo

Ad un "esperimento" statistico sono sempre associati non un solo, ma diversi risultati possibili. Chiamiamo allora *spazio degli eventi* l'insieme S che ha per elementi tutti i possibili risultati delle "prove" che consideriamo, ed *evento elementare* ogni singolo risultato. Ad esempio, quando lanciamo un dado, l'insieme S è costituito da $S = \{1, 2, 3, 4, 5, 6\}$ e un particolare risultato come $\{2\}$

è un evento elementare. Se però attribuissimo una probabilità solo agli eventi elementari, il gioco finirebbe ben presto. Vogliamo ad esempio essere in grado di assegnare un valore di probabilità anche al fatto che il risultato del lancio di un dado sia "pari". Diremo allora *evento* ogni sottoinsieme di S. Cosi l'evento "pari" corrisponde all'unione degli eventi elementari $\{2\}, \{4\}, \{6\}$, e quindi al sottoinsieme $\{2, 4, 6\}$. Le cose sono un po' più complicate se abbiamo a che fare con un numero infinito di eventi elementari: in questo caso, spesso non è possibile associare in modo coerente una probabilità a *tutti* i sottoinsiemi di S (in genere è necessario escludere qualche sottoinsieme particolarmente "patologico") e gli eventi possibili costituiscono solo un sottoinsieme dell'insieme delle parti di S con una precisa struttura algebrica. Per i nostri scopi introduttivi possiamo tuttavia sorvolare su questo problema[1]. In ogni caso una corretta specificazione dello spazio degli eventi è comunque essenziale anche nei casi più semplici: molte conclusioni errate nascono proprio da una definizione approssimativa di S (si veda l'esempio 2.1).

Ricordiamo innanzitutto che, in teoria degli insiemi, l'unione $A \cup B$ di due sottoinsiemi A e B di un insieme S contiene tutti gli elementi che appartengono ad A o a B, *o a entrambi*, mentre la loro intersezione $A \cap B$ contiene tutti e i soli elementi che appartengono *sia* ad A che a B. Inoltre, il complementare $\bar{A}$ di un sottoinsieme A è costituito da tutti gli elementi di S che *non* appartengono ad A. L'unione e l'intersezione corrispondono quindi rispettivamente, dal punto di vista logico, ai connettivi "o" ed "e". Così, possiamo leggere:

$A \cup B \Longrightarrow$ "l'evento A, o l'evento B, o entrambi"
$A \cap B \Longrightarrow$ "l'evento A e l'evento B"(ossia sia l'uno che l'altro).

Vogliamo quindi associare ad ogni sottoinsieme A contenuto o eventualmente coincidente con S (ossia $A \subseteq S$) un numero che diremo *probabilità dell'evento* A. Nella pratica esprimiamo spesso le probabilità come percentuali da 0 (se un evento è "pressoché impossibile") a 100 (se è "pressoché certo"): è equivalente e più comodo da un punto di vista matematico assumere per le probabilità dei valori compresi tra 0 ed 1. Ho parlato di eventi "pressoché impossibili" e "pressoché certi" perché, per costruire uno schema coerente, è necessario ammettere che anche un evento con probabilità nulla possa verificarsi, e che un evento con probabilità unitaria possa non accadere. Ad esempio, se lancio una freccia, è naturale che quanto maggiore è l'area del bersaglio, tanto più facilmente lo colpirò. Anche se il bersaglio si riduce solo ad un punto, non posso tuttavia escludere che un colpo fortunato vada a segno: pensando alla probabilità come frequenza limite, posso solo dire che il rapporto tra i colpi andati a segno ed il totale dei tiri andrà a zero al crescere del numero tentativi.

Per introdurre poi una "regola di composizione" delle probabilità ci basta notare che, quando misuriamo delle superfici, l'area totale delimitata da due

---

[1] Per il lettore più esigente, possiamo solo accennare al fatto che, per ragioni che vedremo, se un certo sottoinsieme $A \subset S$, allora anche il suo complementare, $\bar{A} \subset S$, e che l'unione anche infinita, ma numerabile, di eventi $\bigcup A_i$ deve appartenere ad S. In questo modo, S costituisce quella che viene detta una σ-algebra.

figure è pari alla somma delle due aree, sempre che le due figure non si sovrappongano. La cosa sorprendente è che, per derivare tutto il calcolo della probabilità in modo coerente ed in accordo con le nostre idee intuitive, non ci serve nulla di più. Ad ogni evento A assoceremo un numero reale $P(A)$ che diremo *probabilità dell'evento*, con le seguenti proprietà[2]:

$$\forall A \subseteq S: \quad P(A) \geq 0 \tag{2.1a}$$

$$P(S) = 1 \tag{2.1b}$$

$$\forall A, B \subseteq S, A \cap B = \emptyset: \quad P(A \cup B) = P(A) + P(B). \tag{2.1c}$$

La probabilità è dunque una funzione che associa a ciascun sottoinsieme di S, cioè ad un elemento dell'insieme delle parti $\{S\}$ di S, un numero reale. Usando gli assiomi (2.1) è immediato dimostrare che in realtà $P: S \to [0,1]$. L'assioma (2.1c) corrisponde proprio alla nostra regola intuitiva di misura. $A \cap B = \emptyset$ significa che gli eventi A e B non hanno nulla in comune, ed in particolare quindi che se avviene A non avviene B e viceversa: eventi di questi tipo si dicono *mutualmente esclusivi*. Se allora A e B sono mutualmente esclusivi, la probabilità che avvenga A o B (o entrambi) sarà pari alla somma delle probabilità di A e B. Alcune conseguenze immediate degli assiomi sono:

$$P(\emptyset) = 0. \tag{2.2}$$

Basta infatti notare che, per un A generico: $A \cap \emptyset = \emptyset$ e $A \cup \emptyset = A$ ed usare l'assioma (2.1c). Si ha inoltre:

$$P(\bar{A}) = 1 - P(A). \tag{2.3}$$

Basta infatti scrivere $S = A \cup \bar{A}$ e calcolare le probabilità dei due membri di questa espressione usando a sinistra l'assioma (2.1b) e a destra l'assioma (2.1c). Infine:

$$P(A \cup B) = P(A) + P(B) - P(A \cap B), \tag{2.4}$$

risultato che intuitivamente deriva dalla necessità di togliere la probabilità dell'evento $A \cap B$ dalla somma delle probabilità di A e B per non contare due volte gli elementi in comune. Più rigorosamente, notiamo che:

$$\begin{cases} A \cup B = A \cup (B \cap \bar{A}) \\ B = (A \cap B) \cup (\bar{A} \cup B), \end{cases}$$

relazioni che è facile verificare, nelle quali ai secondi membri compaiono unioni di eventi mutualmente esclusivi. Allora la (2.4) si dimostra applicando l'assioma (2.1c) ad entrambe le relazioni ed eliminando quindi $P(B \cap \bar{A})$. Notiamo che, per eventi generici, la (2.4) significa che la probabilità è *subadditiva*, cioè che in generale $P(A \cup B) \leq P(A) + P(B)$.

---

[2] Nel caso non finito, si aggiunge a questi un "assioma di continuità": se una sequenza di eventi $A_1 \supseteq A_2 \supseteq \ldots \supseteq A_n \ldots \to \emptyset$, allora anche $P(A_n) \to 0$.

Per mantenere uno stretto parallelo tra probabilità e "misura", possiamo rappresentare graficamente lo spazio degli eventi come una figura di area che supponiamo unitaria. Ad ogni evento associamo allora un'area pari al suo valore di probabilità, e deriviamo le probabilità per altri eventi componendole come si compongono le aree. Ad esempio, le relazioni 2.2 e 2.3 sono immediate non appena si considerino dal punto di vista grafico in Fig. 2.1:

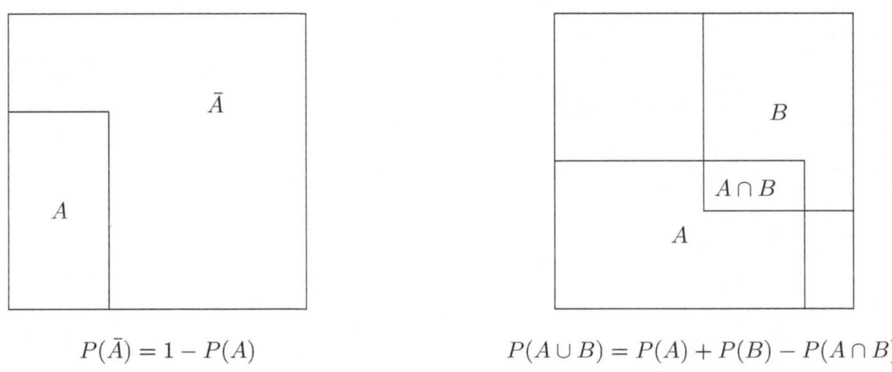

$P(\bar{A}) = 1 - P(A)$ $\qquad$ $P(A \cup B) = P(A) + P(B) - P(A \cap B)$

Figura 2.1.

Nell'esempio 2.1 (che può apparire poco più che uno scherzo, ma vedremo che in altri casi le cose possono essere ben più complicate) ci faremo guidare dall'interpretazione grafica.

Esempio 2.1. Due prove scritte di Analisi Matematica e Fisica hanno luogo lo stesso giorno e alla stessa ora. Avete una probabilità del 45% di superare lo scritto di Analisi, e del 65% di superare quello di Fisica. Dato che le prove avvengono contemporaneamente, gli eventi A= "superare lo scritto di Analisi" ed F= "superare lo scritto di Fisica" sono ovviamente mutualmente esclusivi. Quindi, poiché si ha $P(A) = 0.45$ e $P(F) = 0.65$, per l'assioma (2.1c) la probabilità di superare Analisi o Fisica è data da: $P(A \cap F) = 1.1$. Sarebbe anche troppo bello, ma evidentemente è sbagliato! Il fatto è che i precedenti valori della probabilità di superare i due esami hanno ovviamente senso *solo se vi partecipate.* I veri eventi elementari in questo caso sono cioè (supponendo che in ogni caso sosteniate uno dei due esami):

$S_1 = \{$"sostenere lo scritto di Analisi e *superarlo*"$\}$;
$S_2 = \{$"sostenere lo scritto di Analisi e *non* superarlo"$\}$;
$S_3 = \{$"sostenere lo scritto di Fisica e *superarlo*"$\}$;
$S_3 = \{$"sostenere lo scritto di Fisica e *non* superarlo"$\}$.

Naturalmente, per attribuire loro un valore di probabilità, dobbiamo anche sapere con quale probabilità parteciperete ad uno scritto oppure all'altro. Supponendo che scegliate indifferentemente uno dei due, la rappresentazione grafica è quella mostrata in Fig. 2.2, e si può quindi scrivere:

$P(S_1) = 0.225; P(S_2) = 0.275; P(S_3) = 0.325; P(S_4) = 0.175$. Pertanto, dato che i quattro eventi sono ancora mutualmente esclusivi, si ha una prospettiva molto meno esaltante: $P(S_1 \cap S_2) = 0.55$.

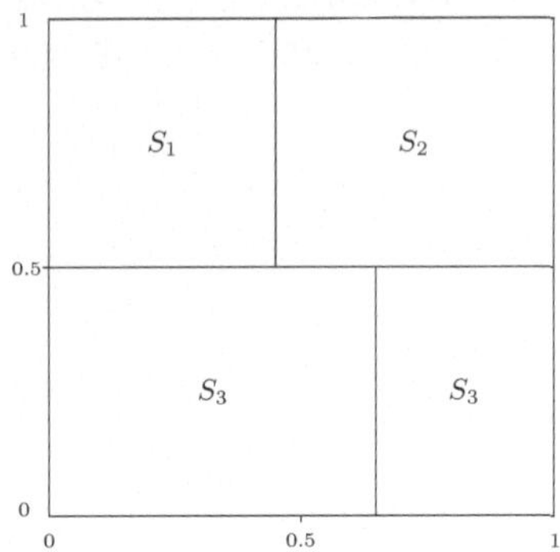

Figura 2.2.

Gli assiomi che abbiamo introdotto ci permettono di combinare insieme le probabilità di eventi distinti, ma non ci dicono come assegnare un valore di probabilità agli eventi elementari. In taluni casi, come nell'esempio precedente, è sufficiente assumere che questi valori siano assegnati all'inizio del problema, senza chiedersi in quale modo. Ma ci sono almeno due altre situazioni in cui è possibile attribuire in modo non ambiguo valori di probabilità. Il primo è quello in cui abbiamo a che fare con un numero finito di eventi elementari che possiamo considerare come *equiprobabili*, come nel caso dei risultati del lancio di un dado. In questo caso l'interpretazione grafica che abbiamo introdotto è particolarmente semplice, dato che possiamo ottenere la probabilità di ogni evento componendo "tasselli" tutti uguali che hanno come area la probabilità degli eventi elementari. Di questo tipo è il problema svolto nell'esempio (2.2). Il secondo caso è quello in cui è possibile far corrispondere allo spazio degli eventi un certo dominio, come un segmento, una superficie, un volume, in modo tale che alla probabilità di ogni singolo evento si possa far corrispondere la lunghezza, l'area, il volume di un sottoinsieme di tale dominio: in questo caso parleremo di probabilità geometrica. Gli esempi (2.3) e (2.4) ci aiuteranno a precisare meglio questo concetto.

Esempio 2.2. Lanciando due dadi, qual è la probabilità che la somma dei valori delle due facce dia un numero primo? Cominciamo a chiederci quanti risultati distinti possiamo ottenere. Dato che per ogni risultato ottenuto per un dado ne abbiamo sei possibili per il secondo, abbiamo in totale 36 coppie di possibili risultati, che considereremo come equiprobabili. Ad ogni coppia attribuiremo quindi una probabilità $p = 1/36$. I numeri primi tra i possibili valori della somma (compresa ovviamente tra 2 e 12) sono $2, 3, 5, 7$ e 11. Dobbiamo però considerare in quanti modi è possibile ottenere ciascuno di questi valori. Cosi' "due" si può ottenere con la sola coppia di risultati $(1,1)$, "tre" si può ottenere con le coppie di valori $(1,2)$ e $(2,1)$, e "cinque" si può ottenere con le coppie di valori $(1,4),(2,3),(3,2),(4,1)$. Ragionando in questo modo è facile vedere che esistono 15 possibili coppie di valori la cui somma è un numero primo. La probabilità di ottenere un numero primo nel lancio di due dadi sarà allora pari a

$$P = \frac{15}{36} = \frac{5}{12}.$$

Anche questo semplice esempio ci permette tuttavia di cominciare a chiederci un po' meglio che cosa significhi stabilire che una serie di eventi sono equiprobabili. Usando un approccio "sperimentale" avremmo potuto operare in questo modo: lanciamo i dadi molte volte, scattando ogni volta una fotografia dei dadi sul tavolo, e poi inviamo tutte le fotografie ad un amico chiedendogli di valutare la probabilità di un certo risultato estrapolando la frequenza relativa sul totale del numero di foto che mostrano quel dato risultato. Sarebbe lo stesso usare due dadi diversi (ad esempio uno blu ed uno rosso) o due dadi *identici*, cosicché ad esempio le foto corrispondenti alle coppie di risultati (2,3) e (3,2) siano in realtà indistinguibili?

Esempio 2.3. Una pedina da dama, di diametro $d = 2$ cm, viene gettata a caso su una scacchiera costituita da quadretti di lato $\ell = 3$ cm. Qual è la probabilità che la pedina cada completamente all'interno di un quadretto Q, senza toccarne i lati? Per risolvere il problema è sufficiente notare che, perché ciò non avvenga, è necessario che il centro della pedina si venga a trovare ad una distanza maggiore di 1 cm da ciascuno dei lati e quindi all'interno di un quadretto Q' di lato 1 cm. La probabilità p che cerchiamo sarà allora data dal rapporto tra l'area di Q' e quella di Q, ossia:

$$p = \frac{1}{9}.$$

Esempio 2.4. Dovete raggiungere una stazione con un treno locale x per prendere una coincidenza con un treno Eurostar y. Sia x che y arrivano generalmente nella stazione in un istante compreso a caso tra le 8.00 (t_i) e le 8.15 (t_f), ed x si ferma nella stazione per 5 minuti, mentre y per 3 minuti.

a) Qual è la probabilità p che prendiate la coincidenza? Se diciamo t_x e t_y i tempi di arrivo dei due treni, dovremo avere $t_x < t_y + 3$. Dato che consideriamo equiprobabile l'arrivo dei due treni in qualunque istante tra t_i e t_f, possiamo rappresentare la probabilità cercata come il rapporto tra l'area tratteggiata e l'area del quadrato in Fig. 2.3A, e pertanto si ottiene:

$$p = \frac{225 - 144/2}{225} = 0.68.$$

b) Qual è la probabilità q che non dobbiate rimanere ad aspettare l'Eurostar sulla banchina? perché ciò avvenga è ovviamente necessario che quando x arriva, y sia già fermo sul binario di partenza. Pertanto si deve avere (Fig. 2.3B) $t_y < t_x < t_y + 3$ e quindi $q = p - 1/2 = 0.18$.

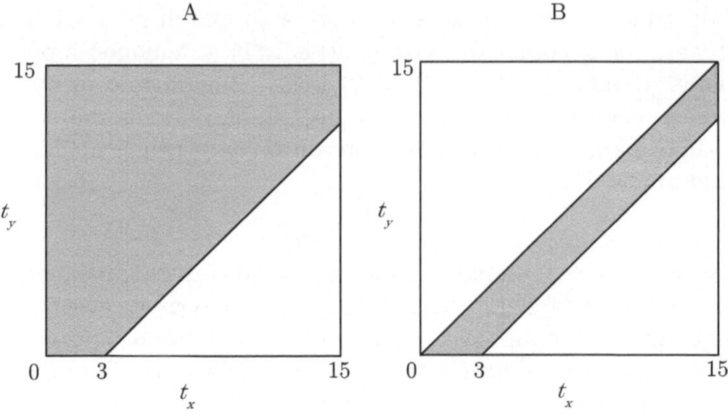

Figura 2.3.

2.2 Eventi indipendenti

Un concetto che ci sarà particolarmente utile è quello di *eventi indipendenti*. Ad esempio, la probabilità di estrarre un due di picche da un mazzo di 40 carte è ovviamente 1/40. D'altronde l'evento "due di picche" può essere pensato come l'intersezione tra l'evento "due" e l'evento "picche", che hanno rispettivamente probabilità 1/10 e 1/4. Tra questi due eventi non c'è alcun legame, nel senso che l'estrazione di una carta di picche non modifica in alcun modo la probabilità che questa sia o meno un due, e viceversa. Osserviamo che la probabilità del "due di picche" risulta essere il prodotto delle probabilità dei due eventi di cui è intersezione. Generalizziamo questa osservazione dicendo che due eventi A e B sono indipendenti se e solo se:

$$P(A \cap B) = P(A)P(B). \tag{2.5}$$

Due eventi mutualmente esclusivi non sono ovviamente *mai* indipendenti (il verificarsi di uno dei due implica che l'altro non si verifichi) tranne che nel caso banale in cui uno dei due eventi abbia probabilità nulla (è facile vedere che qualunque evento con probabilità nulla è persino indipendente da se stesso).

Esempio 2.5. Nella nostra galassia ci sono approssimativamente $N = 10^{11}$ stelle. Le osservazioni più recenti sembrano indicare che attorno ad una frazione rilevante di queste stelle orbiti un sistema planetario, e che i pianeti di tipo "terrestre" (cioè di dimensioni paragonabili alla Terra e con una superficie solida) sia molto elevata. Cerchiamo comunque di essere conservativi, stimando che la probabilità p che attorno ad una stella orbiti un pianeta di tipo terrestre sia dell'ordine di 10^{-2}. Non abbiamo ancora elementi sufficienti per stabilire tutte le condizioni che rendono un pianeta capace di ospitare la vita, ma supponiamo pessimisticamente che la probabilità q che un pianeta sia abitabile sia di uno su dieci milioni. Infine stimiamo che la probabilità che, su un pianeta che abbia le dovute condizioni, la vita si sviluppi *veramente* sia $r \simeq 0.1$ (e questa è probabilmente una stima davvero pessimistica). Ci chiediamo allora quale sia la probabilità che attorno ad una stella della Galassia orbiti un (altro) pianeta abitato.

Dobbiamo prestare attenzione agli insiemi degli eventi che consideriamo. Per la probabilità p l'insieme S_1 è ovviamente quello di tutte le stelle della Galassia. Ma nel definire q ci riferiamo all'insieme degli eventi S_2 costituito solo dalle stelle attorno a cui orbitano pianeti di tipo terrestre. La probabilità dell'evento $E =$"pianeta adatto alla vita" nel solo insieme S_1, rispetto a cui l'intero S_2 ha probabilità p, sarà dunque pq. Ragionando in modo analogo possiamo scrivere:

$$P(\text{"una stella ha un pianeta che ospita la vita"}) = pqr = 10^{-10},$$

che è un valore apparentemente molto piccolo (ci aspettiamo infatti di trovare solo un numero di pianeti che ospitano la vita solo dell'ordine di $Npqr = 10$).

Ma chiediamoci invece quale sia la probabilità P_1 che *almeno* un pianeta nella Galassia ospiti la vita. Questa sarà data da $P_1 = 1 - \overline{P}_1$, dove $\overline{P}_1$ è la probabilità che su *nessun* (altro) pianeta della Galassia sia presente la vita. Per valutare $\overline{P}_1$ procediamo in questo modo. La probabilità che una stella non abbia un pianeta che ospita la vita è, per quanto visto, $1 - prq$. La probabilità che una seconda stella non abbia a sua volta un simile pianeta è ancora $1 - prq$, dato che i due eventi sono chiaramente indipendenti. La probabilità che nessuna stella abbia un pianeta che ospita la vita è allora data da:

$$\overline{P}_1 = (1 - pqr)^N.$$

Per valutare questa quantità, ricordiamo che per $x \ll 1$ si ha $\ln(1 - x) \approx -x$, e pertanto: $\ln(\overline{P}_1) = N \ln 1 - pqr) \approx -Npqr$, ossia

$$\overline{P}_1 \approx \exp(-Npqr) = \exp(-10) \approx 4.5 \times 10^{-5}.$$

Quindi, a dispetto del fatto che ci aspettiamo di trovare pochi pianeti abitati, la probabilità che almeno un pianeta ospiti la vita (se valgono le ipotesi che abbiamo fatto) è praticamente uguale ad uno!

L'esempio che abbiamo considerato ci induce ad una riflessione sul modo in cui di solito parliamo di probabilità. Nel linguaggio comune le affermazioni che qualcosa è probabile al 99.9% o al 99.99% vengono di solito interpretate nello stesso modo, cioè come certezza pratica dell'evento. Ma supponiamo che p sia la probabilità che durante un certo giorno non piova nel Sahara. Allora potete calcolare in modo analogo a quanto appena fatto che, per $p = 0.9999$, la probabilità che piova almeno un giorno all'anno è inferiore al 4%, ma questa sale ad oltre il 30% se $p = 0.999$, ed è pressoché certo che piova almeno un giorno all'anno se $p = 0.99$.

Esempio 2.6. Siete cintura verde di judo. La prova che dovete sostenere consiste nell'affrontare due avversari in tre combattimenti e nel vincerne due consecutivi, con la regola che non potete affrontare lo stesso avversario in due incontri consecutivi. Gli avversari sono il vostro amico G, che da poco pratica questo sport, ed è solo cintura gialla, ed il vostro istruttore N, che ovviamente è cintura nera. Chiaramente, le possibili sequenze di incontri che potete affrontare sono GNG e NGN. Quale vi conviene? A prima vista la prima sequenza sembra più allettante, dato che vi battete per due volte contro l'avversario più debole, ma non è così. Diciamo p la probabilità che battiate N e q la probabilità che battiate G, con $p < q$. Se scegliete la sequenza GNG, superate la prova se vincete nel primo e nel secondo dei tre combattimenti (evento A), o nel secondo e nel terzo (evento B). Dato che le vittorie in due distinti combattimenti sono eventi indipendenti (supponiamo che siate instancabili), $P(A) = P(B) = pq$, e la probabilità di vincere tutti e tre i combattimenti, che è l'evento $A \cap B$, è pq^2. Allora la vostra probabilità di vittoria complessiva è:

$$P(A \cup B) = P(A) + P(B) - P(A \cap B) = pq(2 - q).$$

Nel caso scegliate la sequenza NGN il ragionamento è analogo, con la differenza che $P(A \cap B) = p^2q$. In questo caso allora si ha:

$$P(A \cup B) = pq(2 - p)$$

e dato che $p < q$ conviene scegliere la sequenza NGN.

Che cosa possiamo dire per tre eventi? Potremmo aspettarci che siano indipendenti tra loro se sono a due a due indipendenti, ma non è vero. L'esempio che segue ne è una dimostrazione.

Esempio 2.7. Supponiamo che abbiate due camicie, diciamo bianca e blu, e due paia di pantaloni, anch'essi bianchi e blu. Consideriamo gli eventi $A =$"indossate la camicia blu", $B =$"indossate i pantaloni bianchi" e $C =$"siete vestiti in tinta unita". È facile verificare che

$$\begin{array}{c} P(A \cup B) = P(A)P(B) \\ P(A \cup C) = P(A)P(C) \\ P(B \cup C) = P(B)P(C) \end{array},$$

ma se due qualunque di questi eventi si verificano, necessariamente non si verifica il terzo: quindi nel complesso i tre eventi *non* sono indipendenti (come scrivereste l'evento C in termini degli eventi A e B?).

Diremo allora che tre eventi sono indipendenti se sono indipendenti a coppie e *se in più* si verifica che

$$P(A \cup B \cup C) = P(A)P(B)P(C),$$

definizione che può essere facilmente generalizzata a più di tre eventi.

2.3 Probabilità condizionata

Se due eventi A e B non sono indipendenti, ci aspettiamo che la probabilità che si verifichi A venga modificata dal verificarsi dell'evento B e viceversa. Ad esempio, la probabilità che il risultato del lancio di un dado sia l'evento $A = \{2\}$ è $1/6$. Ma se sappiamo già con certezza che il risultato del lancio è pari, cioè se si verifica l'evento $B = \{\text{pari}\}$, la probabilità di A "dato B" vale ovviamente $1/3$ (ci sono solo tre pari).

Chiameremo allora *probabilità condizionata $P(A|B)$ di A dato B* la probabilità di ottenere A quando l'evento B avviene con certezza. Per darne una definizione quantitativa, ricordiamo che per due eventi indipendenti vogliamo avere $P(A|B) = P(A)$. Definiamo allora:

$$P(A|B) = \frac{P(A \cap B)}{P(B)}, \tag{2.6}$$

che per la 2.5 soddisfa il nostro requisito. La definizione corrisponde ad affermare che la probabilità che avvengano sia A che B è pari al prodotto della probabilità che avvenga B per la probabilità che avvenga A dato B. Osserviamo che se valutiamo $P(B|A)$ otteniamo:

$$P(B|A)P(A) = P(A|B)P(B). \tag{2.7}$$

Analogamente, tenendo conto che $A \cap B$ e $A \cap \overline{B}$ sono eventi mutualmente esclusivi è facile verificare che:

$$P(A) = P(A|B)P(B) + P(A|\overline{B})P(\overline{B}). \tag{2.8}$$

Quest'ultima e apparentemente banale uguaglianza, che non fa che tradurre il vecchio detto popolare per cui qualcosa "se non è zuppa, è pan bagnato", risulta sorprendentemente utile per risolvere problemi in apparenza complessi.

Espressioni come quella che abbiamo usato per introdurre il concetto di probabilità condizionata ("se sappiamo con certezza che...") sembrerebbero implicare qualcosa di soggettivo, come se le probabilità di eventi futuri venissero modificate dal mio "grado di conoscenza" del realizzarsi di altri eventi. Nella discussione a fine capitolo sull'interpretazione della probabilità faremo vedere come ciò, se non si pone particolare attenzione, possa indurre a conclusioni piuttosto "pericolose". In realtà espressioni come la precedente servono solo a renderci più familiare l'idea di probabilità condizionata. Rileggiamo la 2.6 alla luce del nostro schema grafico, osservando la Fig. 2.4. Il verificarsi di B fa in qualche modo "collassare"[3] lo spazio degli eventi all'insieme soli eventi compatibili con B. La probabilità di "A dato B" non è altro allora che la probabilità totale di A in uno spazio degli eventi che viene "ristretto" al solo sottoinsieme (evento) B. Questo vuol dire:

a) che si considera solo quella parte di A che è contenuta in B;

[3] Ciò può essere visto come un'*operazione di proiezione* $S \to B$.

b) che si "cambia metro", ossia che non si rapportano più le aree a quella di S, ma a quella di B.

La definizione che abbiamo dato di $P(A|B)$ coincide operativamente con queste due condizioni. Notiamo che, nell'interpretazione grafica, A è indipendente da B se l'area di $A \cap B$ sta all'area di B come l'area di A sta all'area di tutto S, cioè se l'"area frazionaria" di A non viene modificata da un cambiamento di scala che trasforma S in B.

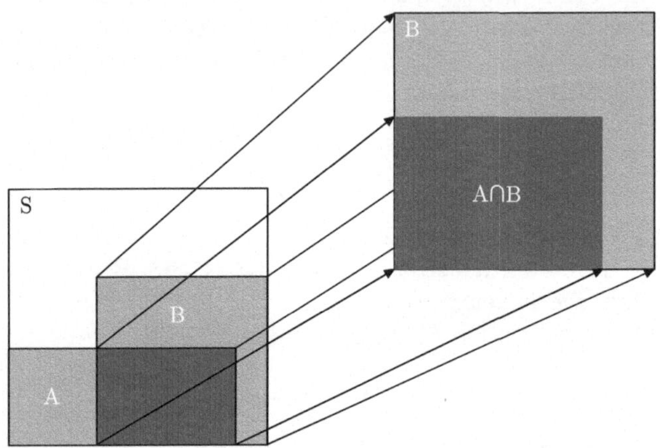

Figura 2.4.

Esempio 2.8. Un'urna contiene tre palline rosse e due blu. Qual è la probabilità che in una serie di due estrazioni vengano estratte in successione prima una pallina rossa e poi una blu? La probabilità che alla prima estrazione venga estratta una pallina rossa è ovviamente $P(R) = 3/5$. Il risultato della seconda estrazione non è però indipendente da quello della prima, dato che ora il numero di palline nell'urna è cambiato e così la distribuzione delle palline tra i due colori (dopo aver estratto la pallina rossa *non* la rimettiamo nell'urna). Dato che sono rimaste quattro palline, di cui due blu, avremo: $P(B|R) = 1/2$. Per la probabilità complessiva si avrà allora:

$$P(R \cap B) = P(B|R)P(R) = 3/10.$$

Verificate che lo stesso risultato si ottiene supponendo di estrarre in successione prima una pallina blu e poi una rossa.

Esempio 2.9. La probabilità che esca un certo numero su una ruota del Lotto sapendo che non è uscito la settimana precedente vale ovviamente sempre 1/90. Infatti, se chiamiamo A l'evento "uscita del numero n questa settimana" e B l'evento uscita del numero n la settimana precedente", A e B, sono eventi indipendenti (le due estrazioni sono "esperimenti" indipendenti!). Pertanto:

$$P(A|\overline{B}) = \frac{P(A \cap \overline{B})}{P(\overline{B})} = \frac{P(A)P(\overline{B})}{P(\overline{B})} = P(A)$$

e la stessa probabilità si ha ovviamente anche per l'uscita di un numero già estratto la settimana precedente. L'estrazione di uno stesso numero per due settimane consecutive ci può apparire singolare perché riteniamo intuitivamente meno probabile questa sequenza "ordinata": ma per il Lotto il fatto che "3" appaia per due volte consecutive non è più singolare del fatto che "3" sia seguito la settimana successiva da "28", proprio perché per un sistema completamente casuale non è possibile introdurre distinzioni tra diverse sequenze sulla base di un grado d'ordine.

Esempio 2.10. Supponiamo che da qualche tempo non vi sentiate troppo bene e che quindi andiate dal medico per un controllo. Il vostro dottore si mostra piuttosto preoccupato e vi fa fare un test per accertare la presenza di una rara e incurabile patologia che colpisce solo l'uno per mille della popolazione, test che tuttavia non è del tutto sicuro, perché dà una risposta corretta solo nel 95% dei casi. Il test, purtroppo, risulta positivo e voi vi disperate, pensando di essere affetti con una probabilità $P = 0.95$ da questa grave malattia. Per fortuna, vi sbagliate di grosso. Diciamo T l'evento "il test è positivo" e M l'evento "siete malati". Allora:

$$P(M|T) = \frac{P(T|M)P(M)}{P(T|M)P(M) + P(T|\overline{M})P(\overline{M})} = \frac{0.95 \times 0.001}{0.95 \times 0.001 + 0.05 \times 0.999}$$

ossia:

$$P(M|T) \simeq 0.02,$$

che è una prospettiva decisamente più rassicurante. Sembra paradossale, ma basta che pensiate a quanto più frequentemente il test (anche se piuttosto affidabile) darà un risultato positivo per una persona sana che per una malata, dato che gli individui sottoposti al test sono nella stragrande maggioranza sani.

Esempio 2.11. Tizio e Caio lanciano due dadi, in un gioco in cui vince chi per primo ottiene una somma dei valori dei dadi pari a 11. Se Tizio lancia prima di Caio, quale è la probabilità p che egli vinca?

Se diciamo T l'evento "vince Tizio" e M l'evento "al primo lancio si ottiene 11", usando il principio della "zuppa o pan bagnato" possiamo scrivere:

$$p = P(T) = P(T|M)P(M) + P(T|\overline{M})P(\overline{M}),$$

dove $P(M) = 2/36 = 1/18$ (11 può uscire in due modi diversi, (5,6) e (6,5), su 36 possibili risultati), $P(\overline{M}) = 17/18$ e ovviamente $P(T|M) = 1$.

Per quanto riguarda $P(T|\overline{M})$, osserviamo che questa, dato che corrisponde ad assumere che al primo lancio non esca 11, equivale alla probabilità che Tizio vinca in un gioco in cui *Caio* lancia per primo, ed è perciò pari a $1 - p$ (dato che in questo caso Caio ha ovviamente una probabilità di vincita p, e uno dei due vince sicuramente). Pertanto si ottiene:

$$p = \frac{1}{18} + \frac{17}{18}(1-p) \Longrightarrow p = \frac{18}{35}.$$

Poiché $p > 0.5$, Tizio è ovviamente favorito (come potevamo aspettarci).

***Esempio 2.12.** Come sappiamo, i gemelli possono essere identici (monovulari) o "gemelli fratelli" (biovulari). Si sa poi che i gemelli monovulari rappresentano circa 1/3 del totale delle gravidanze gemellari.

a) Quanto vale la probabilità che una certa gravidanza gemellare sia monovulare, sapendo che un esame ecografico ha mostrato che i due feti si trovano in placente separate, fatto che avviene per tutte le gravidanze biovulari, ma statisticamente solo per 1/3 di quelle monovulari?
Detto M l'evento "gemelli monovulari", B l'evento "gemelli biovulari", e D l'evento "placente distinte" si ha ovviamente:

$$P(M \cap D) = P(D|M)P(M) = \frac{1}{3} \times \frac{1}{3} = \frac{1}{9}$$

e per la probabilità totale che i due feti si trovino in placente distinte:

$$P(D) = P(D|M)P(M) + P(D|B)P(B) = \frac{1}{3} \times \frac{1}{3} + 1 \times \frac{2}{3} = \frac{7}{9}.$$

Pertanto

$$P(M|D) = \frac{P(M \cap D)}{P(D)} = \frac{1}{7}.$$

b) Quanto diviene la stessa probabilità, se successivamente una mappa cromosomica del liquido amniotico ha mostrato che i gemelli sono dello stesso sesso?
Detto $S =$ "gemelli dello stesso sesso" abbiamo $P(S|B) = 1/2$ (un quarto delle coppie saranno formate da due maschi ed un quarto da due femmine) e $P(S|M) = 1$ (tutte le coppie di gemelli monovulari sono dello stesso sesso!). Osserviamo poi che, ovviamente, $\overline{B} = M$. Possiamo allora usare di nuovo la 2.8 e scrivere:

$$P(D \cap S) = P(D \cap S|B)P(B) + P(D \cap S|M)P(M).$$

Dato che tutti i biovulari sono in placente distinte, il primo termine coincide con $P(S|B)P(B) = 1/3$ e analogamente, dato che tutti i monovulari sono dello stesso sesso, il secondo termine coincide con $P(D|M)P(M) = 1/9$. Otteniamo allora $P(D \cap S) = 4/9$. Se teniamo conto del fatto che:

$$P(M \cap S \cap D) = P(M \cap D),$$

dato che il primo evento è completamente contenuto nel secondo, si ha:

$$P(M|S \cap D) = \frac{P(M \cap S \cap D)}{P(D \cap S)} = \frac{P(M \cap D)}{P(D \cap S)} = \frac{1/9}{4/9} = \frac{1}{4}.$$

Per esercizio, provate a vedere quanto semplicemente si possa arrivare a questi risultati per mezzo dell'interpretazione grafica utilizzata in precedenza.

2.3.1 Il teorema di Bayes

Sotto questo nome piuttosto altisonante passa un risultato che in realtà non è che una semplice estensione del nostro principio (2.8) della "zuppa o pan bagnato". Come vedremo, tuttavia, il teorema di Bayes è particolarmente utile per "riaggiustare", utilizzando nuovi dati, delle probabilità che erano state stimate sulla base di quanto era noto in precedenza. Come tale, costituisce il principio su cui si basano gli approcci "induttivi" al calcolo della probabilità che discuteremo nell'ultima sezione.

Supponiamo di avere una serie di eventi B_i che siano mutualmente esclusivi e nel contempo "esauriscano" lo spazio degli eventi:

$$\begin{cases} \forall i \neq j : B_i \cap B_j = \emptyset \\ \bigcup_i B_i = S \end{cases}$$

ossia, in altri termini, i B_i costituiscano una partizione di S in sottoinsiemi disgiunti. Allora, un'ovvia estensione della (2.8) è[4]:

$$P(A) = \sum_i P(A|B_i)P(B_i)$$

Di conseguenza, usando la (2.7) e la precedente espressione per $P(A)$, possiamo scrivere la probabilità di uno degli eventi B_i condizionata dal verificarsi dell'avvenimento A come:

$$P(B_i|A) = \frac{P(A|B_i)P(B_i)}{\sum_j P(A|B_j)P(B_j)}, \tag{2.9}$$

che è proprio il teorema di Bayes. In altri termini, il verificarsi dell'evento A mi permette di dare una nuova (e più attendibile) stima per la probabilità dell'evento B_i. In particolare, notiamo che quando la condizione B_i rende molto più plausibile il verificarsi di A rispetto alle altre possibili condizioni mutualmente esclusive B_j in cui ci si può ipoteticamente trovare (ossia $P(A|B_i) \gg P(A|B_j)\, \forall j \neq i$), il verificarsi di A "rafforza" considerevolmente la probabilità che ci si trovi effettivamente nella condizione B_i. Il teorema di Bayes ha come abbiamo detto impieghi molto importanti, ad esempio nella valutazione di test diagnostici o dell'efficacia di un nuovo farmaco. Implicitamente, abbiamo già usato questo risultato nell'esempio 2.12: in futuro vedremo come sia utile farne uso per valutare il "grado di informazione" associato a una serie di eventi di cui sia nota la probabilità.

---

[4] Non è assolutamente necessario che gli eventi B_i abbiano qualche parentela con A. Ad esempio, se alla sera mangio pastasciutta, risotto, zuppa o *cuscus* (e mai due primi contemporaneamente), la probabilità che domani piova a Milano è uguale alla probabilità che piova se mangio pastasciutta per la probabilità che io mangi pastasciutta, più la probabilità che piova se mangio risotto per la probabilità che mangi risotto, più... Ma, come abbiamo visto negli esempi precedenti, questa "decomposizione" risulta particolarmente utile quando è più facile calcolare le probabilità di A condizionate da un particolare evento B_i.

2.4 Eventi composti e conteggi degli eventi

Nell'esempio 2.9 abbiamo in realtà sorvolato sul requisito di specificare sempre bene l'insieme degli eventi. In una sola estrazione, infatti, i risultati possibili corrispondono all'estrazione di un particolare numero: ma quali sono gli eventi elementari nel caso di due estrazioni? La cosa più semplice è quella di assumere che siano tutte le coppie (n_1, n_2) che si possono formare associando il numero estratto la prima volta con quello estratto la seconda. Chiameremo questi eventi che si ottengono come risultato complessivo della ripetizione di un certo esperimento *eventi composti*. In realtà possiamo considerare anche eventi composti che si ottengono come successione di esperimenti di tipo diverso, come il lancio di una moneta seguito da un estrazione del Lotto, sequenza che avrà come eventi composti (testa, n) o (croce, n), con n intero tra 1 e 90. Dal punto di vista insiemistico, se S_1 ed S_2 sono gli insiemi degli eventi corrispondenti al primo esperimento, gli eventi composti sono allora gli elementi del prodotto cartesiano $S_1 \times S_2$, che rappresenta quindi l'insieme degli eventi per gli eventi composti. In generale, l'insieme degli eventi costituito dalla successione di N eventi semplici sarà $S_1 \times S_2 \times \ldots \times S_N$.

Le regole di calcolo che abbiamo introdotto ci permettono in linea di principio di calcolare la probabilità di qualsivoglia evento composto. Dobbiamo però imparare a "contare" correttamente tutti i modi in cui possiamo associare, combinare, raggruppare i risultati di diversi "esperimenti". Ad esempio, per calcolare quale sia la probabilità di ottenere almeno un "sei" con due lanci di un dado dobbiamo valutare il numero totale di risultati possibili e quanti di questi corrispondano ad una somma dei due valori ottenuti pari a sei. Anche se non esistono "regole d'oro" che permettano di risolvere ogni problema di conteggio, cercheremo di sviluppare qualche strategia per la risoluzione di molti problemi ricorrenti nella pratica. Queste strategie sono di estrema importanza in fisica statistica, dove il corrispettivo del problema che stiamo affrontando è il calcolo del numero totale di stati in cui si può trovare un sistema costituito da molti atomi, molecole, o in generale "sottosistemi" elementari.

Cominciamo a considerare proprio il caso semplice del lancio di k dadi, che possiamo ovviamente pensare come una sequenza di k lanci di un singolo dado. Dato che il k-esimo lancio ha sei risultati possibili, il numero di risultati distinti in k lanci sarà pari a sei volte il numero di risultati in $(k-1)$ lanci: per induzione si ha che il numero di risultati possibili in k lanci è 6^k. Quindi il numero di risultati possibili in n ripetizioni indipendenti di uno stesso "esperimento", in ciascuno dei quali si hanno n risultati possibili, è n^k. Ad esempio

- Le possibili colonne distinte in una schedina totocalcio sono $3^{13} \simeq 1.6 \times 10^6$;
- il numero di possibili combinazioni per i giorni di compleanno di m persone è 365^m (se ci dimentichiamo degli anni bisestili);
- in un random walk di N passi, i "percorsi" distinti sono in totale 2^N;
- se devo infilare k palline in n urne, dato che ho n scelte per ogni pallina, ho n^k possibilità;

- se estraggo per k volte una pallina numerata da un urna che ne contiene n, e dopo ogni estrazione *rimetto nell'urna* la pallina estratta (una procedura che si dice *campionamento con rimpiazzamento*) ho ancora n^k eventi composti. Notiamo che stiamo contando come distinti risultati che possono differire anche solo per l'*ordine di estrazione* delle palline: ad esempio, un evento che corrisponde all'estrazione di una pallina che porta il numero "due", seguita dalla pallina "sette" e dalla pallina "tre" viene considerato distinto dall'estrazione che porta alla successione $(3, 2, 7)$.

Supponiamo ora di eseguire ancora una sequenza di k esperimenti, in cui però il numero di possibili risultati in ciascun esperimento varia: ad esempio al primo esperimento si hanno r_1 risultati possibili, al secondo r_2, al k-esimo r_k. Operando in modo analogo a quanto fatto prima, è chiaro che il numero totale di risultati, cioè di eventi composti, è $r_1 \times r_2 \times \ldots \times r_k$. Ad esempio:

- se ho tre abiti, cinque camicie, sette cravatte e due paia di scarpe, posso vestirmi in 210 modi distinti, trascurando ovviamente ogni criterio elementare di estetica;
- se devo andare dalla città A alla città B passando per C, se A è connessa a C da tre strade e C a B da due strade, posso seguire sei percorsi distinti;
- se estraiamo per k volte una pallina numerata da un urna che ne contiene n, *senza* rimettere questa volta nell'urna la pallina dopo l'estrazione, con quello che si dice un *campionamento senza rimpiazzamento*, come nel caso della tombola o del Lotto (ovviamente in questo caso si deve avere $k \leq n$), ciò equivale ad effettuare k "sotto-esperimenti" distinti, dove prima estrazione ho $r_1 = n$ possibilità, nella seconda solo $r_2 = n - 1$, e così via fino alla k-esima estrazione che corrisponde ad estrarre una pallina da un urna che ne contiene $n-(k-1)$. Quindi ho in totale $n(n-1)(n-2)...(n-k+1)$ modi di estrarre le k palline.

Possiamo a questo punto introdurre qualche nozione che ci servirà molto in seguito. Un problema del tutto identico a quello dell'ultimo esempio è quello di calcolare in quanti modi possiamo raggruppare n oggetti in gruppi di k (pensate di avere gli oggetti nell'urna e di estrarli ad uno ad uno). Chiameremo questi "arrangiamenti" *disposizioni* $D_{n,k}$ *di* n *oggetti a* k *a* k. Si ha quindi:

$$D_{n,k} = n(n-1)(n-2)...(n-k+1). \tag{2.10}$$

In particolare le disposizioni di n oggetti a n a n (che si dicono anche *permutazioni* di n elementi) sono pari al prodotto di tutti gli interi da 1 ad n, ossia al *fattoriale* di n:

$$n! = 1 \times 2 \times \ldots \times n. \tag{2.11}$$

Ci sarà anche utile assumere per convenzione $0! = 1$. Se provate a calcolare $n!$ per i primi interi vi accorgerete di quanto in fretta crescano le permutazioni di n elementi. È allora utile poter paragonare questo esplosivo ritmo di crescita a quello di funzioni più familiari, il cui valore possa essere calcolato semplicemente. Un'approssimazione particolarmente buona al valore di $n!$ è data dalla formula di Stirling:

$$n! \simeq \sqrt{2\pi n}\, n^n \exp(-n) \tag{2.12}$$

dove i due membri dell'espressione divengono tanto più simili quanto più cresce n. In realtà l'approssimazione di Stirling risulta buona anche per n piccolo: per $n = 5$ l'errore è solo del 2% e per $n = 10$ dello 0.8%. L'uso di questa espressione è estremamente frequente, in particolare in fisica statistica, dove i valori di n che spesso interessano sono dell'ordine del numero di molecole in un volume macroscopico, cioè del numero di Avogadro! Per questa ragione, in A.1 riportiamo, se non proprio una dimostrazione rigorosa, almeno qualche argomento grafico che ne giustifichi la validità. Osserviamo che, moltiplicando e dividendo per $(n-k)!$ si può scrivere:

$$D_{n,k} = \frac{n!}{(n-k)!}. \tag{2.13}$$

E se non ci interessasse l'ordine con cui sono disposti i vari elementi? Se fossimo interessati solo a quali elementi costituiscono il gruppo prescelto? È evidente che per ognuno di questi gruppi abbiamo un numero di disposizioni pari alle permutazioni dei k elementi. Pertanto il numero di gruppi $\binom{n}{k}$ di k elementi che possono essere selezionati, non distinguendo tra gruppi che differiscono solo per l'ordine degli elementi è dato da:

$$\binom{n}{k} = \frac{n!}{k!(n-k)!}, \tag{2.14}$$

che diremo *combinazioni di n elementi a k a k*. I coefficienti $\binom{n}{k}$ prendono anche il nome di *coefficienti binomiali*, dato che sono proprio quelli che intervengono nello sviluppo dell'n-esima potenza di un binomio $(a+b)$ ("formula di Newton"):

$$(a+b)^n = \sum_{k=0}^{n} \binom{n}{k} a^k b^{n-k}. \tag{2.15}$$

Ogni termine dello sviluppo di grado k in a può infatti essere visto come un prodotto di n termini di cui k sono uguali ad a ed $(n-k)$ a b, ed il numero di termini di grado k in a è pari ai modi in cui possiamo assegnare i posti per le a. Il coefficiente binomiale rappresenta quindi il numero di "sottopopolazioni" di k elementi che possiamo formare a partire da una popolazione di n elementi. Così, ad esempio, un cono gelato da tre gusti può essere scelto in $\binom{10}{3} = 120$ modi in una gelateria che dispone di dieci diversi gusti, la squadra che scende inizialmente in campo in una partita di pallavolo può essere formata in $\binom{12}{6} = 924$ modi diversi a partire da una rosa di 12 giocatori, e il numero di differenti mani che si possono avere giocando a poker è dato da $\binom{52}{5} \simeq 2.6 \times 10^6$.

Il conteggio del numero totale di eventi diventa particolarmente interessante quando ciascuno degli eventi composti ottenuti può essere considerato come equiprobabile. Per l'assioma 2.1a la probabilità di ciascun evento composto sarà in questo caso pari all'inverso del numero di eventi. Ad esempio, nel caso del lancio di due dadi, la probabilità di ciascuna coppia di risultati è pari a $1/36$. Se vogliamo valutare la probabilità di una certa frazione di questi eventi, ad esempio quelli in cui si ottiene la stessa faccia in entrambi i lanci (che sono ovviamente 6), è sufficiente allora moltiplicare il numero di eventi che "ci interessano" per la probabilità di ciascun evento composto (ossia dividerlo per il numero totale di eventi), per cui $P(\text{"facce uguali"}) = 1/6$. È semplice rivedere in questa luce anche l'esempio 2.9. Supponiamo che il numero k su cui vogliamo puntare non sia uscito nella prima estrazione. Allora abbiamo 89×90 risultati possibili nelle due estrazioni (quelli che non contengono k nella prima estrazione). Di questi a noi interessano le coppie che hanno k come secondo elemento, che sono solo 89. Quindi la probabilità che cerchiamo è $P = 89 \times 1/(89 \times 90) = 1/90$.

Esempio 2.13. In una partita di poker, la probabilità di avere un poker di mazzo è data da $P \simeq 2.4 \times 10^{-4}$. Infatti, ci sono 13×48 mani che danno un poker (per ciascuno dei 13 gruppi di 4 carte di egual valore, ci sono 48 modi per scegliere la quinta carta) e la probabilità di una generica mano è data da $p = \binom{52}{5}^{-1}$, per cui si ottiene $P = 624p = 1/4165$.

Esempio 2.14. Questo esempio è così spesso citato che mi verrebbe davvero voglia di evitarlo. Ma dato che avremo modo di ritornare a considerarlo sotto un'altra luce, facciamolo lo stesso. In una classe costituita da N studenti, qual è la probabilità P che almeno due di essi compiano gli anni nello stesso giorno? Cominciamo a valutare la probabilità $\bar{P} = 1 - P$ che tutti gli studenti siano nati in giorni diversi. Il numero totale di N-uple che possiamo formare con i compleanni di ciascuno studente è dato da 365^N (dato che per ogni studente abbiamo 365 scelte possibili). Di queste ce ne sono

$$D_{365,N} = 365 \times (365 - 1) \times \ldots \times (365 - N + 1)$$

in cui tutti i compleanni sono distinti (è un campionamento senza rimpiazzamento). Quindi $\bar{P}$ sarà data da:

$$\bar{P} = \frac{365 \times (365 - 1) \times \ldots \times (365 - N + 1)}{365^N} = 1 \times (1 - \frac{1}{365}) \times \ldots \times (1 - \frac{N-1}{365}).$$

L'espressione è piuttosto complicata, ma possiamo valutarla approssimativamente, se N è abbastanza piccolo rispetto a 365, prendendo il logaritmo di entrambi i membri, ricordando che per x piccolo $\ln(1 - x) \simeq -x$ e tenendo condo che la somma di tutti gli interi fino a k è data da $k(k + 1)/2$:

$$\ln \bar{P} \simeq 0 - \frac{1}{365} - \frac{2}{365} - \ldots - \frac{N-1}{365} = -\frac{N(N-1)}{730}.$$

Da ciò otteniamo in definitiva:

$$P \simeq 1 - \exp\left(\frac{N(N-1)}{730}\right).$$

Il risultato è abbastanza stupefacente: è sufficiente che nella classe vi siano 23 studenti perché la probabilità di trovarne due che compiano gli anni nello stesso giorno sia superiore al 50%. E in una classe di 40 studenti la probabilità è quasi del 90%! Come mai? Semplicemente perché il numero di *coppie* che possiamo formare con N oggetti è $N(N-1)/2$, ossia per N grande cresce con N^2. Quindi, anche se la probabilità che due *specifici* studenti siano nati lo stesso giorno è bassa, la probabilità totale cresce rapidamente con N.

Da un punto di vista fisico, tutto ciò ha molto a che vedere con il comportamento di un numero molto grande di atomi o molecole che interagiscono tra di loro con forze a cui possiamo associare un'energia potenziale di coppia U_{ij}. Se dovessimo considerare tutte le coppie che possiamo formare tra le particelle il contributo di queste interazioni all'energia totale sarebbe enorme (e molto difficilmente calcolabile), anche se ciascuna di esse fosse molto debole. Per fortuna, le forze che agiscono tra atomi o molecole si annullano in genere rapidamente con la distanza, o come si dice sono "a breve *range*"[5]. Ci si può quindi spesso limitare a considerare le interazioni tra una data molecole e le p molecole più vicine, dove p è un numero piccolo. I termini di cui tenere conto sono allora solo pN, che cresce solo linearmente con il numero di molecole.

L'esempio che abbiamo considerato è naturalmente generalizzabile ad ogni problema in cui si debbano disporre k "oggetti" in n "posti", dove ogni posto può contenere più di un oggetto. La probabilità di trovare almeno due oggetti nello stesso posto, se k è abbastanza piccolo rispetto ad n è allora data da

$$P = 1 - \exp\left[-\frac{k(k-1)}{2n}\right]$$

e il risultato precedente si può riassumere dicendo che tale probabilità diviene molto significativa non appena k è dell'ordine di $\sqrt{n}$. Nel limite opposto, notiamo che se n oggetti vengono messi a caso in n posti la probabilità P che ogni posto contenga uno e un solo oggetto è pari a

$$P = \frac{n!}{n^n}.$$

Anche per n piccolo, questo valore è estremamente basso: ad esempio, per $n = 5$ si ha $P \simeq 0.038$ e, per $n = 10$, $P \simeq 3.6 \times 10^{-4}$.

Esempio 2.15. Consideriamo un *random walk* di un punto su di una retta. Che probabilità c'è che dopo un certo numero di passi (di lunghezza unitaria)

[5] Fanno eccezione le forze tra cariche libere, che richiedono una trattazione molto più complessa.

il punto si ritrovi nell'origine, cioè nel punto di partenza? È chiaro che perché questo succeda il punto dovrà compiere tanti passi in direzione positiva, quanti in direzione negativa. Se indichiamo il numero totale di passi (che sarà quindi necessariamente pari) con $2n$, avremo tanti "percorsi" distinti che ci riportano all'origine quanti sono i modi di scegliere n passi in direzione positiva su $2n$ passi complessivi, cioè $\binom{2n}{n}$. Abbiamo un numero totale di percorsi possibili pari a 2^{2n}, e dato che ciascuno di questi percorsi è equiprobabile, la probabilità $P_{0,2n}$ di ritornare all'origine dopo $2n$ passi è uguale a:

$$P_{0,2n} = \binom{2n}{n} 2^{-2n}.$$

Usando l'approssimazione di Stirling è facile mostrare che, se n è abbastanza grande, si ha allora:

$$P_{0,2n} \approx \frac{1}{\sqrt{\pi n}}.$$

Come potete vedere la probabilità di ritornare all'origine dopo $2n$ passi decresce con la radice di n. Si può poi dimostrare[6] che la probabilità $P^1_{0,2n}$ di ritornare *per la prima volta* all'origine in $2n$ passi è data da:

$$P^1_{0,2n} = \frac{1}{2n-1} P_{0,2n}.$$

Questa è l'origine di quelle strane "oscillazioni lente", e dei pochi "cambiamenti di leader", che avevamo riscontrato sia nel nostro gioco a testa o croce "matematico" che nelle simulazioni di random walk.

Possiamo estendere il concetto di coefficiente binomiale considerando in quanti modi $M(n; k_1, k_2, ...k_m)$ una popolazione di n elementi può essere suddivisa in m sottopopolazioni, di cui la prima contenga k_1 elementi, la seconda k_2, e così via fino a k_m elementi, con la condizione $k_1 + k_2 + ... + k_m = n$. Per quanto abbiamo visto, da una popolazione di n elementi possiamo estrarre $\binom{n}{k_1} = n!/k_1!(n-k_1!)$ sottopopolazioni di k_1 elementi. Dai restanti $n - k_1$ elementi, i successivi k_2 possono essere estratti in $\binom{n-k_1}{k_2}$ modi e così via. Pertanto otteniamo:

$$M(n; k_1, k_2, ...k_m) = \frac{n!}{k_1!(n-k_1)!} \times \frac{(n-k_1)!}{k_2!(n-k_1-k_2)!} \times \dots$$
$$\dots \times \frac{(n-k_1-\dots-k_{m-2})!}{k_{m-1}!(n-k_1-\dots-k_{m-1})!} \times \frac{(n-k_1-\dots-k_{m-1})!}{k_m!0!}.$$

Semplificando l'espressione si ha:

$$M(n; k_1, k_2, ...k_m) = \frac{n!}{k_1!k_2!\dots k_m!}, \tag{2.16}$$

[6] Si veda il libro di Feller nella bibliografia.

che viene detto *coefficiente multinomiale.*

Un problema apparentemente diverso, ma che porta alla stessa soluzione, è quello di calcolare quante permutazioni distinte di n oggetti si possano ottenere quando alcuni di questi oggetti sono identici tra loro. Supponiamo ad esempio di voler calcolare il numero r di anagrammi della parola "ANAGRAMMA". Le nove lettere ammettono 9! permutazioni, ma dobbiamo tenere conto che ci sono quattro "A" e due "M", e che due anagrammi che differiscano solo per lo scambio tra due A o tra due M sono ovviamente indistinguibili. Allora il numero di anagrammi distinti si otterrà dividendo 9! per il numero di permutazioni delle A e delle M. Così si ottiene: $r = 9!/(4!2!) = 7560$. In generale, osserviamo che ciascuno dei posti in cui disponiamo n oggetti di $m < n$ tipi diversi $a_1, \ldots, a_m$ può essere "etichettato" con il tipo di oggetto che ad esso viene fatto corrispondere. Il numero di permutazioni distinte è allora uguale al numero di modi in cui possiamo dividere in m famiglie gli n posti disponibili, dove ogni famiglia è costituita da un numero di elementi pari al numero di ripetizioni k_i dell'oggetto a_i, ossia al coefficiente multimoniale $M(n; k_1, k_2, ...k_m)$. Così il numero di anagrammi di una parola di L lettere sarà dato da $M(L; r_1, r_2, ...r_\ell)$, dove le r_i è il numero di ripetizioni delle ℓ lettere distinte che costituiscono la parola data.

*2.4.1 Conteggi in fisica statistica

Se lanciamo due dadi in successione, la probabilità che si ottengano i valori 3 e 4 è data da $1/18$, poiché indicando ordinatamente i risultati dei due lanci, ho due coppie "utili", $(3, 4)$ e $(4, 3)$, su 36 risultati possibili. Ma consideriamo due altri possibili "esperimenti".

a) Scattiamo delle fotografie ai due dadi che giacciono sul tavolo dopo ogni possibile lancio, e supponiamo che in una particolare foto non sia possibile distinguere un dado dall'altro. Raccogliamo poi tutte le fotografie diverse e mettiamole in un urna. Quante foto avremo? Ce ne saranno sei in cui compare il risultato "1", cinque in cui compare "2" ma non "1", quattro in cui compare "3", ma non "1" o "2", e così via, per un totale di 21 foto. La probabilità di estrarre una foto in cui un dado mostra il valore "3" e l'altro il valore "4" è allora in questo caso pari ad $1/21$.
b) Questa volta, prima di mettere le foto nell'urna, eliminiamo tutte le foto in cui i due dadi mostrino lo stesso valore. Ci rimangono allora 15 foto e la probabilità di estrarre la foto che mostra i valori desiderati è ora $1/15$.

Supponiamo ora di avere n palline, e di metterle a caso in m urne. Il problema che stiamo per analizzare generalizza la situazione appena affrontata, che corrispondere a mettere 2 palline (i dadi lanciati) in 6 celle (i valori che ciascun dado può assumere). Saremo solo interessati al numero di palline contenuto in ciascuna cella. Gli eventi che ci interessano sono cioè costituiti dalle m-uple $\{k_1, k_2, \ldots, k_m\}$ che specificano i *numeri di occupazione*, cioè le palline contenute nella cella $1, 2, \ldots m$. Consideriamo allora tre casi.

Caso MB

Siamo in grado di distinguere una pallina dall'altra, cioè ogni pallina ha una ben precisa "individualità". Abbiamo già visto che il numero di modi in cui possiamo suddividere una popolazione in m gruppi, di cui il primo (ossia la prima urna) contenga k_1 elementi, il secondo k_2, e così via, è dato da:

$$M = \frac{n!}{k_1!k_2!\ldots k_m!}.$$

Ci sono pertanto M modi per ottenere la stessa m-upla di numeri di occupazione. Ricordando che ci sono in totale $N_{MB} = m^n$ modi di mettere n palline (distinguibili) in m celle e attribuendo a ciascun modo la stessa probabilità, otteniamo che la probabilità di ottenere una particolare sequenza di numeri di occupazione $\{k_1, k_2, \ldots, k_m\}$ è data da:

$$P_{MB}(\{k_1, k_2, \ldots, k_m\}) = \frac{M}{N_{MB}} = \frac{n!\, m^{-n}}{k_1!k_2!\ldots k_m!} \tag{2.17}$$

Caso BE

Questa volta le palline sono tutte identiche, nel senso che non c'è alcun modo di distinguere l'una dall'altra e che una distribuzione di palline nelle urne differisce da un altra *solo per i valori dei numeri di occupazione.* Dobbiamo allora valutare quanti siano i modi di distribuire n palline in m celle che differiscano per almeno un numero di occupazione. Per farci un'idea grafica disponiamo le nostre "urne" in fila, inserendoci le palline. Ad esempio, una distribuzione di 5 palline in 7 celle può essere disegnata nel seguente modo:

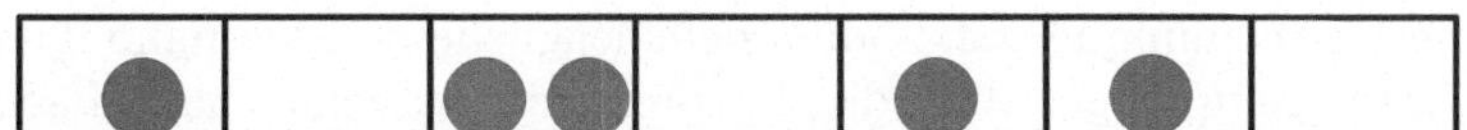

È facile renderci conto che tutte le possibili m-uple di numeri di occupazione possono essere ottenute spostando a piacere *sia* le n palline *che* le pareti "interne" della nostra fila di urne (che sono $m-1$, dato che le due pareti estreme rimangono invece fisse), ma tenendo conto che tutte le permutazioni che corrispondono ad uno scambio di sole palline o di sole pareti devono essere contate come una singola permutazione. Ciò è equivalente a calcolare il numero di anagrammi di una parola di $n+m-1$ lettere, formata con due soli caratteri di cui n di un tipo e $m-1$ dell'altro. Avremo pertanto:

$$N_{BE} = \frac{(n+m-1)!}{n!(m-1)!} = \binom{n+m-1}{n}.$$

Notiamo che, in sostanza, ciò corrisponde a scegliere tra gli $(n+m-1)$ oggetti "chi è pallina e chi parete". La probabilità di ciascuna m-upla di numeri di occupazione sarà pari a:

$$P_{BE} = \frac{1}{N_{BE}} = \frac{n!(m-1)!}{(n+m-1)!}. \tag{2.18}$$

Osserviamo che, mentre nel caso precedente la probabilità di una data m-upla dipendeva dai singoli numeri di occupazione $k_1 \dots k_m$, in questo caso ogni m-upla di numeri di occupazione è equiprobabile.

Caso FD

Questa volta, oltre a considerare le palline come indistinguibili, assumiamo anche che in ogni urna *non ci possa essere più di una pallina* (naturalmente in questo caso è necessario che si abbia $n \leq m$). Il problema di calcolare il numero totale di distribuzioni diventa allora particolarmente semplice, dato ogni distribuzione può essere descritta scegliendo tra le m urne le n che non sono vuote, e questo può essere fatto per quanto abbiamo già visto in

$$N_{FD} = \binom{m}{n}$$

modi diversi, a cui, se considerati come equiprobabili, assoceremo una probabilità:

$$P_{FD} = \frac{1}{N_{FD}} = \frac{n!(m-n)!}{n!}. \tag{2.19}$$

Gli "esperimenti" che abbiamo appena considerato hanno un diretto corrispettivo in fisica statistica, dove le palline corrispondono a particelle quali atomi, o elettroni, o protoni, e le "urne" dai valori che può assumere l'energia di una particella (o per essere più precisi ai diversi "stati" in cui si può trovare una particella, stati che talora presentano lo stesso valore di energia: ma sono dettagli che per ora possiamo trascurare). Fino alla fine del secolo scorso i fisici ritenevano comunque che, al di là delle leggi che ne governano il comportamento, fosse sempre possibile distinguere due particelle, magari seguendo il moto di ciascuna di esse. Così non è: due elettroni o due protoni sono tra loro più simili di due gemelli monovulari, al punto che, se possono muoversi liberamente scambiando le rispettive posizioni[7], è rigorosamente impossibile distinguere l'uno dall'altro.

Il primo tipo di distribuzione dei numeri di occupazione che abbiamo considerato, che si dice "statistica di Maxwell-Boltzmann" (MB), non si applica rigorosamente *mai* alle particelle reali. Ancora più strano è che le particelle reali non obbediscono ad una sola delle altre due distribuzioni, che si dicono rispettivamente statistiche di Bose-Einstein (BE) e di Fermi-Dirac (FD)[8], ma possono seguire l'una o l'altra a seconda del tipo di particella. Così gli elettroni ed i protoni sono "fermioni", cioè si comportano secondo la statistica FD, mentre altre particelle sono "bosoni", cioè seguono la statistica BE.

---

[7] Sarebbe diverso se ciascuna particella fosse "bloccata" su un sito di un reticolo cristallino, potendo quindi essere "etichettata" in modo univoco: il fatto cioè che siano particelle *identiche* non implica necessariamente che siano *indistinguibili*.

[8] Forse è una legge universale che siano necessari *due* fisici per creare una statistica!

Il fatto curioso è però che la statistica "sbagliata" di Maxwell-Boltzmann sembra spiegare correttamente la maggior parte dei comportamenti statistici che hanno luogo in condizioni "normali". Ad esempio, la teoria cinetica dei gas ideali è costruita utilizzando le stesse ipotesi che stanno alla base della statistica MB. La spiegazione di questo apparente paradosso sta semplicemente nel fatto che molto spesso il numero di stati m disponibili è molto maggiore del numero n di particelle. Ad esempio, per un gas a temperature non troppo vicine allo zero assoluto, ogni singola molecola può assumere pressoché ogni valore dell'energia cinetica (compatibile col fatto che l'energia totale del sistema abbia un valore fissato e costante). Il fatto che $n \ll m$ comporta chiaramente che quasi tutti i numeri di occupazione k_m siano nulli o al più uguali ad uno, cosicché $P_{MB} \approx n!m^{-n}$. I valori di probabilità previsti dalla distribuzioni BE e FD divengono allora uguali tra loro e a quelli previsti dalla MB se osserviamo che, trascurando n rispetto ad m, possiamo approssimare $(m-n)! \approx m^{-n}m!$ e $(m-1+n)! \approx m^n(m-1)!$. Se il numero di stati disponibili è molto maggiore del numero di particelle, il fatto che due particelle siano o meno distinguibili o che possano o meno occupare uno stesso stato diviene allora irrilevante. Ci sono però situazioni, come il comportamento di un solido o di un gas a basse temperature, o degli elettroni in un metallo, dove ciò non avviene e dove pertanto gli effetti legati alle "stranezze microscopiche" della materia sono essenziali per spiegarne il comportamento macroscopico.

Per quanto ci riguarda più da vicino, osserviamo che questo esempio ci mostra come non sia spesso immediato decidere a priori quali eventi siano equiprobabili: nei tre casi considerati il numero di "eventi" è legato al *modello fisico* che si assume e solo l'esperienza è in grado di stabilire quale modello corrisponda alla realtà.

*2.5 Sulle diverse interpretazioni della probabilità

La teoria astratta che abbiamo delineato ci fornisce regole di calcolo che non fanno ricorso ad alcuna interpretazione del concetto di probabilità. La contropartita è però che questo schema non ci dice affatto come *attribuire* uno specifico valore di probabilità agli eventi elementari, ma solo come *combinare* le probabilità di eventi distinti. I diversi approcci all'idea di probabilità cui abbiamo fatto cenno all'inizio del capitolo cercano proprio di stabilire un legame tra la probabilità astratta e l'uso pratico che ne vogliamo fare[9].

In linea di principio non c'è niente di male nel farci aiutare dall'una o l'altra di queste interpretazioni a seconda delle diverse situazioni. Un buon criterio operativo è di valutare però non solo l'utilità, ma anche il pericolo di

[9] A dire il vero, l'ultima interpretazione che discuteremo si propone di estendere l'uso dei metodi probabilistici *al di là* di quanto possibile attraverso lo schema assiomatico che abbiamo usato, ritenendo che quest'ultimo non riesca a "catturare" tutte le situazioni in cui un approccio probabilistico può essere utile.

"far danno" che ciascun approccio presenta quando usato con troppa disinvoltura. Naturalmente non è questo il posto per discutere a fondo il problema, ma possiamo almeno rivedere in questa luce gli esempi fatti nel primo paragrafo. Voglio comunque sottolineare che le considerazioni che seguono riflettono soprattutto i miei "gusti" personali (o più spesso qualche mia perplessità da non esperto): liberi quindi di pensarla in modo diverso, se ciò vi sembra utile!

*2.5.1 Probabilità e frequenze relative

Buona parte delle regole di calcolo che abbiamo introdotto hanno un significato immediato se pensiamo alla probabilità come limite della frequenza relativa. Ci sono però notevoli difficoltà nel definire con precisione che cosa si intende per "frequenza limite". Consideriamo ad esempio le frequenze relative f_k delle singole cifre in π. Per parlare di limite in senso matematico, dovremmo poter affermare che la differenza tra f_k e 0.1 diviene più piccola di qualunque valore ε prescelto ogni volta che consideriamo un numero di decimali N superiore ad un certo valore $N_0(\varepsilon)$. Ma, se π è un numero normale, ciò non può essere rigorosamente vero *per tutti* gli $N > N_0$, dato che nella successione dei decimali di un numero normale può sempre capitare di trovare una sequenza arbitrariamente lunga che non contiene la cifra k e che ci rovina la festa.

In realtà, questo "limite" è concettualmente molto diverso dall'ordinario limite di una successione, che dipende ovviamente dall'*ordine* dei termini. Questo non è ciò a cui pensiamo quando consideriamo l'andamento delle frequenze relative: "rimescolando" in qualunque modo i decimali di π, o scegliendo a caso un decimale "ogni tot" e considerando solo la sotto-sequenza dei decimali estratti, ci aspettiamo che *quasi* sempre[10] le frequenze relative convergano ugualmente tutte a 0.1 in modo abbastanza continuo. Ci sentiremmo quasi di affermare che "la probabilità che capiti il contrario è arbitrariamente piccola" ... se non stessimo proprio definendo il concetto di probabilità! In qualche modo, dunque, l'insieme dei decimali di π (o un qualunque insieme di dati statistici) è un'entità matematica molto più "ricca" di una successione. Richard von Mises, che ha avuto un ruolo di primo piano nell'introdurre l'interpretazione "frequentista" della probabilità (ben prima che fosse formulato l'approccio assiomatico) si sforzò per oltre mezzo secolo sia di definire adeguatamente questi "collettivi" statistici, che di chiarire cosa si intenda per "successione casuale": purtroppo, da un punto di vista matematico, questa è un'impresa estremamente ardua (anzi, a dire il vero rigorosamente impossibile).

Nonostante questo è difficile perdere la fiducia nel fatto che "in qualche senso" le frequenze sperimentali convergano ad un limite. Ma soprattutto, da un punto di vista operativo, la definizione di probabilità come frequenza limite non genera pressoché mai ambiguità o situazioni paradossali. È un approccio "modesto"e particolarmente restio a prestarsi a voli pindarici: pertanto, è a mio avviso il più adatto per comprendere in modo semplice i concetti

[10] Non se ad esempio, nell'estrarre a caso la sottosuccessione, non trovo alcun "tre"!

probabilistici, senza che questo vi impedisca, in futuro, di approfondirli seguendo altre vie. Vedremo inoltre che, partendo dalla definizione assiomatica della probabilità, il fatto che le frequenze relative convergano (non sempre, ma con probabilità $p = 1$) ai valori di probabilità è una conseguenza rigorosa della "legge dei grandi numeri" che discuteremo nel prossimo capitolo. Ho tuttavia promesso di fare soprattutto l'"avvocato del diavolo", segnalando per ogni diversa chiave di lettura i possibili "pericoli" pratici. Anche se la lettura frequentista occuperà sempre un posto privilegiato nel mio vecchio cuore di sperimentale, mi rassegno pertanto a farlo anche in questo caso.

Una delle obiezioni più comuni alla lettura frequentista sta nel fatto che non è facile stabilire che cosa significhi "una ripetizione illimitata di esperimenti identici": se ad esempio lanciassimo una moneta per molte volte con condizioni iniziali (quantità di moto, momento angolare, posizione e metodo di lancio) *davvero* identiche dovremmo in realtà ottenere sempre lo *stesso* risultato (testa o croce), dato che in fondo questo è un processo deterministico, la cui casualità nasce proprio dal fatto che siamo *noi* a non saper fissare in modo sufficientemente accurato tali condizioni. In realtà credo che le cose siamo un po' più complicate di così: esiste sperimentalmente un'ampia classe di condizioni iniziali lievemente diverse (anche se è difficile dire con precisione entro quali limiti) tali da assicurare che i risultati ottenuti siano consistenti con quelli relativi alla distribuzione di probabilità per una moneta "onesta", pur permettendoci di affermare che tali esperimenti siano, a tutti gli effetti, esperimenti "identici"[11].

Un'obiezione più seria sta nel fatto che la lettura frequentista, mentre si presta molto bene a discutere serie di dati sperimentali, non è a proprio agio nello stabilire la probabilità di un'*ipotesi*. Quando decidiamo se attraversare o no una strada, in date condizioni di traffico, non lo facciamo cercando di ipotizzare infinite ripetizioni dell'attuale, forse irripetibile, situazione. Quando una giuria decide se condannare o meno un imputato, lo fa valutando gli indizi e le prove relativi ad una specifica e certamente unica situazione. Per rimanere nel campo delle scienze naturali, quando i cosmologi vogliono valutare la plausibilità dell'ipotesi di omogeneità su larga scala dell'Universo, non possono appellarsi ad "infinite ripetizioni". Qualche frequentista "rigoroso" afferma che queste siano di fatto domande "mal poste" in teoria della probabilità, ma in effetti a me pare davvero un po' riduttivo. Sotto questo aspetto, la lettura "bayesiana" che discuteremo nel paragrafo 2.5.3 può davvero aprire nuovi orizzonti: ma, per quanto vedremo, direi che questa è davvero una lettura "riservata ad un pubblico (probabilisticamente) adulto".

Da un punto di vista pratico, un vero "tallone d'Achille" dell'analisi frequentista sono proprio quelle distribuzioni con invarianza di scala che abbiamo discusso estesamente nel Cap. 1. Chiediamoci ancora: se stiamo ricostruendo la distribuzione del reddito nel nostro Paese scegliendo a caso i soggetti del

[11] I critici del frequentismo sono molto meno a loro agio con i fenomeni quantistici, dove (vedi quanto segue) la casualità è *inerente* agli esperimenti.

sondaggio, quanto tempo dovrà passare prima di trovare l'equivalente italiano di Bill Gates? Queste distribuzioni sono caratterizzate da eventi con frequenze molto basse, ma drammaticamente importanti (a maggior ragione se, anziché di redditi, parliamo di terremoti): determinare la loro probabilità come limite di frequenze sperimentali può essere estremamente arduo (e sicuramente lungo). Alcuni (non io) ritengono addirittura che pressoché tutto ciò che succede di veramente interessante abbia una distribuzione "anomala" di questo tipo[12].

*2.5.2 Probabilità "oggettiva" a priori

Il calcolo delle probabilità, nato nello spensierato e un po' frivolo contesto illuministico come metodo pratico per analizzare i giochi d'azzardo, ci mise davvero molto tempo ad essere accettato dagli esperti come una branca "seria" della matematica (in pratica fino alla formulazione di Kolmogoroff in termini di teoria della misura). Non deve quindi stupire che, ai suoi albori, fosse caratterizzato da una certa vaghezza. Si deve soprattutto a Laplace l'aver cominciato a sistematizzare la teoria della probabilità definendola come rapporto tra i casi "favorevoli" ed il totale di quelli possibili, assunti come equiprobabili.

Individuare "simmetrie" e farne uso per stabilire un criterio di equiprobabilità tra eventi possibili è comunque molto in tono con il modo di affrontare la realtà tipico dei fisici. Spesso è obbligatorio nella costruzione di un modello teorico, quando le ipotesi e gli "oggetti fisici" su cui si basa non sono passibili di dirette misure sperimentali (ad esempio la Meccanica Statistica si fonda sull'equiprobabilità a priori di una classe di stati di un sistema fisico). La stessa ricerca sperimentale non consiste semplicemente nella raccolta di dati empirici: al contrario, ogni buona investigazione parte sempre da un modello, suscettibile di essere confutato, che fa da "guida" iniziale per la scelta delle misure più interessanti (in fondo, questa è la principale lezione di Galileo).

Del resto, abbiamo visto come l'approccio frequentista non sia rigorosamente indenne da assunzioni a priori: nell'esaminare un campione statistico, dobbiamo infatti confidare sul fatto che ciascun elemento di quest'ultimo sia "equivalente" dal punto di vista della proprietà che stiamo misurando. Supponiamo ad esempio di voler determinare con quale probabilità p si ottiene una data combinazione per un certo gruppo di *slot machine* immesso sul mercato, non conoscendo l'algoritmo che genera tali combinazioni: nel valutare p a partire dalle frequenze relative che osserviamo, stiamo assumendo che tutte le macchine esaminate siano equivalenti, escludendo ad esempio che una frazione di esse sia stata volutamente "truccata" dal produttore. Mi riesce pertanto veramente difficile immaginare come sia possibile confidare su un'adeguata rappresentatività di un campione senza avere già in mente un'idea di "equivalenza rispetto al test" che precede la valutazione delle frequenze

[12] Il fatto che molte delle loro proprietà peculiari siano condivise da oggetti "alla moda" come i frattali, non fa poi che accentuare tale predilezione.

relative. Anche nell'approccio induttivo che discuteremo nel prossimo paragrafo si deve per altro partire da un'ipotesi iniziale, che spesso corrisponde ad assumere l'equiprobabilità di una classe di eventi, assunzione che può essere poi modificata da nuove evidenze.

Se dunque è possibile usare criteri a priori sufficientemente fondati per assegnare un grado di probabilità a certi eventi, ben venga. Purtroppo però la realtà non è fatta solo di dadi, e stabilire quale sia la classe di eventi equiprobabili può non essere immediato, come abbiamo già visto analizzando il problema dei conteggi in fisica statistica. L'esempio che segue, dovuto proprio a von Mises, mostra come ciò possa poi diventare molto ambiguo quando si considerano grandezze a valori continui.

Esempio 2.16. Supponiamo di avere una serie di bicchieri che contengono sia acqua che vino, e di sapere che ciascuno di essi contiene almeno tanta acqua quanto vino e non più del doppio di acqua rispetto al vino (considerata la natura del problema è lecito supporre che il vino in questione sia ... Aleatico). Considerando come equiprobabili tutti i valori del rapporto tra acqua e vino tra questi due estremi, ci sentiremmo di concludere che il contenuto di circa la metà dei bicchieri abbia un rapporto tra acqua e vino superiore a 3/2. Ma il problema può essere anche visto "dalla parte del vino". Ovviamente il rapporto tra vino ed acqua varia tra 1/2 ed 1. Se consideriamo equiprobabili tutti *questi* rapporti, ci potremmo aspettare che il contenuto di circa la metà dei bicchieri abbia un rapporto tra vino ed acqua inferiore a 3/4, cioè un rapporto tra acqua e vino superiore a 4/3, risposta *diversa* dalla precedente.

Il motivo di questo apparente paradosso è che, come vedremo nel Cap. 4, se una variabile continua ha una distribuzione uniforme di probabilità, lo stesso *non vale* per il suo reciproco. Ma allora per quale variabile assumiamo valori equiprobabili? Per il rapporto tra acqua e vino, o per quello tra vino ed acqua? Notiamo che avremmo potuto anche considerare come equiprobabili i valori della frazione di acqua sul contenuto totale del bicchiere, ed in questo caso avremmo concluso che circa la metà dei bicchieri presentano un contenuto in cui il rapporto tra acqua e vino è maggiore di 7/5.

*2.5.3 Probabilità come inferenza (probabilità bayesiana)

Pensare alla probabilità solo come ad un modo per quantificare il "grado di informazione" sulla realtà è indubbiamente un atteggiamento che dobbiamo considerare con estrema attenzione, perché per molti versi permette di evitare i problemi riscontrati nella lettura frequentista. Inoltre, come vedremo nel Cap. 4, c'è un naturale legame tra il concetto di probabilità come inferenza e teoria dell'informazione. Ma la vera ragione per cui l'"approccio bayesiano", come definiremo questa attitudine operazionale, ha riscosso particolare successo soprattutto nella statistica applicata all'economia e alle scienze sociali[13] e, più di recente, anche alle scienze esatte, sta in una certa "insofferenza" per la formulazione assiomatica di Kolmogoroff, che non sembra catturare tutte le situazioni in cui vorremmo far uso di concetti probabilistici. Considerate ad esempio queste affermazioni:

A) "oggi pioverà a catinelle";
B) "il tetto della mia casa perderà";
C) "dovrò raccogliere secchi d'acqua dal pavimento".

È chiaro che ci piacerebbe valutare la probabilità di C a partire da quelle di A e B (che non sono ovviamente indipendenti, dato che potrebbe essere proprio la pioggia a danneggiare il tetto). Ma in quale spazio S inquadriamo *tutti e tre* questi eventi? In altri termini, quali sono gli "eventi elementari"? Non sembra banale cavarsela con un semplice "diagramma di Venn" della teoria degli insiemi. La formulazione di Kolmogoroff, che è del tutto adeguata a trattare la probabilità di eventi a cui si può associare un valore numerico, fa un po' fatica ad adattarsi a problemi in cui si voglia valutare il grado di probabilità di una *proposizione logica* generale.

L'inferenza bayesiana parte allora dal considerare gli assiomi del calcolo della probabilità solo come "assunti" con una fondata *plausibilità logica*. Per inferire la probabilità di un evento (che in questo caso è un'affermazione proposizionale) a partire da tali assunti si deve necessariamente far uso del concetto di probabilità condizionata, che diviene (insieme alla logica elementare) l'unico "principio fondante": *tutte* le probabilità devono essere quindi considerate come probabilità condizionate. Purtroppo, a mio modo di vedere, questo è ciò che rende questa interpretazione quella "a maggior rischio", dato che la nozione di probabilità condizionata spinge facilmente ad un'interpretazione "soggettiva" (che da essa *non è* implicata necessariamente), secondo cui l'unico significato sensato di probabilità è ciò che io mi aspetto sulla base di ciò che conosco. Prima di riservare qualche commento a questa lettura, soffermiamoci a considerare come un uso combinato di equiprobabilità a priori e probabilità condizionata possa infatti dare origine a miscele "esplosive".

***Esempio 2.17.** Qual è la probabilità che il Sole sorga domani, se sappiamo che è sorto per un certo numero n di giorni precedenti? Sembra un problema complesso, ma Laplace, utilizzando solo l'inferenza bayesiana, ebbe ben poche difficoltà a dare una risposta tanto certa quanto, come vedremo, "sospetta".

Diciamo in generale x la probabilità che il Sole sorga in un giorno specifico. Ovviamente, se x assume uno specifico valore p, la probabilità che il Sole sorga per n giorni consecutivi, considerati come eventi indipendenti, sarà

$$P(n|x = p) = p^n.$$

[13] Il vero "padre" di questo approccio "operazionale" può essere considerato Bruno de Finetti, anche se l'applicazione estensiva del metodo bayesiano può essere fatta risalire, come vedremo, allo stesso Laplace.

Se allora sapessimo che x può assumere solo certi valori p_i con probabilità $P(x = p_i)$, potremmo scrivere per la probabilità $P(n)$ che sorga per n giorni consecutivi:

$$P(n) = \sum_i P(n|x = p_i)P(x = p_i).$$

Ma poiché non sappiamo nulla di specifico su x, sulla base dell'informazione che abbiamo possiamo solo assumere assumere che questa sia una variabile distribuita uniformemente in $[0, 1]$. Quindi, dato che la probabilità totale deve essere unitaria possiamo scrivere semplicemente, come vedremo meglio nel prossimo capitolo: $P(p < x < p+dp) = dp$. Dato che x assume valori continui, sembra naturale poter sostituire la precedente somma con un integrale[14]:

$$P(n) = \int_0^1 P(n|x = p)\mathrm{d}p = \int_0^1 p^n \mathrm{d}p = \frac{1}{n+1}$$

Ma allora la probabilità $P(n+1|n)$ che il Sole sorga per $n+1$ giorni se è sorto per n giorni è semplicemente:

$$P(n+1|n) = \frac{P[(n+1) \cap n]}{P(n)} = \frac{P(n+1)}{P(n)} = \frac{n+1}{n+2},$$

dove la seconda uguaglianza deriva dal fatto che il secondo evento è ovviamente contenuto nel primo. Quindi, anche supponendo che Laplace si attenesse scrupolosamente alla visione derivata dalle Scritture, per cui la Terra era stata creata da poche migliaia di anni, ciò lo avrebbe portato a concludere che, a tutti gli effetti, $P(n+1|n) \simeq 1$.

Dove sta il problema? Se vediamo la probabilità solo come una misura della capacità predittiva che possiamo avere sulla base delle informazioni che possediamo, il risultato è del tutto ragionevole. Ma il paradosso nasce se osserviamo che Laplace sarebbe giunto alla *stessa* conclusione anche se si fosse trovato, nel febbraio 1987, su un ipotetico pianeta orbitante attorno alla stella oggi nota come supernova 1987A . . . Se ci pensiamo, ciò nasce dal fatto di aver dapprima assunto, non avendo alcuna informazione su x, la posizione "minimalista" secondo cui tutti i suoi valori sono equiprobabili, per poi mettere da parte ogni modestia e cominciare ad inferire il più possibile proprio *sfruttando la nostra iniziale ignoranza.*

Andiamo però un po' più a fondo nel problema. Supponiamo ora di lanciare una moneta che potrebbe essere, per quanto ne sappiamo, fortemente "truccata", tanto che non si possa dire nulla sulla probabilità x che esca "testa", se non che $0 \leq x \leq 1$. Supponiamo poi che nei primi 48 lanci si osservino 48 teste consecutive. Il ragionamento che dovremmo seguire sarebbe del tutto

---

[14] In realtà stiamo violando le regole: se S ha dimensione infinita, si assume solo che l'additività della probabilità per eventi mutualmente esclusivi debba necessariamente valere per un insieme *numerabile* di eventi. In questo caso, tuttavia, la somma converge effettivamente all'integrale e quindi le cose funzionano.

identico a quello fatto per il sorgere del Sole, e concluderemmo quindi che la probabilità che al prossimo lancio esca ancora testa è pari a 49/50, ossia al 98%: ma sono convinto che, questa volta, la gran maggioranza di voi troverebbe questo risultato del tutto ragionevole. A differenza che nel caso della vita di una stella, è difficile pensare che ci siano "arcane" e complicate informazioni che ci sono sfuggite: la moneta è truccata, tutto lì. D'accordo: allora applichiamo lo stesso ragionamento ad un'altra moneta che, lanciata *una sola* volta, mostra "testa". In questo caso, vi sembrerebbe *davvero* ragionevole concludere che la probabilità che esca testa al prossimo lancio è pari a 2/3? Qualcosa ci dice che (sempre che non esistano informazioni molto "nascoste" come nell'esempio della supernova) l'inferenza bayesiana possa funzionare tanto meglio (ossia dipendere meno dalle assunzioni iniziali) quanto più è supportata da dati sperimentali. Ma a che punto possiamo sentirci davvero "al sicuro"?

L'esempio che segue mostra di nuovo come sia spesso tutt'altro che banale utilizzare delle informazioni per inferire un valore soggettivo di probabilità.

***Esempio 2.18.** Tre matematici A, B e C sono imprigionati in celle separate. A, il quale sa che due dei tre sono stati condannati a morte, ma non conosce la propria sorte, ragiona così:

> "Ho solo una probabilità su tre di salvarmi, dato che ci sono tre sentenze possibili, $S_1 = AB$, $S_2 = AC$ ed $S_3 = BC$, di cui due tragiche per quanto mi riguarda. Ma supponiamo che io chieda alla guardia di dirmi il nome dell'*altro* condannato. Se questa risponde B, allora rimangono due sole sentenze possibili, S_1 ed S_3, di cui una indesiderata, e le mie possibilità salgono al 50% (e non mi va peggio se la guardia dice C!)".

C'è chiaramente qualcosa di sbagliato nel ragionamento di A. In fondo sapeva fin dall'inizio che un altro dei due matematici era stato condannato: sapere che questo è B non può certo allungargli la vita! Non abbiamo tenuto conto del fatto che la guardia dirà il nome dell'*altro* condannato, e cioè *non dirà mai* A. Come spazio degli eventi cerchiamo allora di considerare l'insieme delle quattro coppie ordinate di condannati in cui il primo elemento è dato dal nome del condannato pronunciato dalla guardia, ed il secondo dall'altro condannato: (B, A), (C, A), (B, C), (C, B). Dato che in questo spazio i due eventi (B, C) e (C, B) corrispondono in realtà alla sola sentenza S_3, che ha probabilità 1/3, e che non possiamo stabilire a priori quale dei due nomi dirà in questo caso la guardia, a ciascuno di essi dobbiamo attribuire probabilità 1/6. Quindi la probabilità di condanna di A, nonostante l'informazione della guardia, rimane ovviamente (convincetevene con uno schema grafico):

$$P = \frac{1/3}{1/3 + 1/6} = 2/3.$$

Banale? Allora modificate l'esempio in questo modo. Supponiamo che la guardia, dopo aver detto il nome dell'altro condannato, ad esempio B, sia così magnanima (ammesso che ne abbia la potestà) da concedere ad A di scambiare, se vuole, la propria sentenza con quella di C: chiedetevi se *in questo caso* l'informazione ricevuta possa allungare la vita al nostro matematico, nel caso in cui questi operi una ben precisa scelta. Così modificato, il nostro problema diviene del tutto equivalente a quello (molto meno macabro) proposto nel 1990 da un lettore alla rivista americana *Parade*[15]. Nella sua lettera, il lettore ipotizza un quiz televisivo dove il partecipante deve scegliere tra tre porte, dietro una sola delle quali c'è un'auto, mentre le altre due nascondono altrettante capre. Dopo che il concorrente ha operato una prima scelta, il presentatore apre una porta (diversa da quella scelta dal concorrente) dietro cui c'è una capra, chiedendo al concorrente se voglia confermare la propria scelta iniziale o cambiarla con l'altra porta rimasta chiusa. Che cosa conviene fare al concorrente? La curatrice della rubrica, una tale Marilyn von Savant (che si diceva avesse "il più alto quoziente d'intelligenza al mondo") rispose prontamente che *conveniva* cambiare porta. Come conseguenza, il giornale si vide sommerso in breve tempo da lettere infuriate e scandalizzate di professori paludati, "esperti" di probabilità e matematici in genere, che si domandavano come si potesse prendere un abbaglio così grande, giungendo a quasi a chiedere il licenziamento della povera von Savant: la quale tuttavia, facendo pienamente onore al suo nome, aveva ovviamente ragione (ne siete convinti?).

Dopo questi *caveat*, ritorniamo allora a discutere il concetto di probabilità come inferenza, premettendo che non ci occuperemo della sua utilità per le scienze sociali ed economiche o per l'analisi di rischio[16], limitandoci a considerarla nel contesto delle scienze "esatte" ed in particolare della fisica. Da questo punto di vista, pensare alla probabilità solo come ad una misura del "grado di conoscenza" che abbiamo delle cose sembra decisamente attraente, oltre a facilitare la comprensione di concetti di fisica statistica e teoria dell'informazione. In fondo, ripensiamo bene al nostro primo esempio di "statistica", quello relativo ai decimali di π. Non c'è in realtà alcuna "probabilità" che un certo decimale sia una specifica cifra: π è quello che è (in qualche modo "esiste") e pertanto la probabilità che uno specifico decimale valga "tre" può avere solo due valori, ossia uno (se effettivamente è così) o zero (se così non è). In questo senso, la probabilità è strettamente una misura del nostro grado di conoscenza di questo particolare numero irrazionale. Analogamente, un tavolo ha una ben determinata lunghezza ℓ: quando nei prossimi capitoli affermeremo che "ℓ è compresa con elevata probabilità entro un certo inter-

---

[15] Il problema è una "variazione sul tema" del gioco televisivo "Monthy Hall" (e di solito è noto con questo nome). Qui è riportato come nel magnifico libro di Mark Haddon, *Lo strano caso del cane ucciso a mezzanotte*. Leggetelo: può farvi capire quanto comprendere la probabilità possa essere più facile per un bambino autistico (con un disperato bisogno di certezze) che per un professore di matematica.

[16] Voglio solo osservare come i metodi bayesiani siano ampiamente utilizzati per analizzare fenomeni complessi quali i processi decisionali umani, ad esempio nella gestione di impianto nucleare: quindi, meglio che siano ben fondati!

vallo" intenderemo proprio che questo è il grado di certezza che *noi* abbiamo a partire da una serie di misure ripetute.

Personalmente, tuttavia, preferisco un approccio più operativo: può darsi che una lettura della probabilità come concetto logico-induttivo aiuti a capire meglio i concetti, ma conviene rinunciare al solido impianto basato sulla teoria assiomatica (ad esempio ad una precisa definizione dello spazio degli eventi) solo se ciò permette di estendere il panorama di applicazione dell'analisi probabilistica, fornendo anche nuove previsioni. Devo dire che diversi fisici ci hanno provato seriamente: in particolare, Harold Jeffreys ed Edwin Jaynes hanno compiuto uno sforzo notevole per far rientrare la probabilità nel quadro della semplice logica matematica cui vengano aggiunte precise regole d'inferenza (rinunciando pertanto ad ogni legame esplicito tra calcolo delle probabilità e teoria della misura). Ciò è interessante e lodevole, anche se purtroppo la storia è costellata dai "cadaveri eccellenti" degli sforzi titanici ma infruttuosi volti a ridurre la matematica a logica (a tal fine, Kurt Gödel è stato un *serial killer* per eccellenza).

In fondo, la differenza chiave tra le diverse visioni della probabilità sta però in questa domanda: la probabilità è un "elemento di realtà" o un fatto epistemico (o, in parole più semplici, esiste indipendentemente da noi o è "tutto nella nostra testa")? Da questo punto di vista, il punto più delicato dell'interpretazione della probabilità come grado di conoscenza soggettivo sta forse in quanto ci ha insegnato la fisica del mondo microscopico. Mentre è naturale pensare che le cifre di π o la lunghezza di un tavolo abbiano un valore ben determinato e che la descrizione statistica rifletta solo la nostra parziale informazione sul problema, è difficile dire lo stesso per la meccanica quantistica: in questo caso, una descrizione probabilistica è *tutto quanto* si può dare, e non sembra nascondere un "livello di realtà" più profondo. In qualche modo cioè, la probabilità è *inerente* alla Natura (o a qualsiasi descrizione consistente di essa): usando il verbo *existere* nella sua accezione originaria, la probabilità non è una nostra invenzione, ma "emerge" dal reale. La descrizione probabilistica della fisica quantistica si inquadra in pieno nell'approccio assiomatico che abbiamo adottato[17]: anzi, molti dei "paradossi" del mondo subatomico possono essere compresi osservando che la descrizione quantistica può essere compiuta a partire da *diversi* spazi degli eventi tra di loro equivalenti, ma ben distinti. Una specifica scelta dello spazio degli eventi che si utilizza per la rappresentazione dà origine ad una "logica" che, per quanto non incompatibile con quella classica, ne rappresenta una estensione piuttosto inusuale: ad esempio, un'affermazione come "A o B", che per proprietà classiche è vera o falsa, per proprietà quantistiche può essere semplicemente senza significato: applicare deduzioni logiche alla fisica quantistica può essere quindi delicato.

[17] Anche se le grandezze quantistiche sono descritte da distribuzioni di probabilità molto "peculiari", perché generate da una "funzione d'onda" che determina l'evoluzione nel tempo della probabilità, ma non è direttamente misurabile.

3

Distribuzioni di probabilità

Il Caso è cieco, ma mai quanto l'Amore...
(Riflessioni sull'immagine di copertina)

Come abbiamo visto, ai risultati di una prova si possono spesso associare dei numeri. Nel lancio di un dado, ad esempio, ad una certa faccia si può semplicemente far corrispondere il suo valore. Può darsi che ci faccia comodo associare lo stesso numero a più risultati diversi. Ad esempio, se lanciamo ripetutamente una moneta, a tutte le sequenze di "teste" e "croci" in cui si ottiene lo stesso numero di teste si può far corrispondere proprio il numero k di teste. La cosa importante è che ad ogni risultato, cioè ad ogni evento elementare, associamo uno ed un solo numero. In questo modo introduciamo una variabile il cui valore numerico indica il verificarsi di un particolare risultato, o di un gruppo di risultati, che diremo *variabile casuale*, o *variabile stocastica* (per chi ama l'attitudine teorica dei Greci a "far congetture"), o *variabile aleatoria* (per chi preferisce l'attitudine pratica dei Latini a giocare ai dadi).

Una variabile casuale può assumere un insieme discreto o continuo di valori, a seconda di quanti eventi elementari costituiscono lo spazio degli eventi. Il numero di teste che si ottengono in una sequenza di N lanci di una moneta è ad esempio una variabile casuale che assume tutti i valori interi da 0 ad N, mentre la lunghezza della corda intersecata su una circonferenza di raggio R da una retta tracciata "a caso" è una variabile continua che può assumere qualunque valore nell'intervallo $[0, 2R]$. Ci limiteremo a considerare variabili a valori interi, razionali, o reali, anche se è possibile e spesso particolarmente utile in fisica considerare variabili casuali a valori complessi.

3.1 Variabili casuali e distribuzioni di probabilità

Indicheremo da ora in poi con k una variabile casuale a valori discreti e con x una variabile casuale che assume valori in un insieme continuo. Come per la descrizione dei dati statistici, è più facile considerare dapprima variabili a valori discreti. Supponiamo dunque che la variabile k possa assumere N valori discreti k_i. Vogliamo allora dare un senso a questa domanda: qual è la probabilità $P(k_i)$ che k assuma un particolare valore k_i? Per far questo, cerchiamo tutti i risultati a cui corrisponde lo stesso valore $k = k_i$ e diciamo semplicemente che $P(k_i)$ è la somma delle probabilità relative ai singoli risultati, cioè la somma delle probabilità degli eventi elementari a cui corrisponde lo stesso valore k_i di k. $P(k_i)$ è allora una funzione del valore k_i che consideriamo, che diremo *distribuzione di probabilità* per la variabile k. Naturalmente, per come è definita, una distribuzione di probabilità è sempre una funzione a valori positivi. Dato che la somma delle probabilità di tutti gli eventi elementari è unitaria, dovremo avere:

$$\sum_{i=1}^{N} P(k_i) = 1. \tag{3.1}$$

Questa condizione si esprime dicendo che una distribuzione di probabilità deve essere *normalizzata*. La condizione di normalizzazione per una distribuzione di probabilità è identica a quella di somma delle frequenze relative di un campione di dati sperimentali, e ciò è ovvio se consideriamo le probabilità come limiti di frequenze relative. Se la variabile k può assumere un numero infinito di valori discreti (ad esempio tutti gli interi, o tutti i numeri pari) la somma nella 3.1 diventa una serie: perché $P(k)$ sia una "buona distribuzione" è quindi necessario che questa converga[1].

Esempio 3.1. La distribuzione di probabilità per il risultato del lancio di un singolo dado è ovviamente costante, con $P(k) = 1/6$ per tutti i sei valori

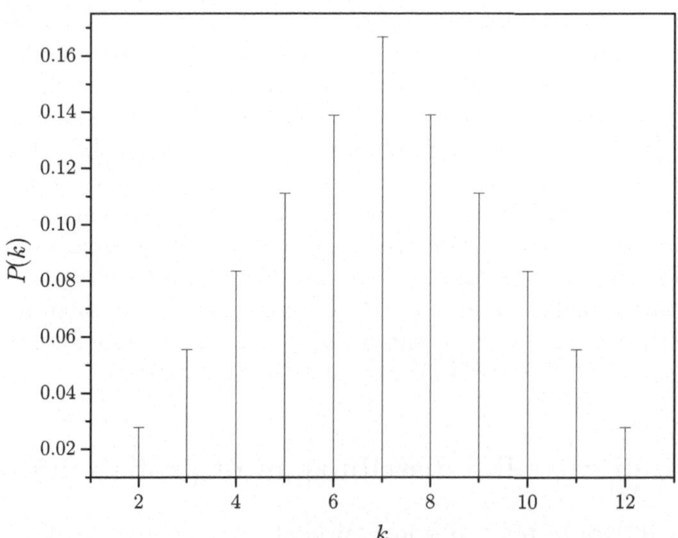

Figura 3.1. Distribuzione di probabilità per il risultato del lancio di due dati.

[1] Dato che in questo caso la (3.1) è però una serie a termini *positivi*, se converge, converge assolutamente: quindi l'ordine in cui sommiamo le $P(k_i)$ è irrilevante.

possibili di k. Consideriamo invece un esperimento consistente nel lancio di *due* dadi, e valutiamo la distribuzione di probabilità per la somma dei valori delle due facce. Per far ciò è necessario determinare in quanti modi $n(k)$ sui 36 risultati possibili si possa ottenere una somma pari ad k: si avrà poi $P(k) = n(k)/36$. Ad esempio, il valore "quattro" si può ottenere con le tre combinazioni $(1,3)$, $(3,1)$ e $(2,2)$. Così facendo, otteniamo la distribuzione di forma triangolare illustrata nella tabella qui sotto e nella fig. 3.1:

k	2	3	4	5	6	7	8	9	10	11	12
$n(k)$	1	2	3	4	5	6	5	4	3	2	1
$P(k)$	1/36	1/18	1/12	1/9	5/36	1/6	5/36	1/9	1/12	1/18	1/36

Esempio 3.2. Supponiamo di eseguire una sequenza di prove, e consideriamo un evento che ha probabilità p di aver luogo in una singola prova. Vogliamo determinare la probabilità che l'evento avvenga *per la prima volta* al k-esimo tentativo, supponendo che ciascun tentativo sia *indipendente* dagli altri. Ad esempio, consideriamo una gara di tiro al bersaglio e diciamo p la probabilità che un tentativo vada a segno, supponendo che l'arciere sia instancabile. Il numero k di tiri effettuati prima che il bersaglio venga colpito (includendo il tiro andato a segno) è allora una variabile casuale di cui vogliamo determinare la distribuzione di probabilità. Il valore $k = 1$ ha ovviamente probabilità $P(1) = p$. Si ha poi $P(2) = (1-p)p$, dato che, nei due tiri effettuati, $(1-p)$ è la probabilità che il primo non vada a segno, p quella che vada a segno il secondo, e i due eventi sono supposti indipendenti. Generalizzando, si avrà:

$$P(k) = (1-p)^{k-1}p.$$

La Fig. 3.2 mostra la forma della distribuzione per $p = 0.2$. Anche se la probabilità di colpire il bersaglio è la stessa ad ogni tiro, si ha quindi sempre $P(k) < P(k-1)$ (è meno probabile che il bersaglio venga colpito per la prima volta al k-esimo tentativo, proprio perché potrebbe essere stato colpito nei precedenti). Questa distribuzione del "tempo di attesa" è detta *distribuzione geometrica*.

Per capire qualcosa di più sulla forma della distribuzione geometrica, è sufficiente porre $k_0 = -1/\ln(1-p)$ e riscriverla come:

$$P(k) = \frac{p}{1-p}\exp\left(-\frac{k}{k_0}\right), \tag{3.2}$$

con $k \geq 1$. La distribuzione ha quindi l'andamento di un'esponenziale decrescente, ed il parametro (positivo) k_0 corrisponde al valore di k per cui la probabilità si è ridotta ad una frazione $1/e$ del valore iniziale. Ricordando l'espressione per la somma di una serie geometrica di ragione $a < 1$:

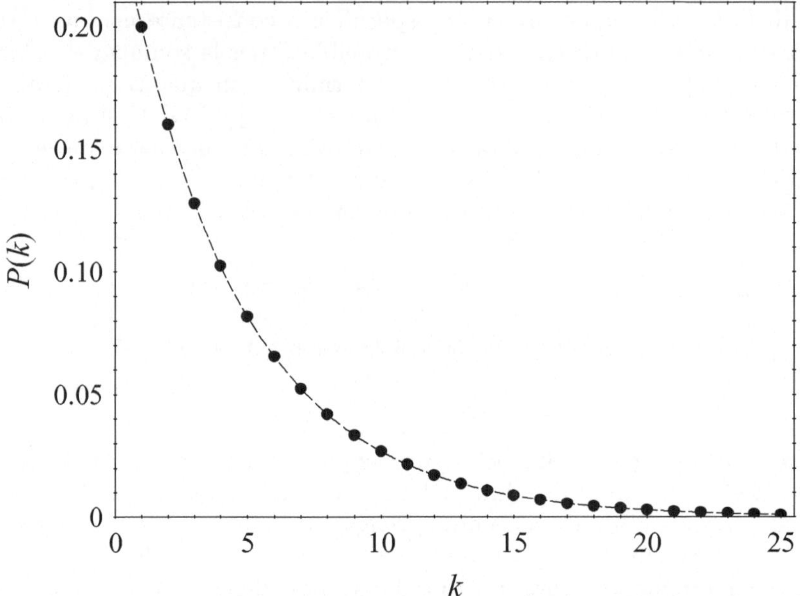

Figura 3.2. Distribuzione geometrica per $p = 0.2$, confrontata con la funzione $y = 0.8\exp[x/\ln(0.8)]$ (linea continua).

$$\sum_{k=0}^{\infty} a^k = (1-a)^{-1},$$

è facile verificare che $P(k)$ è correttamente normalizzata:

$$\sum_{k=1}^{\infty} P(k) = p\sum_{k=1}^{\infty}(1-p)^{k-1} = p\sum_{k'=0}^{\infty}(1-p)^{k'} = 1,$$

dove si è posto $k' = k - 1$.

Esempio 3.3. Abbiamo visto che in un random walk la probabilità $P(k)$ di tornare all'origine per la prima volta dopo $2k$ passi è data da:

$$P(k) = \frac{1}{2k-1}\binom{2k}{k}2^{-2k}.$$

Dato che ogni volta che torniamo all'origine, è come se il random walk ricominciasse dal principio, $P(k)$ sarà anche la distribuzione di probabilità per la metà della distanza in passi *tra due passaggi successivi* per l'origine. Per k abbastanza grande possiamo usare l'approssimazione di Stirling, ottenendo:

$$P(k) \simeq \frac{1}{2\sqrt{\pi}}k^{-3/2}.$$

La tabella che segue riporta i risultati ottenuti dalla simulazione di 230 random walk di 1000 passi ciascuno, per il totale dei quali si sono riscontrati circa 5000 passaggi per l'origine. Dato che $P(k)$ decresce rapidamente al crescere della semilarghezza k dell'intervallo tra due passaggi, è conveniente raccogliere i dati in classi di ampiezza $\Delta k = k_{max} - k_{min}$ crescente al crescere di k e centrandoli quindi attorno a $\bar{k} = (k_{max} + k_{min})/2$ (le frequenze relative f_k sono ovviamente calcolate come per l'istogramma di una variabile continua).

$\bar{k}$	Δk	f_k
1	0	0.52416
2	0	0.12744
3	0	0.06842
4.5	1	0.03052
8	4	0.01490
18	14	0.00439
38	24	0.00133
75	50	0.00046
175	100	0.00013
375	250	0.00002

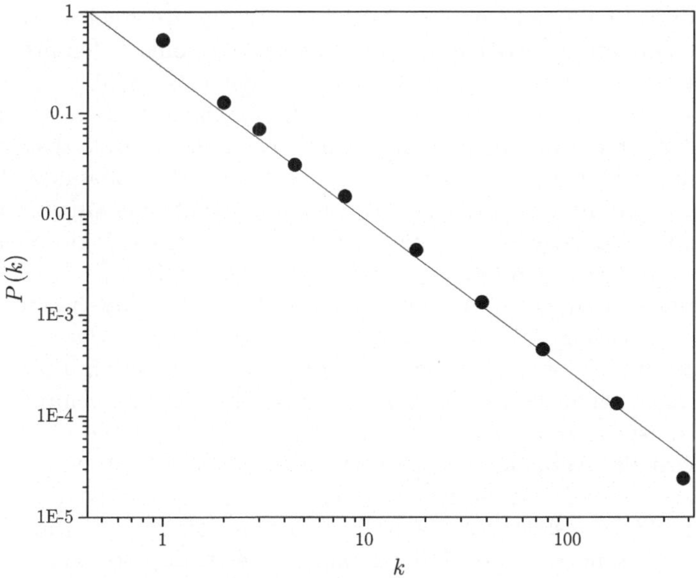

Figura 3.3.

La figura 3.3 mostra un confronto[2] tra la distribuzione delle frequenze e $P(k)$. Come si vede, tranne che per intervalli molto brevi (dove l'approssimazione di Stirling è meno buona) e molto lunghi (che sono troppo pochi per avere una buona statistica, dato che ciascun random walk non è infinito, ma di soli 1000 passi), l'accordo è molto buono.

3.2 Valore di aspettazione, varianza e momenti successivi

Spesso non siamo interessati all'intera distribuzione di probabilità per una variabile casuale (o magari non siamo in grado di determinarla), ma solo ad alcune sue caratteristiche, come il valore tipico attorno a cui è centrata, o la sua larghezza. Come abbiamo fatto per le distribuzione statistiche di dati sperimentali, vogliamo allora introdurre dei parametri che ci permettano di caratterizzare gli aspetti essenziali di una distribuzione. Cominciamo a definire un analogo del valore medio di una distribuzione di frequenze, che diremo *valore di aspettazione* $\langle k \rangle$ per sottolineare che in qualche modo è il valore che "ci si aspetta" più probabilmente di ottenere per la variabile k, ponendo:

$$\langle k \rangle = \sum_{i=1}^{N} k_i P(k_i). \tag{3.3}$$

Come nel caso della media, $\langle k \rangle$ non coincide necessariamente con il valore massimo di $P(k)$, cosa che però avviene se la distribuzione *ha* un valore massimo ed è simmetrica rispetto ad esso. Spesso, per come è definito, il valore di aspettazione viene detto anch'esso "media" della variabile casuale. Non vi proibisco di farlo in futuro, ma per quello che faremo sarà bene non rischiare di confondere un parametro che descrive una distribuzione di *dati sperimentali* con uno che si riferisce ad una *distribuzione teorica* di probabilità. Vedremo infatti nei capitoli successivi che un passo importante per analizzare i dati di un campione in relazione ad un modello teorico sarà proprio quello di ripensare alla media in modo diverso: non tanto come ad un parametro di una distribuzione di frequenze, ma come ad un particolare valore assunto da una certa variabile casuale.

Nel caso in cui una variabile casuale ammetta un numero infinito di valori, non è sicuro che alla sua distribuzione di probabilità si possa sempre associare un valore d'aspettazione, ossia che si possa stabilire un "valore tipico" della variabile casuale. Abbiamo già visto nel capitolo 1 che esistono distribuzioni di frequenza sperimentali che sembrano indicare una situazione di questo tipo. Nell'esempio 3.5 considereremo una distribuzione con queste caratteristiche.

Se k ed h sono due variabili casuali, anche la loro somma $z = k + h$ naturalmente lo è. Ci occuperemo in po' più a fondo delle somme di variabili

[2] Notate che, come sempre, per rappresentare una legge di potenza, abbiamo scelto una scala bilogaritmica.

casuali nel prossimo capitolo ma, dato che queste somme ricorrono molto spesso, conviene anticipare una conclusione che ci sarà particolarmente utile fin da ora: come nel caso della media, *il valore di aspettazione della somma di due (o più) variabili casuali è uguale alla somma dei valori di aspettazione.*

Continuando la nostra operazione di "riciclaggio", possiamo definire *momento di ordine* r della variabile k (rispetto all'origine) la quantità:

$$\langle k^r \rangle = \sum_{i=1}^{N} (k_i)^r P(k_i) \tag{3.4}$$

e momento di ordine r rispetto a $\langle k \rangle$:

$$\langle (k - \langle k \rangle)^r \rangle = \sum_{i=1}^{N} (k_i - \langle k \rangle)^r P(k_i). \tag{3.5}$$

I simboli $\langle k^r \rangle$ e $\langle (k - \langle k \rangle^r \rangle$ che abbiamo usato per rappresentare i momenti ricordano il fatto che questi si calcolano con un operazione analoga a quella che utilizziamo per valutare il valore di aspettazione di k. Nel prossimo capitolo ci spingeremo molto più in là in questa analogia. Così come abbiamo visto per il valore di aspettazione, se k ammette un numero infinito di valori i momenti possono però non esistere: in particolare, se al crescere di k il valore di $P(k)$ decresce più lentamente di una legge di potenza $P(k) \sim Ak^{-\alpha}$, è possibile mostrare che i momenti di ordine $r > \alpha - 1$ non esistono.

Possiamo a questo punto farci guidare dall'esperienza precedente per definire un parametro che descriva la "larghezza" di una distribuzione di probabilità, cioè quanto la variabile tenda a scostarsi dal suo valore di aspettazione, introducendo il valore di aspettazione del quadrato degli "scarti" rispetto a $\langle k \rangle$, cioè il momento secondo rispetto al valore d'aspettazione, che diremo *varianza* della distribuzione di probabilità:

$$\sigma_k^2 = \langle (k - \langle k \rangle)^2 \rangle = \sum_{i=1}^{N} (k_i - \langle k \rangle)^2 P(k_i). \tag{3.6}$$

Notate bene che la varianza σ_k^2 è il corrispettivo per una distribuzione di probabilità del *quadrato* della deviazione standard per una distribuzione di frequenze: indice della larghezza di una distribuzione di probabilità sarà quindi la *radice quadrata* della varianza[3] $\sigma_k = \sqrt{\sigma_k^2}$. In modo del tutto analogo a quanto fatto per la deviazione standard, è facile mostrare che *la varianza è pari alla differenza tra il momento secondo e il quadrato del momento primo*:

$$\sigma_k^2 = \langle k^2 \rangle - \langle k \rangle^2 . \tag{3.7}$$

[3] Molto spesso, anche σ_k è detta "deviazione standard", ma in questo testo, per le stesse ragioni esposte discutendo la distinzione tra $\langle k \rangle$ e $\bar{k}$, preferiamo non farlo.

Come abbiamo fatto per le distribuzioni di frequenze, possiamo poi introdurre l'asimmetria γ di una distribuzione di probabilità collegandola al momento terzo rispetto a $\langle k \rangle$:

$$\gamma = \frac{1}{\sigma_k^3} \left\langle (k - \langle k \rangle)^3 \right\rangle . \tag{3.8}$$

Esempio 3.4. Vogliamo valutare valore di aspettazione e varianza delle distribuzioni introdotte negli esempi 3.1 e 3.2. Dato che la distribuzione di probabilità per il lancio di due dadi ha una forma simmetrica, il suo valore di aspettazione coincide con il valore massimo, e quindi $\langle k \rangle = 7$. Calcoliamo ora la varianza della distribuzione. Dalla definizione abbiamo:

$$\sigma_k^2 = \frac{1}{36} \left[1 \times (2-7)^2 + 2 \times (3-7)^2 + 3 \times (4-7)^2 + \ldots \right] = \frac{45}{4}.$$

Nel caso della distribuzione geometrica, notando che $P(0) = 0$, dobbiamo valutare:

$$\langle k \rangle = \sum_{k=0}^{\infty} kp(1-p)^{k-1},$$

il che non sembra poi così immediato! Sarebbe molto più facile se dovessimo calcolare $\sum_{k=0}^{\infty}(1-p)^k$, dato che questa è una semplice serie geometrica di somma p^{-1}. Possiamo riportarci ad essa con un accorgimento che vi capiterà spesso di usare. Considerando p come una variabile continua, notiamo che si può scrivere:

$$kp(1-p)^{k-1} = -\frac{\mathrm{d}}{\mathrm{d}p}(1-p)^k.$$

Scambiando il segno di derivata con quello di somma si ha allora:

$$\langle k \rangle = -p \frac{\mathrm{d}}{\mathrm{d}p} \sum_{k=0}^{\infty} (1-p)^k = -p \frac{\mathrm{d}}{\mathrm{d}p} \left(\frac{1}{p} \right) = \frac{1}{p}$$

che, in accordo con l'intuizione, ci dice che per $p = 0.2$ dobbiamo aspettare in media cinque tiri prima che il bersaglio venga colpito. Notiamo che per $p \ll 1$ si ha: $\ln(1-p) \approx -p$, e quindi la "costante di decadimento" k_0 di una distribuzione esponenziale coincide approssimativamente con $\langle k \rangle$.

Esempio 3.5. Consideriamo un gioco a testa o croce un po' "particolare". Supponete di aver scelto "testa" e di lanciare la moneta. Se esce testa il banco vi paga 1 €, ed il gioco finisce lì; se invece si mostra croce, lanciate di nuovo la moneta e, nel caso questa volta otteniate testa, vincete 2 €. Altrimenti lanciate di nuovo la moneta, fino a quando non ottenete un risultato positivo. Se questo si verifica all'$(n+1)$-esimo lancio, vincete 2^n€. Quanto deve farvi puntare il banco, per non perderci?[4] È chiaro che il costo di una giocata deve essere

[4] Questo esempio è noto come *paradosso di S. Pietroburgo*, dal nome della città in cui veniva stampata la rivista su cui venne proposto da Daniel Bernoulli nel 1738 (anche se l'idea era in realtà di suo cugino Nicholas).

almeno pari a quanto ci si può aspettare che voi guadagniate. La probabilità di ottenere testa per la prima volta all'$(n+1)$-esimo lancio si calcola in modo del tutto identico a quanto fatto nell'esempio 3.2. Possiamo quindi pensare al guadagno G come ad una variabile casuale che assume come valori tutte le potenze di due: la probabilità di guadagnare $G = 2^n$€ sarà allora pari a $P(2^n) = 1/2^{n+1}$. Abbiamo visto nell'Esempio 3.2 che questa distribuzione è correttamente normalizzata. Ma qual è il valore di aspettazione del vostro guadagno? Otteniamo:

$$\langle G \rangle = \sum_G GP(G) = \sum_{n=0}^{\infty} 2^n \left(\frac{1}{2}\right)^{n+1} = \sum_{n=0}^{\infty} \frac{1}{2} = \infty,$$

che non è certo una buona prospettiva per il banco! Da un punto di vista intuitivo, la distribuzione di probabilità che stiamo considerando non ammette un valore di aspettazione finito perché decresce troppo lentamente al crescere di n, ossia presenta delle "code" troppo lunghe: possiamo infatti scrivere $P(G) = (2G)^{-1}$, da cui vediamo che la distribuzione del guadagno è una legge di potenza (quindi con invarianza di scala) con esponente -1.

***Esempio 3.6.** Molti di voi, come del resto anch'io, avranno passato un certo periodo dell'infanzia e della prima adolescenza a far raccolta di figurine. Per quanto mi riguarda, non sono mai riuscito a completare un album: dopo un primo periodo di entusiasmo, in cui le pagine si riempivano a gran velocità, mi è sempre sembrato che i tempi di attesa per trovare una delle ormai poche figurine mancanti diventassero astronomici. Chiediamoci allora: quante "bustine" dobbiamo presumibilmente acquistare (assumendo per semplicità che ogni bustina acquistata contenga una sola figurina) per completare una collezione che è composta in totale di N figurine?

Supponiamo di avere già raccolto m figurine, e cominciamo a chiederci quanti tentativi k_m dobbiamo fare per trovare la $(m+1)$-esima figurina. Dato che ci mancano ancora $N-m$ figurine, in ciascuno di questi tentativi abbiamo $N-m$ possibilità di fare una buona scelta su un totale di N, ossia una probabilità di successo $p_m = (N-m)/N$. Ma abbiamo visto nell'esempio 3.4 che in questo caso il "tempo di attesa" prima di un successo, ossia il valore di aspettazione di k_m, è dato da $\langle k_m \rangle = 1/p_m = N/(N-m)$. Il numero totale di figurine acquistate per completare l'album sarà chiaramente dato da $k = k_0 + k_1 + \ldots + k_{N-1}$, e quindi il suo valore di aspettazione da:

$$\langle k \rangle = \langle k_0 \rangle + \langle k_1 \rangle + \ldots + \langle k_{N-1} \rangle = N\left(\frac{1}{N} + \frac{1}{N-1} + \ldots + \frac{1}{2} + 1\right)$$

ossia dal prodotto di N per la somma dei reciproci degli interi da 1 ad N. Se N è molto grande, possiamo usare un "trucco" simile a quello utilizzato in A.1 per derivare la formula di Stirling, considerando ciascuno dei termini come l'area di un rettangolo centrato su un intero n, di base unitaria ed altezza $1/n$, e sostituendo l'espressione in parentesi con l'area racchiusa dalla funzione $y = 1/x$. Anche in questo caso dobbiamo stare attenti agli estremi di integrazione e non trascurare l'area del "semirettangolo" tra 1/2 ed 1. Possiamo allora scrivere:

$$\langle k \rangle \approx N \int_{1/2}^{N} \frac{1}{x} dx = N[\ln(N) - 1/2] = N \ln(2N). \tag{3.9}$$

Per completare una raccolta composta da anche solo 100 figurine, ci aspettiamo allora di doverne acquistare tipicamente circa 500: è questo il fondamento matematico della pratica dello scambio di figurine. Per fare un altro esempio, aggirandoci per una città di circa 1.300.000 abitanti come Milano e supponendo di incontrare un migliaio di cittadini a caso ogni giorno, dovrebbero passare oltre cinquant'anni prima di avere incontrato almeno una volta ciascuno degli abitanti (se ogni volta incontrassimo una persona diversa, sarebbero naturalmente sufficienti poco più di quattro anni).

3.3 La distribuzione binomiale

Il problema che affronteremo in questo paragrafo è particolarmente interessante non solo di per se, ma anche perché ci servirà come punto di partenza per buona parte di ciò che diremo nel resto del capitolo. Supponiamo di ripetere n volte un "esperimento" in cui un certo evento elementare E può avere luogo con probabilità p (chiameremo un esperimento di questo tipo *sequenza di Bernoulli*, da Jakob Bernoulli[5] che fu il primo ad analizzare il problema). Il numero k di volte in cui l'evento ha effettivamente luogo sul totale degli n "tentativi" costituisce una variabile casuale, di cui vogliamo determinare la distribuzione di probabilità al variare di k. Ad esempio, se lanciamo una moneta per n volte possiamo chiederci con che probabilità otterremo un numero k di teste o di croci negli n lanci. La distribuzione di probabilità per il numero k di "successi" dipenderà naturalmente sia dal numero totale di tentativi che dalla probabilità di successo nel singolo tentativo. Scriveremo allora la distribuzione che stiamo cercando come $B(k; n, p)$, per sottolineare che B *è una funzione di* k, mentre n e p appaiono come *parametri* della distribuzione. Possiamo procedere in due stadi:

i) cerchiamo prima di determinare la probabilità P_k che si verifichi una *particolare* sequenza di risultati che contenga k volte l'evento E. Ad esempio, se nel caso del lancio della moneta vogliamo valutare la probabilità di ottenere 4 teste su 10 lanci, una di queste sequenze è $CTCCCTTCTC$;
ii) valutiamo quindi qual è il numero totale n_k di sequenze che contengono k volte l'evento E: così, nell'esempio precedente sono sequenze "valide"

---

[5] Il nome proprio è essenziale, dato che la famiglia Bernoulli conta una decina di personaggi che hanno dato importanti contributi alla fisica o alla matematica (ne abbiamo già incontrati un paio discutendo il paradosso di S. Pietroburgo).

anche *CTTCTCTCCC*, o *TTTTCCCCCC*, e così via. La probabilità complessiva che cerchiamo sarà allora data da: $B(k; n, p) = n_k P_k$.

Il primo punto non presenta problemi: visto che i nostri "tentativi" sono tutti indipendenti, la probabilità P_k è semplicemente il prodotto delle probabilità dei singoli eventi, e poiché a ciascuno dei k tentativi in cui E si verifica è associata la probabilità p, mentre a ciascuno degli $n - k$ tentativi in cui E *non* si verifica è associata la probabilità $1 - p$, abbiamo semplicemente:

$$P_k = p^k (1-p)^{n-k}.$$

Nell'esempio della moneta si ha allora $P_4 = (1/2)^4 (1 - 1/2)^6 = 1/1024$.

Per quanto riguarda il punto ii), osserviamo che il numero totale di sequenze sarà pari al numero totale di modi in cui possiamo disporre k "successi" su n "tentativi", tenendo conto che l'ordine in cui avvengono i k risultati utili non ha alcuna importanza. Abbiamo visto nel capitolo precedente che questo numero è dato dalle $\binom{n}{k}$ combinazioni di n elementi a k a k. Ritornando ancora all'esempio del lancio della moneta, il numero di sequenze in cui "testa" appare quattro volte è dato da $\binom{10}{4} = 210$.

In definitiva quindi otteniamo:

$$B(k; n, p) = \binom{n}{k} p^k (1-p)^{n-k}, \tag{3.10}$$

che diremo *distribuzione binomiale* o *di Bernoulli*.

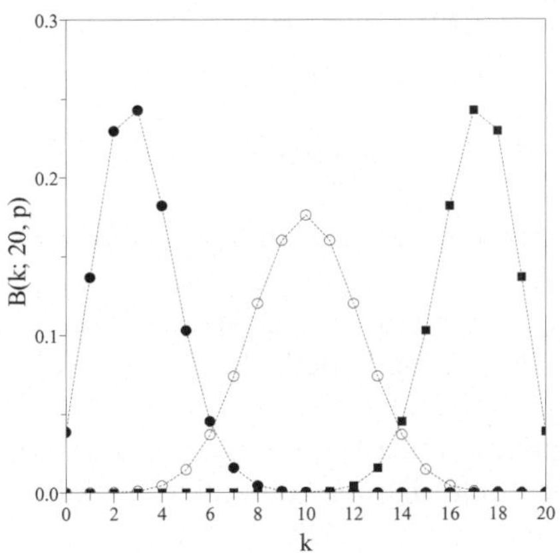

Figura 3.4a. Binomiale per $n = 20$ e $p = 0.15$ (•), 0.50 (○), 0.85 (■).

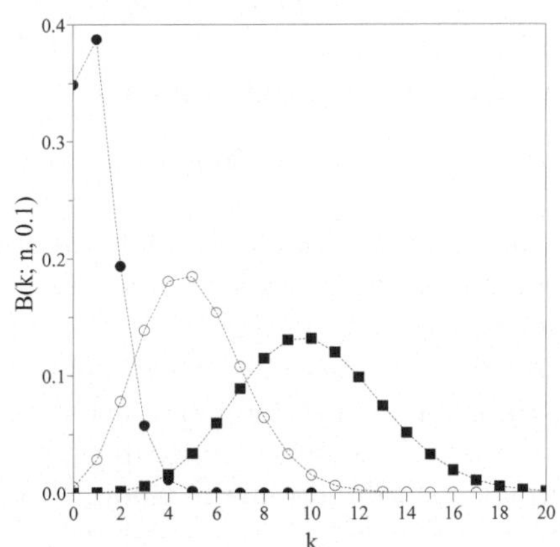

Figura 3.4b. Binomiale per $p = 0.1$ fissata e $n = 10$ (•), 50 (○), 100 (■).

La Fig. 3.4a mostra l'andamento della distribuzione binomiale per alcuni valori di p con $n = 20$ fissato. Possiamo osservare che:

- Il massimo della distribuzione si ha per un valore $k \simeq np$;

- per $p \neq 0.5$ la distribuzione è asimmetrica, con una "coda lunga" per alti o bassi valori di k a seconda che p sia minore o maggiore di 0.5.

Dalla Fig. 3.4b, dove consideriamo la forma della distribuzione al variare di n con $p = 0.1$ fissata, possiamo inoltre notare che:

- al crescere di n la distribuzione tende in ogni caso a divenire più simmetrica per tutti i valori di p e ad assumere una tipica forma "a campana";
- la larghezza (misurata ad esempio a metà del massimo della distribuzione) cresce al crescere di n, ma più lentamente di quanto cresca il massimo.

In A.2.1 mostriamo che la distribuzione binomiale è correttamente normalizzata, e che ha per valore di aspettazione e varianza:

$$\langle k \rangle = np \tag{3.11a}$$

$$\sigma_k^2 = np(1-p). \tag{3.11b}$$

Notiamo che il valore di aspettazione è proprio il numero di risultati utili che ci aspetteremmo intuitivamente sapendo che in ogni singolo tentativo la probabilità di "successo" è p. Ad esempio, il valore di aspettazione per il numero di "2" ottenuti su 30 lanci di un dado è pari a $\langle k \rangle = 30 \times (1/6) = 5$. La larghezza della distribuzione, che come ricordiamo è legata alla radice quadrata della varianza, cresce come $\sqrt{n}$ (e quindi anche come $\sqrt{\langle k \rangle}$), mentre il rapporto tra larghezza e valore di aspettazione $\sigma_k / \langle k \rangle$ *decresce* come $\langle k \rangle^{-1/2}$. Così, ad esempio, su 10 lanci di una moneta ci aspettiamo per il numero k di teste:

$$\langle k \rangle = 5; \quad \sigma_k = \sqrt{\frac{5}{2}} \simeq 1.6; \quad \frac{\sigma_k}{\langle k \rangle} \simeq 0.32,$$

mentre per 1000 lanci otteniamo:

$$\langle k \rangle = 500; \quad \sigma_k = \sqrt{250} \simeq 16; \quad \frac{\sigma_k}{\langle k \rangle} \simeq 0.03,$$

cioè la larghezza relativa diminuisce di un fattore 10 aumentando di un fattore 100 il numero di prove. Vedremo che questo andamento della larghezza relativa è del tutto generale quando si consideri una sequenza di prove ripetute. A parità di n, il massimo valore della varianza, e quindi della larghezza della distribuzione, si ottiene per $p = 0.5$.

L'espressione per il valore di aspettazione può essere ottenuta in modo più semplice ricordando che il valore di aspettazione di una somma di variabili casuali è pari alla somma dei valori di aspettazione. All'i-esimo tentativo possiamo infatti associare una variabile casuale k_i, che assume solo il valore 1, se il tentativo ha successo, ed il valore 0 in caso contrario. Il valore $k_i = 1$ ha dunque probabilità p, e $k_i = 0$ ha probabilità $(1-p)$. Il valore di aspettazione di ciascuna variabile "elementare" k_i è quindi $\langle k_i \rangle = p \cdot 1 + (1-p) \cdot 0 = p$. Chiaramente, il numero totale di successi è dato da: $k = k_1 + k_2 + \ldots + k_n$. Allora per il suo valore di aspettazione ritroviamo:

$$\langle k \rangle = \langle k_1 \rangle + \langle k_2 \rangle + \ldots + \langle k_n \rangle = np.$$

Esempio 3.7. Consideriamo una generica cifra (ad esempio, la cifra "quattro") nella successione dei decimali di π. Se raccogliamo la successione di decimali in gruppi di 20 cifre, possiamo aspettarci che ci siano in media due "4" in ogni gruppo. Ma il numero effettivo k di "4" varierà a seconda del gruppo di decimali che analizziamo. Se la probabilità che un generico decimale sia uguale a "4" è $p = 0.1$, k sarà distribuito secondo una distribuzione di Bernoulli $B(k; 20, 0.1)$. La tabella che segue confronta questa previsione teorica con le frequenze sperimentali $f(k)$ che si ottengono analizzando i 500 gruppi di 20 cifre formati a partire dai primi 10000 decimali di π (discuteremo in seguito il significato dell'ultima colonna). Nonostante il campione statistico di 500 gruppi sia abbastanza limitato, l'accordo sembra buono: per un confronto quantitativo avremo però bisogno dei metodi che svilupperemo nel Cap. 6.

k	0	1	2	3	4	5	6	7	8
$f(k)$	0.122	0.246	0.310	0.186	0.092	0.034	0.008	0.002	0
$B(k; 20, 0.1)$	0.122	0.270	0.285	0.190	0.090	0.032	0.009	0.002	0
$P(k, 2)$	0.135	0.271	0.271	0.180	0.092	0.036	0.012	0.003	0.001

Esempio 3.8. Come abbiamo visto nel Cap. 1, il problema di determinare dove ci troveremo dopo un *random walk* di N passi è del tutto identico allo studio della distribuzione di teste e croci per N lanci di una moneta. Se allora facciamo un passo a destra o a sinistra con la stessa probabilità $p = 1/2$, il numero k di passi verso destra su un totale di N sarà distribuito secondo una distribuzione di Bernoulli $B(k; N, 0.5)$. Per un dato valore di k, la posizione finale x rispetto al punto di partenza (supponendo ad esempio di orientare a destra la direzione positiva dell'asse) sarà allora data dalla quantità:

$$x = L[k - (N - k)] = L(2k - N),$$

dove L è la lunghezza di un passo. Osserviamo che:

a) dato che $\langle k \rangle = N/2$ si ha $\langle x \rangle = 0$, ossia, come abbiamo visto nella simulazione, ci ritroviamo in media al punto di partenza;
b) poiché l'allargamento della distribuzione dei valori di k cresce come $\sqrt{N}$, nello stesso modo possiamo aspettarci che cresca la larghezza della distribuzione delle posizioni; vedremo in seguito che si ha esattamente $\sigma_x = L\sqrt{N}$, ossia la regione "esplorata" dal nostro ubriaco cresce come la radice del numero dei passi.

Esempio 3.9. Supponiamo di aver introdotto nel sistema di controllo di un apparato sperimentale dei dispositivi di allarme, per segnalare eventi che richiedano, ad esempio, di sospendere un processo di acquisizione di dati. Per essere sicuri del fatto che l'allarme sia reale, inseriamo nel sistema tre di questi dispositivi, assumendo che la soglia d'allarme corrisponda ad un segnale da parte di almeno due dispositivi. Supponiamo poi che un dispositivo di allarme non sia perfetto, e "scatti" in presenza di un evento con una probabilità dell'80%. Allora la probabilità di rilevare un allarme nel caso in cui si verifichi una situazione anomala sarà pari a quella che almeno $k = 2$ dispositivi su $n = 3$ scattino, cioè a:

$$p(k = 2) = B(2; 3, 0.8) + B(3; 3, 0.8) \simeq 0.90,$$

sensibilmente più alta del valore $p = 0.64$ che avremmo ottenuto usando solo due dispositivi. Se poi decidiamo di introdurre un quarto dispositivo, otteniamo:

$$p(k = 2) = 1 - p(k < 2) = 1 - B(0; 4, 0.8) - B(1; 4, 0.8) \simeq 0.97.$$

*3.3.1 Miseria del sistemista

Il nostro rapporto con il caso è davvero strano e contraddittorio. Nella vita quotidiana facciamo un uso continuo e mediamente efficiente del calcolo delle probabilità. Quando attraversiamo la strada, ad esempio, non ci soffermiamo a pensare che un'utilitaria che si trova a buona distanza procedendo lentamente possa d'improvviso accelerare come una Ferrari ed investirci, o che la stesso increscioso incidente possa avvenire se rimaniamo incastrati con una scarpa nelle rotaie del tram: inconsciamente, guidati dall'esperienza, valutiamo come trascurabili queste probabilità, e lo facciamo molto più rapidamente di quanto possa fare un computer. Ciò nonostante, molti di noi credono di poter domare il Caso escogitando "sistemi" particolarmente geniali per vincere al gioco[6] e continuano a farlo, a dispetto dei consigli di amici più avveduti, anche quando ciò sta portandoli inesorabilmente alla rovina: è la sindrome del giocatore, così ben descritta da Dostoevskij. Più avanti discuteremo con maggiore attenzione l'origine di questa "malattia sociale" analizzando nel dettaglio il gioco del Lotto, ma già fin d'ora vogliamo mostrare come quella di usare un sistema vincente sia solo una pia illusione.

In fondo, ogni gioco si riduce ad una sequenza di Bernoulli del tipo $BMMMBMMBM$, dove B sta per "mi va bene" ed M per "mi va male" in un dato tentativo (meglio, mi sarebbe andata bene o male se avessi giocato). Come abbiamo fatto finora, stabiliamo che tutti questi tentativi siano compiuti nelle medesime condizioni e siano indipendenti l'uno dall'altro, chiamando p la probabilità dell'evento B_k = "il k-esimo tentativo è buono". Supponiamo allora che il nostro giocatore adotti un qualunque "sistema", decidendo ad esempio di scommettere solo una volta su due, o dopo che si sono ottenuti cinque risultati negativi di fila. In ogni caso, la decisione di scommettere o meno in un certo tentativo k può dipendere solo dal risultato dei $k - 1$

[6] Spesso sono altri a farlo e a cercare di venderci il "sistema". In questo caso, la soluzione è più semplice: chiedete semplicemente a costoro perché, se funziona così bene, non lo usano *loro*!

tentativi *precedenti* (il giocatore non conosce il futuro). Chiamiamo allora S_k l'evento "il giocatore decide di scommettere *per la prima volta* al k-esimo tentativo" e $P(S_k)$ la sua probabilità. Dato che la scelta S_k può dipendere solo dal risultato dei $k-1$ tentativi già compiuti, mentre questi non influenzano il risultato del k-esimo tentativo, S_k e B_k sono eventi *indipendenti*, per cui $P(B_k \cap S_k) = P(B_k)P(S_k) = pP(S_k)$. Naturalmente, perché quello che facciamo abbia qualche senso, stiamo anche supponendo che il giocatore prima o poi *scommetta*, per cui si deve avere $\sum_{k=1}^{\infty} P(S_k) = 1$. Allora, dato che gli eventi $S_k \cap B_k$ sono ovviamente mutualmente esclusivi, la probabilità complessiva dell'evento $S =$"La prima scommessa del giocatore va a buon fine" si può scrivere:

$$P(S) = \sum_{k=1}^{\infty} P(B_k)P(S_k) = p \sum_{k=1}^{\infty} P(S_k) = p$$

ossia la probabilità di successo alla prima scommessa è ancora uguale a p, indipendentemente dal geniale sistema escogitato dal giocatore.

D'accordo, potreste dire, la prima scommessa è andata male, ma se *continuo* a scommettere (vi siete a questo punto identificati per solidarietà col giocatore), magari *cambiando strategia* in modo da tener conto del precedente insuccesso, non potrebbe andarmi meglio? Facciamo allora vedere che dal primo fallimento non avete imparato proprio niente, dimostrando che un successo o un insuccesso alla *seconda* scommessa, fatta con qualsivoglia nuova strategia, è del tutto *indipendente* dal risultato della scommessa precedente. Per far ciò, chiamiamo per analogia $P(S'_j)$ la probabilità dell'evento "decidete di scommettere la *seconda* volta al j-esimo tentativo" e $P(S')$ la probabilità che la seconda scommessa vada a buon fine. Allora la probabilità che *sia* la prima *che* la seconda scommessa siano un successo è:

$$P(S \cap S') = \sum_{k=1}^{\infty} \sum_{j=k+1}^{\infty} P(B_k \cap S_k \cap B_j \cap S'_j),$$

dove la seconda somma si deve fare solo per $j > k$ perché ovviamente la seconda scommessa avviene *dopo* la prima. Ancora una volta, gli eventi B_j sono indipendenti dagli eventi $B_k \cap S_k \cap S'_j$, perché questi ultimi dipendono solo dai $j-1$ tentativi precedenti. Quindi si ha:

$$P(S \cap S') = p \sum_{k=1}^{\infty} \sum_{j=k+1}^{\infty} P(B_k \cap S_k \cap S'_j) = p \sum_{k=1}^{\infty} P(B_k \cap S_k) \sum_{j=k+1}^{\infty} P(S'_j | B_k \cap S_k),$$

dove per ottenere la seconda uguaglianza abbiamo espresso $P(B_k \cap S_k \cap S'_j)$ usando le probabilità condizionate $P(S'_j | B_k \cap S_k)$. Ma la somma di quest'ultime su tutti i valori di j è in ogni caso unitaria, perché abbiamo assunto di scommettere, prima o poi, per una seconda volta, qualunque sia il risultato della prima scommessa. Quindi si ha:

$$P(S \cap S') = p \sum_{k=1}^{\infty} P(B_k \cap S_k) = p^2 = P(S)P(S'),$$

ossia il fatto di aver successo nella prima o nella seconda scommessa sono eventi del tutto indipendenti: rassegnatevi.

3.4 La distribuzione di Poisson

Al crescere del numero n di tentativi, il calcolo dei coefficienti binomiali che appaiono nella distribuzione di Bernoulli diventa ben presto molto complicato. D'altra parte, quasi tutte le applicazioni di interesse fisico corrispondono proprio a situazioni in cui n assume valori molto grandi. È allora utile chiederci quale forma assume la distribuzione binomiale quando $n \to \infty$. Dato però che la distribuzione è determinata non solo dal numero totale di tentativi, ma anche dalla probabilità p di successo in un singolo tentativo, possiamo passare al limite in due modi diversi:

1. La probabilità dell'evento nel singolo tentativo ha un valore *fissato* ed aumentiamo il numero di tentativi, cioè:
$$\boxed{n \to \infty;\ p = \text{costante.}}$$
Pertanto, anche il valore d'aspettazione $\langle k \rangle = np \to \infty$.
2. Facciamo crescere il numero dei tentativi, ma nel contempo *riduciamo* la probabilità di successo nel singolo tentativo, così che il valore di aspettazione np per il numero totale di successi rimanga finito:
$$\boxed{n \to \infty;\ p \to 0\ ;\ np = \text{costante.}}$$
Ciò corrisponde a studiare eventi estremamente improbabili, che però hanno un gran numero di possibilità di potersi verificare.

Queste distinte situazioni limite ci porteranno ad introdurre due distribuzioni di probabilità di estremo interesse per la fisica, ed in generale per l'analisi di dati statistici. Notate che la prima distribuzione può essere anche pensata come caso limite della seconda, passando di nuovo al limite per $np \to \infty$. Cominciamo quindi ad occuparci del secondo caso.

3.4.1 La distribuzione di Poisson come limite della binomiale

Cerchiamo allora di vedere che cosa succede alla distribuzione binomiale nella situazione limite che consideriamo. Ci conviene definire un parametro $a = np$, che quindi manterremo costante, e riscrivere la distribuzione di Bernoulli come:

$$B(k; n, a) = \frac{n!}{k!(n-k)!} \left(\frac{a}{n}\right)^k \left(1 - \frac{a}{n}\right)^{n-k}.$$

Ci aspettiamo che la probabilità di ottenere un numero di successi $k \gg np$ sia molto piccola e quindi, dato che np è fissato, per $n \to \infty$ potremo assumere che si abbia $k \ll n$ per tutti quei valori di k che hanno una probabilità significativa. Possiamo allora fare due approssimazioni:

a) dato che tutti i fattori del prodotto differiscono molto poco da n:

$$\frac{n!}{(n-k)!} = n(n-1)...(n-k+1) \simeq n^k;$$

b)

$$\left(1 - \frac{a}{n}\right)^{n-k} \simeq \left(1 - \frac{a}{n}\right)^n \simeq \mathrm{e}^{-a}$$

(il limite per $n \to \infty$ è proprio la definizione di e^{-a}).

Da ciò otteniamo la *distribuzione di Poisson*:

$$P(k; a) = \frac{a^k \mathrm{e}^{-a}}{k!}. \tag{3.12}$$

Limitando la generalità della distribuzione binomiale al caso $n \to \infty$ con $np =$ costante, guadagniamo quindi molto in termini di semplicità:

- la distribuzione di Poisson è determinata da *un solo* parametro (a), mentre per specificare la binomiale ne sono necessari due (n e p);
- abbiamo eliminato il calcolo dei fattoriali di grandi numeri come n, mentre appaiono funzioni molto più familiari come esponenziali e potenze;
- il calcolo della distribuzione al variare di k è particolarmente semplice se notiamo che
$$P(k; a) = \left(\frac{a}{k}\right) P(k-1; a)$$
e che quindi tutti i termini possono essere calcolati ricorsivamente a partire da $P(0; a) = \mathrm{e}^{-a}$.

La Fig. 3.5 mostra la distribuzione di Poisson per alcuni valori di a (che ovviamente possono essere non interi). Notiamo che il massimo della distribuzione si ha per $k = a$, e che per piccoli valori di a la distribuzione presenta un'accentuata asimmetria, analogamente a quanto visto per la binomiale. La distribuzione di Poisson, nella forma che abbiamo introdotto, è normalizzata, mentre per valore d'aspettazione, varianza e asimmetria si ottiene (si veda A.2.2):

$$\langle k \rangle = a \tag{3.13a}$$

$$\sigma_k^2 = a \tag{3.13b}$$

$$\gamma = a^{-1/2}. \tag{3.13c}$$

Per come abbiamo ricavato la Poisson, ci aspettavamo naturalmente che il valore di aspettazione di k fosse proprio pari ad a. Osserviamo poi che la varianza di una distribuzione di Poisson è uguale a $\langle k \rangle$: la larghezza della

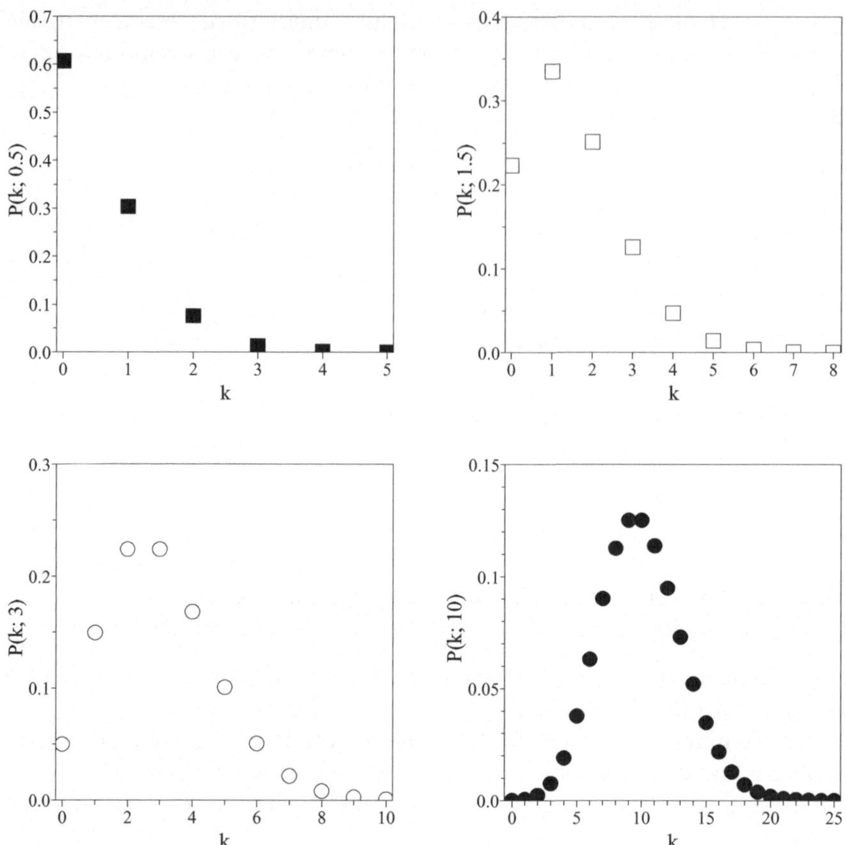

Figura 3.5. Distribuzione di Poisson per $a = 0.5$ (■), 1.5 (□), 3 (○) e 10 (•).

distribuzione cresce quindi come la radice del valore di aspettazione, mentre la larghezza relativa $\sigma_k / \langle k \rangle$ decresce come l'inverso della radice di $\langle k \rangle$, in modo del tutto analogo a quanto avviene per la binomiale. La varianza della Poisson è poi sempre maggiore di quella di una binomiale di uguale valore di aspettazione, ed in particolare è doppia di quella di una binomiale con $p = 0.5$. Infine notiamo che l'asimmetria decresce al crescere del valore di aspettazione.

Nella tabella dell'esempio 3.7 sono mostrati i valori per la distribuzione di Poisson $P(k; 2)$, che otteniamo dalla previsione di riscontrare mediamente due "quattro" su una sequenza di 20 decimali. Per quanto in questo caso il valore $n = 20$ non sia molto elevato, e $p = 0.1$ non molto piccolo, possiamo notare che la Poisson approssima già abbastanza bene la binomiale, se si fa eccezione per la coda a valori alti della distribuzione, dove essa sovrastima sensibilmente in termini percentuali i valori di $B(k; 20, 0.1)$.

Esempio 3.10. Nel gioco del Lotto, la probabilità p che un numero venga estratto è pari a $1/90$ e quindi, per quanto abbiamo visto nel capitolo precedente, la probabilità che quel particolare numero non venga estratto per N estrazioni consecutive è pari a $P = (1 - 1/90)^N$, che possiamo scrivere come $\exp[N \ln(1 - 1/90)]$. Approssimando $\ln(1 - 1/90) \simeq -1/90$ otteniamo allora $P \simeq \exp(-N/90)$. Lo stesso risultato si ottiene osservando che, poiché $p \ll 1$, la distribuzione del numero di estrazioni "favorevoli" k su un totale N estrazioni sarà ben approssimata dalla distribuzione di Poisson $P(k; \lambda) = \lambda^k e^{-\lambda}/k!$, dove $\lambda = pN$: pertanto la probabilità che il numero considerato non appaia mai sarà proprio $P(0, \lambda) = \exp(-N/90)$.

Esempio 3.11. Riconsideriamo il calcolo che abbiamo svolto nell'esempio 2.12. Ci sono in totale 365×365 possibili coppie (d, d') di date di compleanno. A due persone che compiono gli anni nello stesso giorno corrisponde una delle 365 coppie del tipo (d, d), e quindi la probabilità di avere una coppia (d, d) è pari a $p = 1/365$. Con N persone si possono formare $N(N-1)/2$ coppie di date di compleanno, e ci aspettiamo allora che ci siano in media $a = N(N-1)/730$ coppie di persone che compiono gli anni nello stesso giorno: se a non è troppo grande, possiamo assumere che la distribuzione del numero di coppie k che compiono gli anni nello stesso giorno sia pari alla distribuzione di Poisson $P(k; a)$. La probabilità che tra le N persone almeno una coppia compia gli anni nello stesso giorno sarà allora pari a:

$$1 - e^{-a} = 1 - \exp[-N(N-1)/730],$$

che è il risultato approssimato trovato in precedenza.

3.4.2 La distribuzione di Poisson: eventi istantanei in un continuo

Abbiamo introdotto la distribuzione di Poisson come una particolare approssimazione della binomiale. Ma essa rappresenta anche la distribuzione di probabilità *esatta* (e quindi non solo una approssimazione) per una classe di problemi di grande importanza in fisica, che apparentemente poco hanno a che vedere con quelli a cui ci siamo riferiti per introdurre la distribuzione di Bernoulli. Supponiamo ad esempio di trovarci all'aperto durante una notte serena di agosto. Come molti di voi sapranno attorno alla metà di questo mese si verifica una consistente pioggia di "stelle cadenti" (lo sciame meteorico delle Perseidi). Supponiamo di aver contato in un paio d'ore un centinaio di meteore, ossia poco meno di due stelle cadenti ogni dieci minuti. Naturalmente questo è solo un valore medio su un intervallo di dieci minuti. Chi è un buon osservatore avrà notato che talvolta si passano lunghi periodi di tempo a sbadigliare senza osservare un bel niente, mentre in altri momenti sembra quasi di assistere ad uno spettacolo pirotecnico. La distribuzione temporale degli eventi è dunque tutt'altro che uniforme.

Ci proponiamo di determinare proprio la distribuzione di probabilità che caratterizza degli eventi brevi e improvvisi, come la caduta di una meteora, distribuiti in un certo intervallo di tempo. Supponiamo di sapere solo che due eventi si verificano in maniera completamente *indipendente* l'uno dall'altro, e che in media in un intervallo di tempo t (ad esempio i nostri dieci minuti) si verificano a eventi. Il numero medio di eventi per unità di tempo (ossia la *frequenza media* degli eventi) sarà quindi pari ad $\alpha = a/t$, ed il tempo medio tra due eventi sarà dato da $\tau = 1/\alpha$. La probabilità che avvenga un evento in un intervallo di tempo Δt sarà dunque $p = \alpha\Delta t$, e se Δt è molto breve, così che la probabilità di avere più di un evento sia molto piccola, la probabilità che in Δt *non* avvenga un evento sarà $P_0(\Delta t) = 1 - \alpha\Delta t$. È facile calcolare la probabilità $P_0(t)$ che nell'*intero* intervallo di tempo t non avvenga *nessun* evento. Se infatti suddividiamo t in piccoli intervalli δt, possiamo scrivere:

$$P_0(t) = [P_0(\Delta t)]^{t/\Delta t} = (1 - \alpha\Delta t)^{t/\Delta t}$$

e se Δt è breve possiamo approssimare:

$$P_0(t) \simeq \mathrm{e}^{-\alpha t} = \mathrm{e}^{-a}.$$

Vogliamo ora calcolare la probabilità $P_k(t)$ che nell'intervallo t vi siano in generale k eventi. Consideriamo due istanti successivi t e $t + \Delta t$. Se in Δt può aver luogo un evento al massimo, ci sono solo due modi per ottenere k eventi al tempo $t + \Delta t$ (di nuovo la zuppa o il pan bagnato):

i) al tempo t si sono verificati solo $k - 1$ eventi e l'ultimo avviene durante Δt;
ii) al tempo t si sono già verificati k eventi e nessun evento ha luogo nell'intervallo Δt.

Queste due situazioni sono mutualmente esclusive, e quindi la probabilità $P_k(t + \Delta t)$ che al tempo $t + \Delta t$ si siano verificati k eventi è la somma delle probabilità relative alle due modalità:

$$P_k(t + \Delta t) = P_{k-1}(t)p + P_k(t)(1 - p).$$

Sostituendo l'espressione per p e riarrangiando l'equazione otteniamo:

$$\frac{P_k(t + \Delta t) - P_k(t)}{\Delta t} + \alpha P_k(t) = \alpha P_{k-1}(t).$$

Per Δt piccolo, il primo termine al membro di sinistra è la derivata rispetto al tempo di $P_k(t + \Delta t)$. Pertanto otteniamo un equazione di tipo ricorsivo, che ci permette di determinare $P_k(t)$ una volta che si conosca $P_{k-1}(t)$:

$$\frac{\mathrm{d}P_k(t)}{\mathrm{d}t} + \alpha P_k(t) = \alpha P_{k-1}(t). \tag{3.14}$$

Equazioni di questo tipo ricorrono spesso nello studio di processi governati da leggi probabilistiche. Per risolverla osserviamo che, ponendo $f_k(t) = \mathrm{e}^{\alpha t} P_k(t)$, l'equazione può essere riscritta come:

$$\frac{\mathrm{d}f_k}{\mathrm{d}t} = \alpha f_{k-1}(t).$$

È facile vedere che una funzione che soddisfa questa equazione è $f_k(t) = (\alpha t)^k/k!$, e quindi otteniamo per $P_k(t)$:

$$P_k(t) = \frac{(\alpha t)^k \mathrm{e}^{-\alpha t}}{k!} = \frac{a^k \mathrm{e}^{-a}}{k!} \tag{3.15}$$

che soddisfa anche alla condizione $P_0(t) = \mathrm{e}^{-a}$ e coincide proprio con la distribuzione di Poisson.

Abbiamo scelto di considerare eventi improvvisi che avvengono in un certo intervallo di tempo, ma in modo analogo avremmo potuto parlare di punti disposti a caso su un segmento di retta, o distribuiti a caso su una certa superficie. *La distribuzione di Poisson descrive cioè ogni tipo di eventi che avvengono per valori "puntuali" di una qualunque grandezza fisica continua, a patto che questi eventi abbiano luogo in modo indipendente l'uno dall'altro.*

Esempio 3.12. La distribuzione che stiamo considerando venne derivata da Poisson in un contesto che nulla aveva a che vedere con la fisica e rimase pressoché ignorata fino al principio di questo secolo, quando Geiger, Rutherford ed altri osservarono che il numero di particelle α (nuclei di elio) emesse in un fissato intervallo di tempo da una sostanza radioattiva come conseguenza del decadimento nucleare non ha un valore determinato, ma è una variabile casuale con una distribuzione di Poisson. Ben presto risultò evidente che altri fenomeni fisici, come l'emissione di elettroni dal filamento metallico riscaldato di una valvola termoionica (effetto termoelettrico), o da una superficie metallica illuminata (effetto fotoelettrico) condividono le stesse proprietà statistiche. Un modo per mettere in luce queste fluttuazioni è quello di registrare il numero totale di decadimenti che si ottengono in un breve intervallo di tempo utilizzando una quantità molto piccola di una sostanza radioattiva.

L'esperimento che ora analizzeremo è di tipo leggermente diverso. La tabella che segue, tratta da *Radiation from Radioactive Substances*, di E. Rutherford, J. Chadwick e C.D. Ellis (1930), mostra uno dei primi risultati sperimentali relativi alle proprietà statistiche del decadimento radioattivo.

k	0	1	2	3	4	5	6	7	8	9	10	11	12	13	14
$n(k)$	57	203	383	525	532	408	273	139	45	27	10	4	0	1	1
$NP(k;m)$	54	210	407	525	508	394	254	140	68	29	11	4	1	1	1

Gli autori hanno analizzato il numero di conteggi misurati in un intervallo di tempo di 7.5 secondi da un rivelatore di piccola area posto a distanza da una intensa sorgente radioattiva. Chiamiamo $n(k)$ il numero di intervalli in cui sono stati misurati k conteggi e supponiamo, anticipando quanto faremo nei prossimi capitoli, che la media sperimentale $\bar{k} = 3.87$, ottenuta su $N = 2608$ intervalli di misura, approssimi il valore di aspettazione della distribuzione di probabilità per k. Se confrontiamo le frequenze relative $n(k)/N$ con la distribuzione di Poisson $P(k, \bar{k})$, cioè $n(k)$ con $NP(k, \bar{k})$, otteniamo a quanto sembra un accordo significativo.

Dobbiamo fare un'osservazione importante: gli intervalli di misura usati nell'esperimento erano molto lunghi rispetto al tempo medio tra due emissioni. In un intervallo di tempo così lungo il numero *totale* di emissioni da parte della sorgente risulta pressoché costante, ma il numero di particelle *che cade sul rivelatore* fluttua notevolmente. In altri termini, se pensiamo ad una sfera centrata sul campione, il numero di particelle α che attraversa l'intera superficie varia poco da intervallo ad intervallo: varia invece notevolmente il numero di particelle che cadono su una piccola area della superficie sferica. Un esperimento di questo tipo mostra quindi non tanto le fluttuazioni *nel tempo* dell'emissione, quanto le sue fluttuazioni *nello spazio.*

Esempio 3.13. Consideriamo un gas ideale, costituito da N molecole che occupano un volume V. Se prendiamo in esame un volumetto $v \ll V$, possiamo aspettarci che in media questo contenga $\langle n \rangle = Nv/V$ molecole. Ma, per quanto abbiamo detto, il numero effettivo n di molecole in realtà sarà una variabile casuale che segue una distribuzione di Poisson. Quindi possiamo aspettarci che tipicamente n fluttui rispetto a $\langle n \rangle$ di una quantità $\Delta n \sim \sqrt{\langle n \rangle}$. Per un volume v macroscopico questa fluttuazione è normalmente trascurabile: ad esempio $1\,\mathrm{cm}^3$ di gas a temperatura e pressione ambiente contiene circa 2.7×10^{19} molecole, per cui $\sqrt{\langle n \rangle} \simeq 5.2 \times 10^9$, il che corrisponde ad una fluttuazione relativa $\Delta n / \langle n \rangle$ di circa due parti per dieci miliardi. Ma se consideriamo un cubetto che abbia per lato 100 nm, la fluttuazione relativa sale a circa lo 0.6%. Come vedrete in futuro, sono proprio le fluttuazioni casuali di densità su queste scale microscopiche a dare origine alla diffusione della luce da parte di un gas, e tra le altre cose al colore azzurro del cielo.

Punti disposti a caso su una linea, su una superficie, o in un volume, non sono quindi distribuiti in modo uniforme, ma mostrano zone apparentemente più dense ed altre più rarefatte, in modo che il numero di punti in ogni sottointervallo segua una distribuzione di Poisson. Ad esempio, una distribuzione casuale di punti su di una superficie potrebbe avere l'aspetto della Fig.3.6: Non ho scelto di rappresentare i punti con delle "stelline" su un fondo nero per pure ragioni estetiche. La distribuzione sulla volta celeste delle stelle visibili ad occhio nudo (che si trovano in una regione prossima e quindi abbastanza omogenea della Galassia) è infatti approssimativamente una distribuzione di Poisson, con buona pace della nostra abitudine a vederci orse, cacciatori mitologici, o leggendarie regine d'Etiopia.

Potremmo anche pensare che le stelline rappresentino individui che siedono a caso su di un prato per rilassarsi. Quest'ultima analogia vi sembrerà tuttavia decisamente più debole, nel caso vi sia mai capitato di soffermarvi ad osservare attentamente una simile circostanza: in realtà che cosa succede? Se

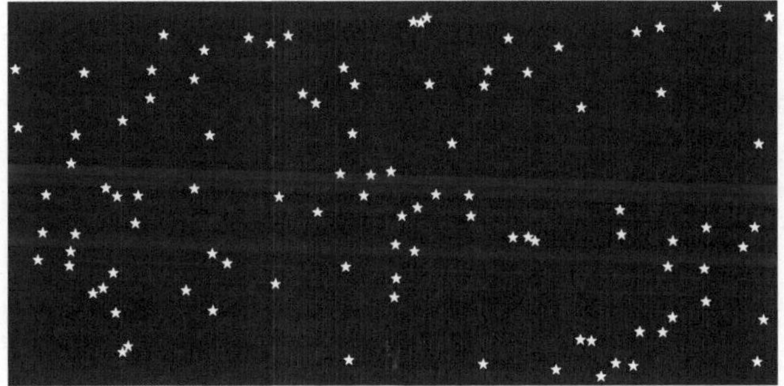

Figura 3.6. Cielo stellato, secondo Poisson.

gli individui sono tra loro estranei, la distribuzione tende ad essere molto più regolare ed equispaziata, in modo da massimizzare la "privacy", mentre gruppi di amici tendono ad raggrupparsi tra di loro con ancor maggiore frequenza. Quest'esempio "umanizzato" ci fa intuire che le deviazioni da una distribuzione di Poisson sono dovute ad *interazioni* tra i punti. Così, se i punti in qualche modo si respingono, tenderanno ad essere spaziati con maggiore regolarità, cioè con fluttuazioni di densità *ridotte* rispetto a quelle previste dalla distribuzione di Poisson. Nella Fig. 3.7 ho ad esempio simulato di nuovo delle distribuzioni casuali di un'ottantina punti, ma con il vincolo che la distanza tra due di essi non possa essere inferiore ad una fissata frazione α del lato del quadrato in cui sono racchiusi (quindi, si ha in effetti una distribuzione di "dischi" rigidi di diametro $d = \alpha L$ che non si possono sovrapporre). Possiamo notare che, mentre per $\alpha = 0.01$ la distribuzione è qualitativamente del tutto simile a quella della Fig. 3.6, le "fluttuazioni" tendono a diminuire al crescere di α, fino a quando, per $\alpha = 0.1$ (quando l'area totale dei dischi è circa il 63% della superficie del quadrato[7]) si ottiene una distribuzione quasi uniforme.

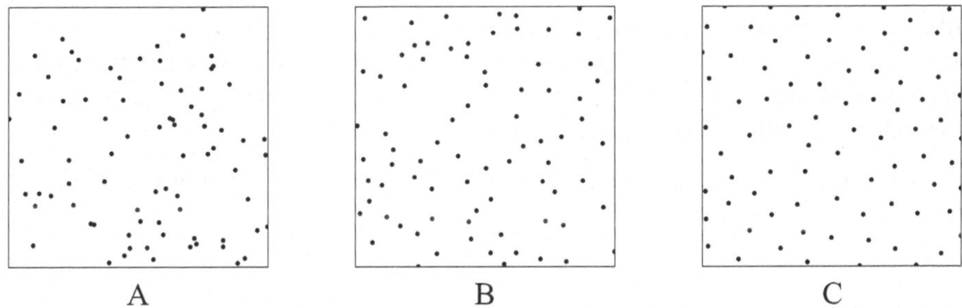

Figura 3.7. Distribuzione casuale su di un quadrato di lato L dei centri di "dischi" di diametro $d = 0.01L$ (A), $0.05L$ (B) e $0.1L$.

[7] In realtà si potrebbe fare di meglio, dato che il massimo impacchettamento casuale, o *random close packing*, di dischi corrisponde (anche se questa quantità è

Una maggior tendenza ad "ammucchiarsi" sarà invece da imputarsi a qualche interazione attrattiva tra i punti.

Un'importante situazione fisica connessa a queste osservazioni è l'aumento (o diminuzione) delle fluttuazioni spontanee di densità in un gas, rispetto a quanto visto nell'esempio 3.13, quando tra le molecole vi siano forze di tipo attrattivo (o rispettivamente repulsivo). Un esempio forse meno rilevante, ma certamente molto più affascinate è quello descritto da S. J. Gould, grande paleontologo e teorico dell'evoluzione, nel libro *Bully for Brontosaurus*[8]. Sulle pareti delle grotte di Waitomo, che costituiscono una famosa attrazione turistica della Nuova Zelanda, si sviluppa e vive un numero prodigioso di larve dell'insetto *Arachnocampa luminosa* che, come le comuni lucciole, emette una luce verdastra. Ma mentre le lucciole lo fanno (almeno si crede) per confondere i predatori, queste larve carnivore *sono* degli ottimi predatori, che usano la luce come "faro" per attirare e papparsi altri insetti (soprattutto moscerini, ma non disdegnano il cannibalismo). È chiaro che in questo caso è molto meglio per le larve stare il più possible alla larga l'una dall'altra per massimizzare il territorio di caccia (e anche per evitare spiacevoli incontri con i propri simili). Di fatto, la grotta è costellata da una distribuzione *molto uniforme* di punti luminosi, decisamente più simile alla Fig. 3.7C che alla 3.7A. Per dirla con Gould, il *glowworm grotto* di Waitomo è un "cielo ordinato".

***Esempio 3.14.** Qual è la minima quantità di luce che il nostro occhio è in grado di rivelare? Dobbiamo prima spendere qualche parola sul meccanismo della visione. "Vediamo" perché la luce viene assorbita da particolari molecole presenti nei recettori visivi, che sono strutture a cono o a bastoncello situate sulla retina. Il segnale chimico corrispondente all'assorbimento viene poi trasformato in un impulso elettrico che viaggia lungo il nervo ottico. La cosa più importante dal punto di vista fisico è però che la luce non può essere assorbita in quantità arbitrarie, ma solo come multiplo di "pacchetti minimi", detti fotoni, ciascuno dei quali ha una precisa energia: ad esempio, ad un fotone di luce verde corrisponde un'energia di circa 4×10^{-19} J. Vogliamo allora chiederci qual è il numero minimo di "pacchetti" necessario a provocare uno stimolo visivo. Per far questo è prima di tutto necessario mettersi nella situazione adatta ad acuire al massimo la sensibilità visiva di un soggetto, soddisfacendo alle condizioni che seguono.

Colore: la massima sensibilità dell'occhio umano si trova in una regione dello spettro della luce visibile che corrisponde al blu-verde.

---

difficile da definire correttamente) ad una frazione di circa l'82% della superficie: ma ciò può essere ottenuto (con difficoltà) solo "ridistribuendo" continuamente i dischi già posizionati (tutto ciò ha molto a che vedere con la formazione di quelle cose che chiamiamo "vetri"). Quale frazione del piano potreste invece riempire con un'impacchettamento *ordinato* (su di un reticolo triangolare) di dischi?

[8] Trad. italiana: *Risplendi grande lucciola*, Feltrinelli, Milano, 2006.

Adattamento al buio: se avete qualche volte osservato il cielo di notte, vi sarete accorti che dopo un po' di tempo il numero di stelle che siete in grado di vedere cresce notevolmente. La sensibilità dell'occhio cresce progressivamente in condizioni di scarsa luminosità, fino ad aumentare di qualche migliaio di volte dopo circa mezz'ora di completa oscurità.

Zona di massima sensibilità sulla retina: chi usa un telescopio sa di vedere meglio se si guarda un po' "di sbieco" nell'oculare, cioè focalizzando l'immagine lateralmente rispetto al centro della retina. La ragione è che la massima densità dei recettori più sensibili, i bastoncelli, si trova fuori asse di un angolo di circa 20° rispetto all'asse ottico dell'occhio.

Durata: In presenza di esposizione continua alla luce, l'occhio perde progressivamente di sensibilità. Per ottenere la massima efficienza è meglio esporre il soggetto ad impulsi di luce di durata non superiore al decimo di secondo. Per impulsi di durata inferiore a 10^{-2} s la quantità minima di energia luminosa necessaria per avere uno stimolo visivo, proporzionale al prodotto dell'intensità per il tempo di esposizione, è pressoché costante.

Cerchiamo ora di farci un modello del problema. Consideriamo un impulso luminoso che contenga un numero medio $\langle n \rangle$ di fotoni. Di questi circa la metà viene riflessa o assorbita prima di raggiungere la retina. Inoltre i recettori sono in grado di assorbire al massimo il 20% dei fotoni che raggiungono la retina. Il numero medio di fotoni effettivamente assorbiti sarà allora: $\langle k \rangle = f \langle n \rangle$, dove il fattore di perdita $f \lesssim 0.1$. L'assorbimento di un fotone di luce è un processo casuale del tutto analogo all'emissione radioattiva, e la probabilità di assorbire k fotoni sarà allora data da una distribuzione di Poisson $P(k; \langle k \rangle)$. Si otterrà uno stimolo visivo se $k > k_0$, dove k_0 è il minimo numero minimo di eccitazioni necessario per "vedere". La probabilità complessiva di ottenere uno stimolo sarà allora data dalla somma delle probabilità per tutti i $k \geq k_0$:

$$P(k > k_0) = P(k_0; \langle k \rangle) + P(k_0 + 1; \langle k \rangle) + \ldots = \sum_{k=k_0}^{\infty} P(k_0; \langle k \rangle)$$

che, per un fissato $\langle k \rangle$, è una curva che dipende dal parametro k_0.

La figura 3.8 mostra l'andamento di $P(k > k_0)$ in funzione di $\langle k \rangle$ per vari valori di k_0. È interessante notare come le curve differiscano in modo sostanziale per la pendenza; inoltre, poiché sono rappresentate con le ascisse in scala logaritmica, un confronto della *forma* di questi andamenti con i dati sperimentali non richiede di conoscere con precisione il valore di f (cambiare f significa solo traslare rigidamente i dati). In figura sono anche riportati i risultati del primo esperimento di questo tipo[9]. I punti corrispondono alle frequenze di "risposta" di un soggetto (per la precisione, lo stesso Shlaer) in funzione di $\langle k \rangle$, determinate assumendo che $f \simeq 0.08$ (la quantità fissata sperimentalmente dall'intensità dell'impulso è proprio $\langle n \rangle$). L'accordo con la teoria per

[9] S. Hecht, S. Shlaer e M. H. Pirenne, *Journal of General Physiology* **25**, 819 (1942).

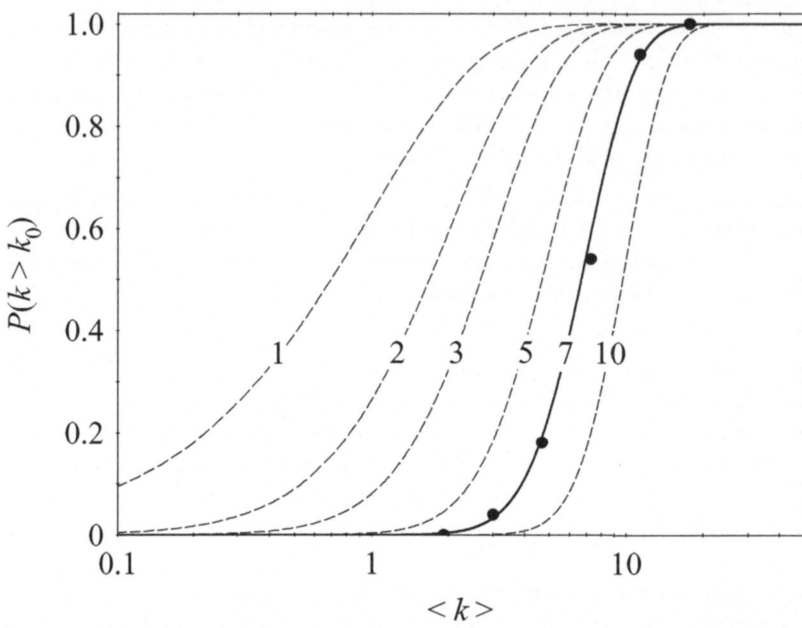

Figura 3.8. Frequenza relativa di uno stimolo luminoso

$k_0 = 7$ è davvero notevole. Anche considerando che il legame esatto tra $\langle k \rangle$ ed $\langle n \rangle$ non è determinato con molta precisione, si può comunque concludere che possiamo riuscire a "vedere" un impulso di luce costituito da soli $50 - 100$ fotoni, corrispondente ad un energia dell'ordine di 10^{-17} J. È una "figura di merito" caratteristica dei migliori rivelatori di luce che sappiamo costruire, i fotomoltiplicatori, rivelatori che verrebbero tuttavia "bruciati" immediatamente se esposti anche ad una piccola frazione dell'intensità luminosa che vi permette di leggere comodamente questa pagina! L'occhio cioè, oltre ad essere un rivelatore estremamente sensibile, ha anche una "dinamica" estremamente elevata, ossia può coprire un campo enorme di valori d'intensità luminosa.

Chi volesse saperne di più sui limiti fisici della visione, può trovare una dettagliata, chiarissima, e molto più precisa discussione del problema nel libro di Benedek e Villars citato nella bibliografia, da cui ho tratto questo esempio. Ma consiglio vivamente la lettura dell'articolo originale di Hecht, Shlaer e Pirenne, perché vi farà apprezzare quanto fossero chiari e dettagliati a quel tempo gli articoli di fisica sperimentale rispetto a quelli odierni.

Esempio 3.15. L'efficienza di un rivelatore di eventi fisici di breve durata (come un contatore Geiger o un fotomoltiplicatore) è limitata dalla presenza di un "tempo morto", ossia dal fatto che per un tempo t_m successivo ad un evento il sistema di rivelazione è completamente "cieco" al presentarsi di un secondo segnale. Se degli eventi si presentano con un ritmo di ripetizione regolare, il rivelatore è allora in grado di "contarli tutti" solo quando tra due di questi intercorre un tempo maggiore di t_m, ossia quando la frequenza degli eventi è inferiore a $1/t_m$. Ma se gli eventi si presentano in modo del tutto casuale, anche se in un tempo t_m si presenta in media solo un evento, la probabilità che si presentino due o più eventi sarà:

$$P = 1 - P(0;1) - P(1;1) = 1 - 2\mathrm{e}^{-1} \simeq 0.26.$$

C'è quindi più del 26% di possibilità di "perdere per strada" qualche conteggio. È facile verificare che per far scendere questa probabilità ad un valore accettabile, diciamo inferiore all'1%, è necessario che il numero di eventi al secondo non superi $0.1t_m$. Rispetto al conteggio di eventi che si ripetono con un periodo preciso, la massima frequenza "accettabile" per eventi completamente casuali viene quindi ridotta di circa un ordine di grandezza.

3.5 Distribuzioni di probabilità per variabili continue

Prima di occuparci del secondo modo di approssimare la distribuzione binomiale, dobbiamo estendere le idee introdotte per descrivere le distribuzioni di probabilità per variabili discrete al caso di variabili che assumano valori continui. Il problema che consideriamo è del tutto simile a quello che ci ha portato ad introdurre gli istogrammi nella descrizione statistica di dati sperimentali. Per gli stessi motivi discussi nel caso delle frequenze relative, quando la variabile x assume valori continui in un certo intervallo, o sull'intero asse reale, la probabilità che x assuma esattamente uno specifico valore è sempre rigorosamente nulla. L'unica cosa che possiamo fare è valutare quale sia la probabilità $P(x_0 \leq x \leq x_0 + \mathrm{d}x)$ che x si trovi in un piccolo intorno di ampiezza $\mathrm{d}x$ di un dato valore x_0. Ovviamente il valore di P sarà proporzionale all'ampiezza dell'intervallo. Possiamo allora definire una quantità $p(x)$, che diremo *densità di probabilità* della variabile x, attraverso l'espressione:

$$P(x_0 \leq x \leq x_0 + \mathrm{d}x) = p(x_0)\mathrm{d}x, \tag{3.16}$$

con $p(x)$ naturalmente funzione del valore x_0 considerato per la variabile x. Saremo allora interessati a valutare la distribuzione di valori di $p(x)$, che dovremmo rigorosamente chiamare "distribuzione della densità di probabilità", ma che di solito è detta ancora semplicemente distribuzione di probabilità. Notiamo che, dato che la probabilità è un numero, cioè una quantità adimensionale, *la densità di probabilità $p(x)$ ha come dimensioni l'inverso delle dimensioni della variabile casuale x.*

Nel passare dal discreto al continuo, le somme che abbiamo utilizzato per normalizzare la distribuzione di probabilità e per definirne i parametri descrittivi dovranno naturalmente essere sostituite da "somme continue", cioè da integrali. Non spaventatevi troppo se non avete ancora molta familiarità con il calcolo integrale. In realtà non ci capiterà per ora di dover valutare esplicitamente molti integrali (anche perché spesso si tratta di integrali che non si possono calcolare esattamente). L'unica cosa per noi davvero importante è avere ben chiaro che l'integrale di una funzione a valori positivi rappresenta l'area sottesa dalla curva tra i due estremi d'integrazione. Gli estremi a e b possono naturalmente essere anche infiniti, se la variabile può assumere qualunque valore reale. Una prima conseguenza è che, se x varia nell'intervallo reale (a, b), perché la probabilità totale sia unitaria dovremo avere:

$$\int_a^b p(x)\mathrm{d}x = 1, \tag{3.17}$$

che rappresenta la condizione di normalizzazione per una variabile continua[10]. Per una variabile definita su tutto l'asse reale, la densità di probabilità dovrà tendere a zero abbastanza rapidamente al crescere di x (per la precisione, più rapidamente di x^{-1}), se vogliamo che sottenda un'area finita. La probabilità totale (o *probabilità cumulativa*) che x assuma un valore compreso tra x_1 ed x_2 sarà data dall'area sottesa dalla curva tra questi estremi, ossia da:

$$P(x_1 \leq x \leq x_2) = \int_{x_1}^{x_2} p(x)\mathrm{d}x. \tag{3.18}$$

Nella tabella che segue ridefiniamo allora per una variabile continua i parametri più interessanti di una distribuzione, confrontandoli con il caso discreto.

Quantità	Variabile discreta k	Variabile continua x
Insieme di definizione	N valori discreti	Intervallo continuo $[a, b]$
Normalizzazione	$\sum_{i=1}^{N} P(k_i) = 1$	$\int_a^b p(x)\mathrm{d}x = 1$
Valore di aspettazione	$\langle k \rangle = \sum_{i=1}^{N} k_i P(k_i)$	$\langle x \rangle = \int_a^b x p(x)\mathrm{d}x$
Momento di ordine r	$\langle k^r \rangle = \sum_{i=1}^{N} (k_i)^r P(k_i)$	$< x^r >= \int_a^b x^r p(x)\mathrm{d}x$
Varianza	$\sigma_k^2 = \langle k^2 \rangle - \langle k \rangle^2$	$\sigma_x^2 = \langle x^2 \rangle - \langle x \rangle^2$

Nel prossimo capitolo affronteremo in dettaglio lo studio di una generica funzione $y = f(x)$ di una variabile casuale continua x, derivando in particolare la distribuzione di probabilità associata ad y una volta che sia nota quella relativa ad x. Dato che ci sarà utile, in particolare nel Cap. 5, faremo tuttavia fin da ora qualche osservazione, di cui vale la pena prendiate nota anche se non avrete voglia di seguirmi nella discussione in po' più complessa presentata nel Cap. 4. In analogia a quanto fatto per i momenti (che sono un caso particolare, con $f(x) = x^r$), definiamo il valore di aspettazione di $f(x)$ come:

$$\langle f(x) \rangle = \int_a^b f(x)p(x)\mathrm{d}x, \tag{3.19}$$

[10] A questo punto dovreste intuire perché nel Cap. 1 abbiamo scelto di costruire gli istogrammi in modo tale che le frequenze siano pari alle aree sottese dai rettangoli.

naturalmente nell'ipotesi che questo integrale esista e sia finito.

È importante notare che, come abbiamo visto nel caso particolare dei momenti, si ha in generale $\langle f(x)\rangle \neq f(\langle x\rangle)$. Ma per una funzione *convessa* in tutto l'intervallo di definizione di x, cioè che abbia sempre la concavità rivolta verso l'alto, possiamo dire di più. Sappiamo dai corsi elementari di analisi che questo significa che la derivata seconda di $f(x)$ è ovunque positiva: ma possiamo dare una definizione equivalente osservando che, scelto un punto P sulla curva che descrive la funzione, si può sempre trovare una retta che passa per P, tale che tutta la curva "stia sopra" della retta stessa (è immediato convincersene tracciando il grafico di una qualsivoglia funzione convessa). In termini più formali, ciò significa che, preso un generico punto $x_0 \in [a, b]$ esiste sempre un valore di m (coefficiente angolare della retta) tale che:

$$\forall x \in [a,b]: \quad f(x) \geq f(x_0) + m(x - x_0). \tag{3.20}$$

Se scegliamo allora in particolare $x_0 = \langle x\rangle$, prendiamo il valore di aspettazione di ambo i membri, e teniamo conto del fatto che $\langle(x - \langle x\rangle)\rangle = 0$ otteniamo:

$$\langle f(x)\rangle \geq f(\langle x\rangle), \tag{3.21}$$

che è detta *disuguaglianza di Jensen*. Naturalmente, per una funzione *concava* varrà la disuguaglianza con il segno opposto (basta infatti osservare che, se $f(x)$ è concava, $g(x) = -f(x)$ è convessa).

Esempio 3.16. Consideriamo una variabile continua x che sia distribuita *uniformemente* nell'intervallo $[a, b]$, cioè la cui densità di probabilità sia costante nell'intervallo considerato. Affinché la distribuzione sia normalizzata, cioè l'area da essa sottesa sia unitaria, dovremo avere:

$$p(x) = \text{costante} = \frac{1}{b-a}.$$

Per il valore di aspettazione avremo :

$$\langle x\rangle = \frac{1}{b-a}\int_a^b x\mathrm{d}x = \frac{1}{b-a}\left[\frac{x^2}{2}\right]_a^b = \frac{a+b}{2},$$

cioè $\langle x\rangle$ è ovviamente il valore centrale dell'intervallo. Dato che:

$$\langle x^2\rangle = \frac{1}{b-a}\int_a^b x^2\mathrm{d}x = \frac{1}{b-a}\left[\frac{x^3}{3}\right]_a^b = \frac{a^2+ab+b^2}{3},$$

con qualche semplice passaggio otteniamo per la varianza:

$$\sigma_x^2 = \langle x^2\rangle - \langle x\rangle^2 = \frac{(a-b)^2}{12}.$$

Esempio 3.17. Per una variabile continua è facile trovare distribuzioni di probabilità che non hanno valore d'aspettazione o varianza finiti. Un caso particolarmente importante è quello della *distribuzione di Cauchy*, che appare in molti problemi di fisica delle particelle (in questo contesto è anche detta distribuzione di Breit-Wigner), definita come:

$$p(x) = \frac{\alpha}{\pi(x^2 + \alpha^2)} \tag{3.22}$$

dove α è una costante, che ha l'andamento indicato in Fig. 3.9. Una forma

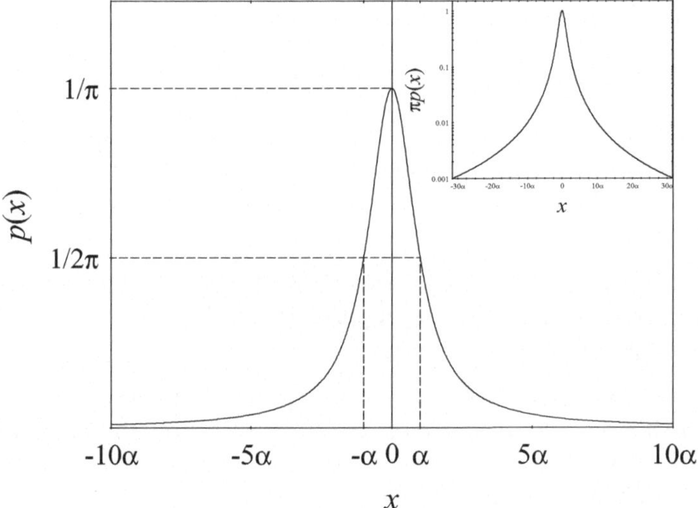

Figura 3.9. Distribuzione di Cauchy. L'inserto in scala semilogaritmica mostra come la probabilità scenda ad un valore $p(x) = 10^{-3}$ solo per $|x| \gtrsim 30\alpha$.

funzionale come quella espressa dall'Eq. (3.22), che appare anche in molti problemi di tipo non probabilistico, è nota anche come *lorentziana*. La differenza qualitativa con la distribuzione gaussiana, che incontreremo tra poco, è che le "code" della lorentziana sono molto più lunghe: l'andamento asintotico per $|x| \to \infty$ è infatti una legge di potenza con esponente -2.

Se siete capaci di calcolare l'integrale di $p(x)$ (non è difficile, visto che l'integrando può essere semplicemente trasformato nella derivata di una funzione elementare: altrimenti, guardate più sotto), vi accorgerete che la distribuzione, così definita, è correttamente normalizzata. Ma la varianza della distribuzione non esiste. L'integrale $\int_{-\infty}^{\infty} x^2 \left(x^2 + \alpha^2\right)^{-1} dx$ non è infatti finito, dato che $\lim_{x\to\infty} = 1$. In realtà lo stesso problema si presenta anche per il valore di aspettazione, perché anche l'integrale $\int_{-\infty}^{\infty} x \left(x^2 + \alpha^2\right)^{-1} dx$ diverge[11]. Ma il

[11] Si potrebbe pensare di definire il valore di aspettazione come

fatto che la distribuzione abbia un massimo in $x = 0$, attorno a cui è simmetrica, ci spinge a pensare che questo valore, che quindi è la *mediana* della distribuzione, giochi in qualche modo un ruolo analogo al valore di aspettazione di $p(x)$: tuttavia, molti dei risultati che si possono ottenere per i valori d'aspettazione "propri", come quello contenuto del Teorema Centrale Limite di cui parleremo, non valgono per la distribuzione di Cauchy. Cosa possiamo dire allora della larghezza di una distribuzione di Cauchy? In modo un po' più vago, possiamo pensare al parametro α come ad un indicatore di quanto $p(x)$ è allargata, almeno nel senso che per $x = \alpha$ essa scende a metà del suo valore massimo nell'origine $p(0) = 1/\pi\alpha$, ed inoltre che la probabilità cumulativa $P(-\alpha < x < \alpha) = 1/2$. Infatti, ponendo $t = x/\alpha$:

$$P(-\alpha < x < \alpha) = \frac{\alpha}{\pi}\int_{-\alpha}^{\alpha}\frac{1}{x^2+\alpha^2} = \frac{1}{\pi}\int_{-1}^{1}\frac{1}{t^2+1} = \frac{1}{\pi}\left[\arctan(x)\right]_{-1}^{+1} = \frac{1}{2}.$$

Vedremo nel Cap. 4 come quantità che presentano una distribuzione lorentziana possano presentarsi anche in situazioni fisiche molto semplici, potremmo dire "quotidiane". Qui voglio solo accennare alla relazione tra la distribuzione di Cauchy e il paradosso di S. Pietroburgo dell'esempio 3.5. Supponiamo infatti, per ripristinare l'equità nei confronti del banco, di "simmetrizzare" il gioco. Questa volta, se al primo lancio esce testa non vi fermate, ma rilanciate fino a quando esce croce: ad una sequenza di n teste consecutive corrisponderà una vostra *perdita* di 2^n €. Se allora il gioco viene ripetuto per molte volte, è possibile dimostrare che la distribuzione del vostro guadagno è effettivamente una lorentziana. A prima vista ciò sembrerebbe strano, perché abbiamo visto che per il gioco originario la distribuzione di probabilità del guadagno $P(G)$ decresce come $1/2G$, cioè con una potenza diversa da quella dalla Cauchy. Ma in realtà, nel confrontare questi valori con una distribuzione continua dobbiamo tenere conto che i valori ottenibili per G in un gioco non simmetrizzato non sono per nulla equispaziati. Così, per normalizzare adeguatamente le frequenze relative $f(G)$ e costruire un istogramma, dobbiamo considerare che (ricordando che $G = 2^n$):

$$P(2^{n-1} < G \le 2^n) = (2^n - 2^{n-1})f(G) = \frac{G}{2}f(G) = \frac{1}{2G},$$

$$\langle x\rangle = \lim_{a\to\infty}\int_{-a}^{a} xp(x)\mathrm{d}x$$

(questo è detto *valore principale di Cauchy* – ancora lui – dell'integrale), che per la distribuzione di Cauchy è nullo. Ma ciò è piuttosto arbitrario, dato che ad esempio una definizione apparentemente equivalente come

$$\langle x\rangle = \lim_{a\to\infty}\int_{-2a}^{a} xp(x)\mathrm{d}x$$

dà un valore *infinito*.

ossia $f(G) = G^{-2}$, cioè le frequenze relative *normalizzate all'ampiezza dell'intervallo* decrescono con la stessa legge di potenza della Cauchy.

***Esempio 3.18.** Vogliamo fare qualche altra osservazione relativa ad eventi che avvengono nel tempo secondo una distribuzione di Poisson. La probabilità avere un evento in un intervallo di tempo dt è data da αdt, dove α è il numero medio di eventi per unità di tempo. Abbiamo poi visto nella Sez. 3.4.1 che la probabilità di non avere alcun evento in un intervallo t, è data da $\mathrm{e}^{-\alpha t}$: quindi ad esempio, se ad un certo istante iniziale abbiamo N_0 atomi di una sostanza radioattiva, al tempo t avremo tipicamente $N = N_0 \mathrm{e}^{-\alpha t}$ nuclei ancora integri (il numero di nuclei "sopravvissuti" si dimezza perciò in un tempo $\tau = -\ln(0.5)/\alpha \simeq 1.44/\alpha$). La probabilità $P(t)$ di osservare il *primo* evento tra l'istante t e l'istante $t + \mathrm{d}t$ è uguale alla probabilità di non osservare alcun evento fino a t *e inoltre* di osservare il primo evento tra $t + \mathrm{d}t$. Dato che i due eventi sono indipendenti, avremo $P(t) = \mathrm{e}^{-\alpha t}\alpha \mathrm{d}t$. La funzione:

$$p(t) = \alpha \mathrm{e}^{-\alpha t},$$

che ha correttamente le dimensioni di un inverso di un tempo, può allora essere pensata come la distribuzione di probabilità per la variabile continua t, cioè come alla *densità di probabilità di avere il primo evento tra* $t+\mathrm{d}t$. Alternativamente, se pensiamo di fissare l'istante iniziale immediatamente dopo l'ultimo evento registrato, $p(t)$ rappresenterà anche la *distribuzione delle lunghezze degli intervalli di tempo tra due eventi.*

La figura 3.10 mostra, in scala semilogaritmica, la distribuzione delle lunghezze degli intervalli sperimentali tra due decadimenti successivi, misurata per un campione radioattivo di polonio (Constable e Pollard, riportato in Rutherford *et al.*, *Radiation from Radiactive Substances*) che, come si può vedere dal grafico semilogaritmico, ha proprio un andamento esponenziale.
Il valore di aspettazione di $p(t)$ sarà quindi il tempo che tipicamente dobbiamo aspettare prima di osservare un evento. Per calcolarlo, notiamo che:

$$t\mathrm{e}^{-\alpha t} = -\frac{\mathrm{d}}{\mathrm{d}\alpha}\mathrm{e}^{-\alpha t}$$

e quindi:

$$\langle t \rangle = \int_0^\infty t\alpha \mathrm{e}^{-\alpha t}\mathrm{d}t = -\alpha \frac{\mathrm{d}}{\mathrm{d}\alpha}\int_0^\infty \mathrm{e}^{-\alpha t}\mathrm{d}t = \frac{1}{\alpha}, \qquad (3.23)$$

cioè il tempo che tipicamente dobbiamo aspettare *coincide con il tempo medio tra due eventi.* Dato che il ragionamento che abbiamo fatto non dipende dal particolare istante di tempo iniziale, il tempo d'attesa non cambia anche se cominciamo a "contare il tempo" dopo che è passato un bel po' dall'ultimo evento registrato. Ciò dipende dal fatto che, come abbiamo già visto discutendo il gioco del Lotto, per eventi indipendenti la probabilità condizionata di osservare un evento al tempo t, sapendo che è avvenuto un altro evento al tempo $t' < t$, è ancora uguale alla probabilità semplice di osservare un evento al tempo t, il che sostanzialmente conferma quanto visto in generale sull'inutilità di qualsivoglia sistema o strategia di scommessa.

Nonostante quanto abbiamo detto, un dubbio potrebbe ancora tormentarvi l'anima. Che cosa c'è di sbagliato nel dire che, dato che accendo il mio rivelatore in un punto intermedio di un intervallo a caso, il tipico tempo di attesa per l'evento successivo dovrebbe essere *minore* di $1/\alpha$, diciamo magari $1/2\alpha$? Cerchiamo però di non ricadere nel solito modo approssimativo di intendere l'espressione "a caso" e di impostare bene il problema: in effetti, *se* accendo il rivelatore durante un intervallo tra due eventi di durata t, il tempo di attesa t_a sarà una variabile distribuita in modo uniforme tra 0 e t, e quindi il suo valore tipico *è proprio* $t/2$. Quel "se" però ci fa capire che questo è un valore condizionato al fatto di aver *scelto* un intervallo di durata specifica t. Per calcolare il valore d'aspettazione complessivo per t_a, devo allora capire come scelgo in realtà gli intervalli: il fatto è che, accendendo il rivelatore in un istante "a caso", *non campiono la distribuzione degli intervalli in modo uniforme, ma seleziono prevalentemente gli intervalli più lunghi.*

Consideriamo infatti N intervalli distribuiti secondo $p(t) = \alpha \mathrm{e}^{-\alpha t}$, e quindi con un valore di aspettazione per la durata $\langle t \rangle = \tau = 1/\alpha$. Gli intervalli con durata compresa tra t e $t + \mathrm{d}t$ occuperanno una frazione del tempo totale $T = N\langle \tau \rangle = N/\alpha$ pari a:

$$\frac{Ntp(t)dt}{N\langle \tau \rangle} = \alpha t p(t)\mathrm{d}t = \alpha^2 t \exp(-\alpha)\mathrm{d}t.$$

Se N è molto grande, la probabilità di accendere il rivelatore all'interno di un intervallo di lunghezza $(t, t+\mathrm{d}t)$ sarà pressoché uguale alla frazione del tempo

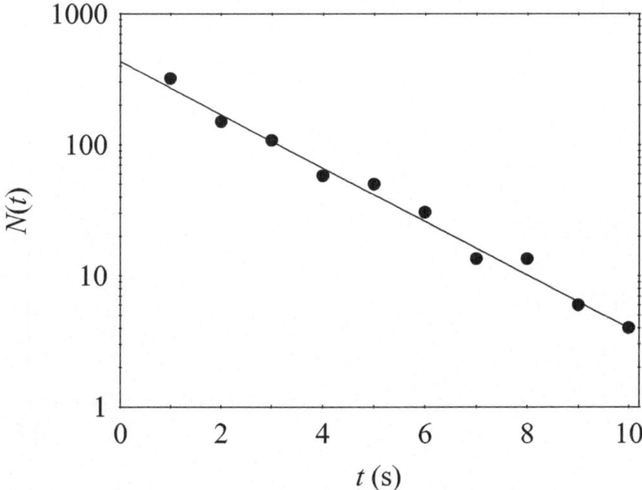

Figura 3.10. Distribuzione degli intervalli temporali tra decadimenti successivi per un campione di polonio radioattivo.

totale occupata da questo tipo di intervalli, che è *diversa* dalla probabilità $p(t)$ che un intervallo abbia una durata compresa tra t e $t + \mathrm{d}t$. Il valore di aspettazione del tempo di attesa sarà allora dato da:

$$\langle t_a \rangle = \int_0^\infty \frac{t}{2}\alpha t p(t)\mathrm{d}t = \frac{\alpha^2}{2}\int_0^\infty t^2 \exp(-\alpha t)\mathrm{d}t.$$

Applicando un paio di volte il "trucco" che abbiamo appena usato per calcolare $\langle t \rangle$, non dovreste trovare molte difficoltà a provare che il valore dell'integrale è semplicemente $2/\alpha^2$, e che quindi si ha, ancora una volta e senza speranza:

$$\langle t_a \rangle = \frac{1}{\alpha} = \tau.$$

***Esempio 3.19.** Spingiamoci un po' più in là nel ragionamento fatto nell'esempio precedente. Vogliamo calcolare la probabilità che il k-esimo evento avvenga nell'intervallo $(t, t + \mathrm{d}t)$, cioè la distribuzione di probabilità dei tempi di attesa per avere k eventi. Come prima, questa sarà data dal prodotto della probabilità di aver osservato esattamente $k - 1$ eventi al tempo t per la probabilità di osservare il k-esimo evento nell'intervallino $\mathrm{d}t$, cioè:

$$P_k(t, t + \mathrm{d}t) = \frac{(\alpha t)^{k-1}\mathrm{e}^{-\alpha t}}{(k-1)!}\alpha \mathrm{d}t.$$

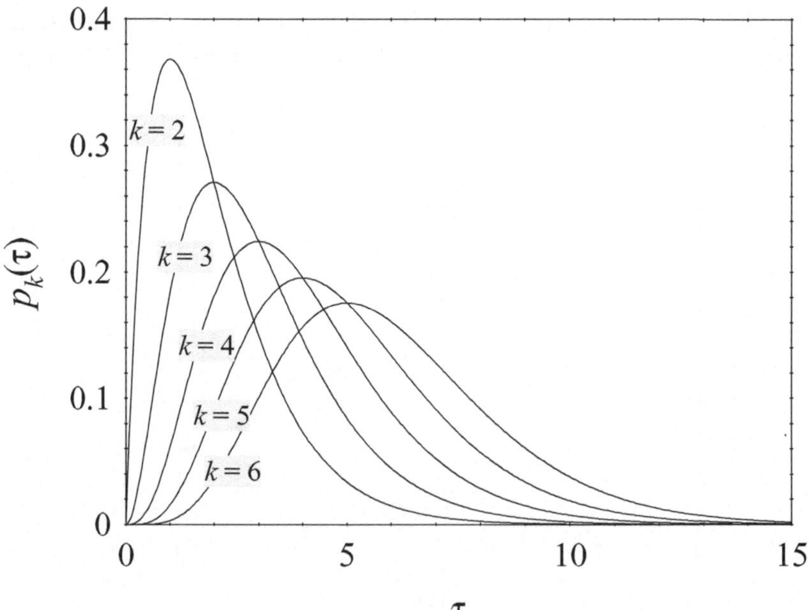

Figura 3.11. Distribuzione del tempo di attesa $\tau = \alpha t$ per osservare k eventi.

Ci conviene introdurre una variabile $\tau = \alpha t$ e cioè misurare il tempo in termini del tempo medio $1/\alpha$ tra due eventi. Dato che $d\tau = \alpha dt$, abbiamo:

$$P_k(\tau, \tau + \mathrm{d}\tau) = \frac{(\tau)^{k-1}\mathrm{e}^{-\tau}}{(k-1)!}\mathrm{d}\tau.$$

Questo vuol dire che la *densità di probabilità di osservare esattamente k eventi in un tempo t* è data da:

$$p_k(\tau) = \frac{(\tau)^{k-1}\mathrm{e}^{-\tau}}{(k-1)!}. \tag{3.24}$$

Sottolineiamo ancora che mentre il numero di eventi in un intervallo fissato, dato dalla distribuzione di Poisson, è una variabile discreta, il tempo di attesa prima del k-esimo evento è una variabile *continua*. Per $k = 1$ otteniamo ovviamente l'andamento esponenziale che abbiamo appena studiato, mentre per $k > 1$ la distribuzione presenta un picco per un valore di τ che, come mostra la figura 3.11, cresce al crescere di k. Dato che integrando ripetutamente per parti si ottiene $\int_0^\infty x^n \exp(-x)\mathrm{d}x = n!$, la distribuzione risulta normalizzata, ed inoltre si ha $\langle\tau\rangle = k$, cioè $\langle t\rangle = k/\alpha$. Il massimo della distribuzione si ottiene invece per:

$$\frac{\mathrm{d}}{\mathrm{d}\tau}\left[\frac{(\tau)^{k-1}\mathrm{e}^{-\tau}}{(k-1)!}\right] = 0 \Rightarrow \tau = k-1 \Rightarrow t = \frac{k-1}{\alpha}.$$

3.6 La distribuzione gaussiana

3.6.1 Dalla binomiale (o dalla Poisson) alla gaussiana

La figura 3.4b mostra come, al crescere di n, i valori della distribuzione binomiale possono essere interpolati da una curva "a campana" continua e simmetrica. La convergenza è particolarmente rapida per $p = 1/2$, ma in ogni caso questa "distribuzione limite" viene raggiunta per ogni p se n è sufficientemente grande. In App. A.3 mostriamo che al crescere di n con p fissato:

$$B(k; n, p) \underset{n\to\infty}{\longrightarrow} \frac{1}{\sigma_k\sqrt{2\pi}} \exp\left[-\frac{(k-\langle k\rangle)^2}{2\sigma_k^2}\right]. \tag{3.25}$$

dove $\langle k\rangle = np$ e $\sigma_k^2 = np(1-p)$ sono il valore di aspettazione e la varianza della binomiale. Una situazione simile si ha per la distribuzione di Poisson quando il numero medio a di eventi nell'intervallo diventa grande. In questo caso, sempre in A.3, si trova che:

$$P(k; a) \underset{a\to\infty}{\longrightarrow} \frac{1}{\sqrt{2\pi a}} \exp\left[-\frac{(k-a)^2}{2a}\right]. \tag{3.26}$$

Se ricordiamo che a è sia il valore di aspettazione che la varianza della Poisson, ci rendiamo conto che la distribuzione limite è del tutto analoga a quella che si ottiene dalla Bernoulli. Ciò ci spinge a considerare la curva che interpola entrambe queste distribuzioni limite e che rappresenta cioè l'inviluppo continuo delle due distribuzioni discrete. Questa funzione è la più importante e anche la più comune distribuzione che si incontra in statistica: per questa ragione viene detta *distribuzione normale*, anche se in fisica è chiamata molto più comunemente *distribuzione gaussiana*, con un omaggio un po' arbitrario a Gauss[12]. Una gaussiana ha dunque la forma generale:

$$g(x; \mu, \sigma) = \frac{1}{\sigma\sqrt{2\pi}} \exp\left[-\frac{(x-\mu)^2}{2\sigma^2}\right] . \tag{3.27}$$

Da un punto di vista quantitativo è in generale sufficiente un valore $n \sim 10 - 20$ o rispettivamente $a \sim 5 - 10$ perché binomiale e Poisson siano approssimate abbastanza bene dalle espressioni limite. Dobbiamo però introdurre una nota di cautela. Sia la binomiale che la Poisson convergono rapidamente alla gaussiana nella regione "centrale", cioè per valori vicini al valore di aspettazione, ma tanto più lentamente quanto più ci si allontana verso le "code" della distribuzione: in altri termini, la convergenza non è uniforme.

La figura 3.12 mostra che la densità di probabilità gaussiana è concentrata soprattutto in un intervallo di uno o due σ attorno al valore $x = \mu$ e diventa pressoché nulla per $|x - \mu| > 3\sigma$. La gaussiana, nella forma che abbiamo

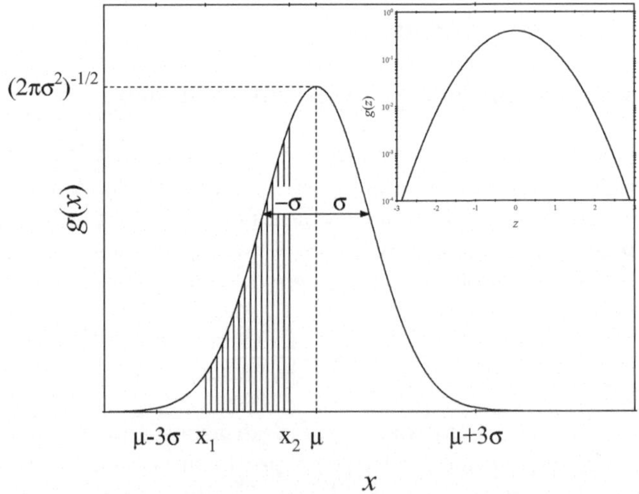

Figura 3.12. Distribuzione gaussiana (mostrata nell'inserto in scala semilogaritmica in funzione della variabile normalizzata $z = (x - \mu)/\sigma$).

[12] In realtà fu A. DeMoivre ad introdurre per primo la distribuzione normale, ma l'espressione "distribuzione demoivriana" sarebbe piuttosto cacofonica!

introdotto, è correttamente normalizzata, come viene mostrato in A.2.3. Per comprendere il significato dei due parametri μ e σ, è sufficiente determinare il valore di aspettazione e la varianza della distribuzione, che risultano pari a:

$$\begin{aligned} \langle x \rangle &= \mu \\ \sigma_x^2 &= \sigma^2 . \end{aligned} \tag{3.28}$$

Sempre in A.2.3, si mostra poi che per la gaussiana qualunque momento rispetto alla media di ordine dispari è nullo (in particolare, è nulla l'asimmetria); procedendo in modo simile si può anche far vedere che qualunque momento rispetto alla media di ordine pari è proporzionale alla varianza.

Esempio 3.20. Suddividiamo i decimali di π in gruppi di 25 cifre, e valutiamo il numero di cifre dispari all'interno di ciascun gruppo. Sempre nell'ipotesi che π sia un numero normale, la distribuzione delle cifre dispari si avvicinerà, al crescere del numero di gruppi considerati, ad una binomiale $B(k; 25, 0.5)$, che è abbastanza bene approssimata da una gaussiana $g(x; 12.5, 2.5)$. La figura 3.13 mostra il confronto tra l'approssimazione gaussiana e la distribuzione delle frequenze ottenuta considerando 400 gruppi di 25 decimali ciascuno.

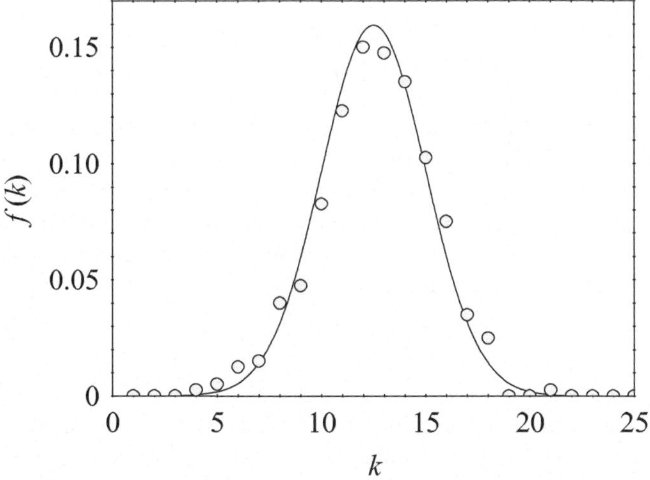

Figura 3.13. Distribuzione del numero di cifre dispari nei gruppi di 25 cifre di π, confrontata con la gaussiana $g(x; 12.5, 2.5)$ (linea continua).

Tutte le diverse situazioni che abbiamo analizzato facendo uso della distribuzione binomiale o della Poisson possono quindi, quando il valore di aspettazione è abbastanza elevato, essere riviste in termini di distribuzione gaussiana. Se la distribuzione gaussiana fosse però solo un'approssimazione della binomiale o della Poisson, la sua utilità si ridurrebbe a rendere più semplici i calcoli nelle situazioni limite che abbiamo esaminato. Consideriamo però le distribuzioni del tempo di attesa discusse nell'esempio 3.19. Anche in questo caso ci accorgiamo che, al crescere del numero k di eventi, $P_k(t)$ tende ad assumere una forma a campana molto simile ad una gaussiana. Dato che il tempo d'attesa per un singolo evento ha una distribuzione esponenziale, ciò vuol dire che sommando molte variabili casuali distribuite esponenzialmente si ottiene una variabile casuale, il tempo di attesa totale, con una distribuzione gaussiana. Vedremo inoltre nel paragrafo 3.6.3 che anche nel caso del moto browniano la somma di molti passi tende ad avere una distribuzione gaussiana, per quanto un singolo passo sia una variabile casuale che ammette solo i valori ± 1. Questi fatti sono conseguenze dirette del Teorema Centrale Limite che affronteremo nel prossimo capitolo, grazie al quale l'importanza della gaussiana diviene "spropositata" e che ci farà davvero capire il significato dell'espressione "distribuzione normale".

3.6.2 Probabilità gaussiana cumulativa

Il problema che ci porremo più frequentemente è quello di calcolare la probabilità che una variabile x, distribuita secondo una gaussiana, abbia un valore compreso tra due estremi, diciamo x_1 ed x_2. Per far questo dovremmo calcolare:

$$\int_{x_1}^{x_2} g(x;\mu,\sigma)\mathrm{d}x = \frac{1}{\sigma\sqrt{2\pi}} \int_{x_1}^{x_2} \exp\left[-\frac{(x-\mu)^2}{2\sigma^2}\right], \tag{3.29}$$

che corrisponde all'area tratteggiata in Fig. 3.12. Purtroppo non esiste un'espressione analitica per questo integrale. Procederemo allora per passi, cercando di svincolarci per prima cosa dal particolare valore che i parametri μ e σ assumono per una data distribuzione gaussiana. La distribuzione normale assume una forma particolarmente semplice se la riscriviamo come funzione $g(z)$ della nuova variabile adimensionale

$$z = \frac{(x-\mu)}{\sigma}. \tag{3.30}$$

Per far questo, come vedremo meglio nel prossimo capitolo, la condizione che dobbiamo imporre è che la probabilità che la variabile z stia in un intorno $\mathrm{d}z = \mathrm{d}x/\sigma$ del generico valore z sia pari alla probabilità che la variabile x stia in un intorno corrispondente, ossia:

$$g(z)\mathrm{d}z = g(x,\mu,\sigma)\mathrm{d}x$$

da cui si ha la *gaussiana in forma standard*:

$$g(z) = \frac{1}{\sqrt{2\pi}} \exp\left(-\frac{z^2}{2}\right). \tag{3.31}$$

L'inserto di Fig. 3.12 mostra $g(z)$ in scala semilogaritmica. Se in particolare confrontiamo questo grafico con quello nell'inserto di Fig. 3.9, possiamo osservare come le "code" della gaussiana decrescano in modo molto più rapido che per la distribuzione di Cauchy.

Per il calcolo dell'area sotto la distribuzione, otteniamo allora:

$$\int_{x_1}^{x_2} g(x;\mu,\sigma)\mathrm{d}x = \frac{1}{\sqrt{2\pi}}\int_{z_1}^{z_2} \exp\left(-\frac{z^2}{2}\right)\mathrm{d}z,$$

per cui è chiaro che è sufficiente conoscere la probabilità cumulativa:

$$G(z) = \frac{1}{\sqrt{2\pi}}\int_{-\infty}^{z} \exp\left(-\frac{t^2}{2}\right)\mathrm{d}t \tag{3.32}$$

per esprimere la quantità che ci interessa come

$$P(x_1 < x < x_2) = G(z_2) - G(z_1). \tag{3.33}$$

Una tabella di $G(z)$ per $0 \le z \le 3.5$ è data nella tabella B.1 dell'App. B.

Possiamo poi stabilire un'andamento asintotico di $G(z)$ per grandi z, particolmente utile per stimare la probabilità cumulativa di eventi molto rari. Osserviamo che si ha ovviamente per ogni t:

$$\left(1-\frac{3}{t^4}\right)g(t) < g(t) < \left(1+\frac{1}{t^2}\right)g(t),$$

dato che le quantità che sottraiamo a sinistra e aggiungiamo a destra sono sicuramente positive. Osservando che $\mathrm{d}g(t)/\mathrm{d}t = -tg(t)$, non è difficile vedere che questa espressione può essere riscritta nella forma:

$$-\frac{\mathrm{d}}{\mathrm{d}t}\left[\left(t^{-1}-t^{-3}\right)g(t)\right] < g(t) < -\frac{\mathrm{d}}{\mathrm{d}t}\left(t^{-1}g(t)\right),$$

da cui, integrando sulla variabile t da z a $+\infty$, è immediato ottenere:

$$\left(z^{-1}-z^{-3}\right)g(z) < 1-G(z) < z^{-1}g(z).$$

Ma, per $z \to \infty$, il fattore z^{-3} nel membro a sinistra è trascurabile rispetto a z^{-1}: quindi i due termini estremi dell'espressione divengono uguali, e pertanto si deve avere:

$$1-G(z) \simeq \frac{g(z)}{z} = \frac{\exp(-z^2/2)}{z\sqrt{2\pi}}. \tag{3.34}$$

Per un valore generico di z è infine possibile dare un'espressione approssimata[13], molto semplice e certamente sufficientemente accurata per i nostri scopi, che sovrastima meno dell'1% in eccesso l'integrale della gaussiana tra 0 e z:

[13] L'espressione si deve a J. D. Williams, *Ann. Math. Stat.* **17**, 373 (1946).

$$f(z) = \frac{1}{\sqrt{2\pi}} \int_0^z \exp\left(-\frac{t^2}{2}\right) dt \simeq \frac{\sqrt{1 - \exp(-2z^2/\pi)}}{2}. \qquad (3.35)$$

Chiaramente, $G(z) = 1/2 + f(z)$ se $z > 0$, e $G(z) = 1/2 - f(z)$ viceversa.

Lo schema secondo cui dovremo quindi operare per calcolare la probabilità che la variabile x, distribuita secondo una gaussiana di valore di aspettazione μ e varianza σ^2, assuma un valore compreso tra x_1 ed x_2 sarà in definitiva il seguente:

1. calcoliamo $z_1 = (x_1 - \langle x \rangle)/\sigma$ e $z_2 = (x_2 - \langle x \rangle)/\sigma$;
2. determiniamo $G(z_1)$ e $G(z_2)$ dalla tabella o dalla 3.35;
3. ricaviamo $P(x_1 < x < x_2) = G(z_2) - G(z_1)$.

Da un punto di vista sperimentale, è interessante valutare quanto il valore di una variabile gaussiana x differisca tipicamente dal valore di aspettazione μ. Per quanto abbiamo detto in precedenza, si ottiene:

$$\begin{cases} P(\mu - \sigma < x < \mu + \sigma) = 0.683 \\ P(\mu - 2\sigma < x < \mu + 2\sigma) = 0.955 \\ P(\mu - 3\sigma < x < \mu + 3\sigma) = 0.997 \end{cases} \qquad (3.36)$$

Quindi, quando misuriamo una variabile distribuita secondo una gaussiana, ci aspettiamo che circa 2/3 dei risultati cadano entro un intervallo di ampiezza σ attorno a μ, mentre pressoché tutti i dati cadranno entro 3σ da μ.

Esempio 3.21. Riprendiamo l'esempio 1.3, dove abbiamo visto che la distribuzione di altezze degli iscritti alla classe di leva 1900 ha una forma a campana che "assomiglia" molto ad una gaussiana. Nel prossimo capitolo vedremo che questo fatto ha una precisa giustificazione teorica, ma per effettuare un confronto più quantitativo è opportuno riguardare con attenzione i dati. Nel loro articolo, A'Hearn *et al.* mettono in luce come i valori riportati possono essere influenzati da una serie di fattori "spurii" che possono ridurre la loro attendibilità come dati rappresentativi, in particolare per quanto riguarda la disomogeneità nell'età dei soggetti esaminati. La classe di leva 1900, infatti, pur essendo sfuggita alla tragica sorte dei "ragazzi del '99", si è trovata a che fare con le fasi finali della Grande Guerra: di conseguenza, la chiamata alle armi riguardava tutti gli individui abili a partire da meno di 18 anni, età alla quale (specialmente all'inizio del secolo scorso) la crescita dei ragazzi non era del tutto completata[14]. Attraverso un'accurata analisi statistica, gli autori hanno corretto i dati, ottenendo la distribuzione mostrata in Fig. 3.14 (cerchi pieni) che dovrebbe rappresentare con maggiore fedeltà la statistica delle altezze di un campione omogeneo e che, rispetto ai valori che abbiamo presentato nell'esempio 1.9 mostra un'altezza media un po' superiore ($\overline{h} \simeq 164\,\text{cm}$), una varianza lievemente ridotta ($\sigma_h \simeq 6.3\,\text{cm}$), ed un'asimmetria quasi nulla.

---

[14] Di fatto, la distribuzione dei dati "grezzi" in Fig. 3.14 (cerchi vuoti) mostra una lieve asimmetria negativa.

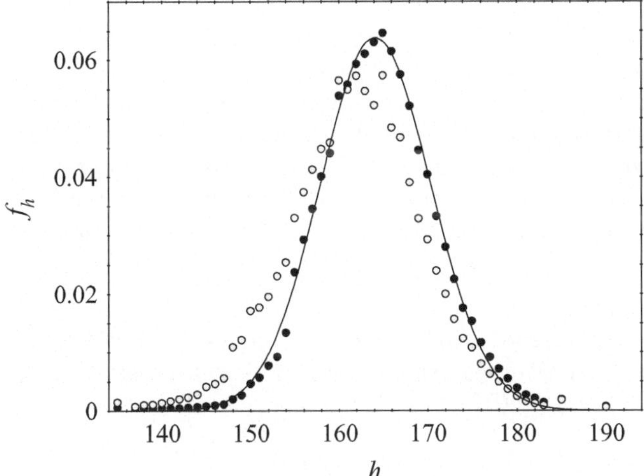

Figura 3.14. Confronto tra i dati delle altezza degli iscritti alla classe di leva 1900 (•), corretti rispetto ai dati grezzi (∘) per la crescita residua dei coscritti, e la gaussiana $g(h; 164, 6.3)$ (linea continua).

In seguito vedremo che la media e il quadrato della deviazione standard sperimentali possono essere usate come stime del valore di aspettazione e della varianza della distribuzione teorica con cui descriviamo i dati: di fatto, come si vede dalla figura, una gaussiana di valore di aspettazione $\langle h \rangle = 164\,\text{cm}$ e $\sigma_h = 6.3\,\text{cm}$ "fitta" i dati in modo eccellente. Per sapere allora quale fosse al principio del XX secolo la probabilità di trovare un italiano (maschio) più alto dell'autore (che è alto 182 cm), dobbiamo calcolare il valore della variabile normalizzata $z = (182 - 164)/6.3 \simeq 2.86$. Dalla Tab. B.1 otteniamo:

$$P(h > 182) = 1 - P(h < 182) = 1 - G(2.86) = 1 - 0.9979 \simeq 0.002$$

cioè pari a circa il 2 per mille (un risultato pressoché identico si ottiene più semplicemente usando la (3.34)): a quei tempi, sarei stato davvero un gigante!

Quando stiamo usando la gaussiana come approssimazione di una binomiale o di una Poisson, dobbiamo prestare un po' di attenzione alla scelta del valore di z, come nell'esempio che ora consideriamo.

Esempio 3.22. Un dado viene lanciato 120 volte. Vogliamo calcolare la probabilità che la faccia "4" si presenti:

a) meno di 18 volte;
b) più di 24 volte;
c) tra 15 e 25 volte.

a) Per approssimare la distribuzione binomiale, dobbiamo considerare una gaussiana di valore di aspettazione e varianza:

$$m = 120/6 = 20 \; ; \; \sigma^2 = 120 \cdot \left(\frac{1}{6}\right) \cdot \left(\frac{5}{6}\right) \simeq 16.7.$$

A questo punto dobbiamo calcolare il valore della variabile normalizzata z. Ma cosa scegliamo come valore di x? La binomiale raccoglie infatti nel solo punto $k = 18$ ciò che nella gaussiana è distribuito in un intervallo continuo unitario attorno a questo valore. Allora è meglio intendere l'espressione "meno di 18 volte" con $x < 17.5$ (non $x < 18$) e quindi assumere

$$z = (17.5 - 20)/4.1 \simeq -0.61.$$

Dalle tabelle otteniamo $G(0.61) \simeq 72.9\%$, da cui $G(-0.61) \simeq 27.1\%$.

b) In questo caso cercheremo la probabilità $P(x > 24.5)$, ossia $1 - P(x < 24.5)$. Dato che $z = (24.5 - 20)/4.1 \simeq 1.10$, si avrà

$$P(x > 24.5) = 1 - G(1.10) = 13.56\%.$$

c) Calcolando i valori di z corrispondenti a $x_1 = 14.5$ e $x_2 = 25.5$ si ha $z_1 = -1.34$, $z_2 = +1.34$ e quindi:

$$P(14.5 < x < 25.5) = G(1.34) - (1 - G(1.34)) = 2G(1.34) - 1 \simeq 82\%$$

*3.6.3 Moto browniano e processi di diffusione

Nell'esempio 3.8 abbiamo visto come la distribuzione del numero di passi nel moto browniano in una dimensione sia una binomiale, da cui è possibile derivare la distribuzione della posizione finale. Questa, al crescere del numero di passi, sarà quindi bene approssimata da una gaussiana con $\mu = 0$ e $\sigma = L\sqrt{N}$, il che ci fa capire l'origine della curva a campana trovata nella simulazione. Supponiamo ora di analizzare il fenomeno nel tempo, e diciamo τ il tempo necessario a compiere un passo. Il numero di passi che hanno luogo in un tempo t si può scrivere allora $N = t/\tau$ e la varianza della distribuzione gaussiana come $\sigma^2 = 2Dt$, dove:

$$D = \frac{L^2}{2\tau} = \frac{\langle x^2 \rangle}{2t}. \tag{3.37}$$

La cosa interessante è che, dato che lo spostamento quadratico cresce linearmente con il tempo, il coefficiente D, che indica quanto in fretta si allarga la distribuzione delle posizioni e che viene detto *coefficiente di diffusione*, rimane finito anche per $t \to 0$ e quindi non dipende dalla scelta di τ. Notate che D ha le dimensioni di un quadrato di una lunghezza diviso un tempo. In termini del coefficiente di diffusione, la distribuzione delle posizioni al tempo t è data allora da:

$$p(x,t) = \frac{1}{2\sqrt{\pi D t}} \exp\left(-\frac{x^2}{4Dt}\right). \tag{3.38}$$

Abbiamo più volte descritto il moto browniano come un "prototipo" dei processi diffusivi: vogliamo ora vedere come da considerazioni puramente probabilistiche sul random walk si possa ottenere un equazione macroscopica per la diffusione di massa. Per maggiore generalità, assumeremo questa volta che la probabilità di compiere un passo di lunghezza L nella direzione positiva dell'asse x sia p (non necessariamente uguale a $1/2$). Inoltre, stabiliamo che ciascun passo richieda un intervallo di tempo $\Delta t = \tau$, che assumeremo essere molto breve rispetto ai tempi su cui vogliamo descrivere il processo. Per calcolare la probabilità $P(x, t+\tau)$ che la particella si trovi in x al tempo $t+\tau$ possiamo usare ancora una volta il principio della "zuppa o pan bagnato", scrivendo:

$$P(x, t+\tau) = pP(x-L, t) + (1-p)P(x+L, t),$$

ossia: o la particella al tempo precedente si trovava un passo indietro ed ha fatto un passo avanti, o si trovava un passo avanti ed ha fatto un passo indietro (ovviamente con probabilità $1-p$). Dato che τ è un piccolo incremento, possiamo approssimare, fermandoci al primo ordine dello sviluppo di Taylor[15]

$$P(x, t+\tau) \simeq P(x,t) + \frac{\partial P}{\partial t}\tau.$$

Possiamo fare lo stesso anche per i termini al secondo membro, ma in questo caso, per ragioni che ci saranno presto chiare, conviene spingersi almeno fino al secondo ordine dello sviluppo, scrivendo:

$$P(x \pm L, t) \simeq P(x,t) \pm \frac{\partial P}{\partial x}L + \frac{1}{2}\frac{\partial^2 P}{\partial x^2}L^2.$$

Sostituendo nell'equazione originaria, si ottiene facilmente:

$$\frac{\partial P}{\partial t} = (1-2p)\frac{L}{\tau}\frac{\partial P}{\partial x} + \frac{L^2}{2\tau}\frac{\partial^2 P}{\partial x^2},$$

ossia in definitiva:

$$\frac{\partial P}{\partial t} = (1-2p)\frac{L}{\tau}\frac{\partial P}{\partial x} + D\frac{\partial^2 P}{\partial x^2}, \tag{3.39}$$

che viene detta equazione di Smoluchovski o (con minore correttezza storica) di Fokker-Planck. Se allora consideriamo un grande numero N di particelle, la frazione di particelle che si trova tra x ed $x + \mathrm{d}x$ al tempo t sarà data da:

$$n(x,t)\mathrm{d}x = NP(x,t)$$

e quindi obbedirà all'*equazione di diffusione* (generalizzata):

$$\frac{\partial n(x,t)}{\partial t} = (1-2p)\frac{L}{\tau}\frac{\partial n(x,t)}{\partial x} + D\frac{\partial^2 n(x,t)}{\partial x^2}. \tag{3.40}$$

Notiamo in primo luogo che, quando $p = 1/2$, il primo termine al secondo membro è nullo (per questo è stato necessario considerare lo sviluppo fino

---

[15] Ovviamente dobbiamo scrivere la derivata rispetto a t come derivata parziale, perché P è funzione anche di x.

al *secondo* ordine): questo è il caso del *random walk* semplice che abbiamo considerato finora, la cui soluzione come abbiamo visto è una distribuzione gaussiana per $n(x,t)$ che si allarga nel tempo con $\langle x^2 \rangle = 2Dt$. In termini fisici, potrebbe descrivere ad esempio il progressivo allargarsi di una macchiolina d'inchiostro che depositiamo con un pennino sottile al centro di un bicchiere d'acqua (ben ferma). Ma, come vedrete in futuro, non è necessario che la "cosa" che diffonde sia necessariamente una sostanza materiale: la stessa equazione descrive ad esempio la diffusione del calore.

Qual è però il significato fisico del primo termine? Se $p \neq 0.5$, possiamo aspettarci che ciascuna particella (e quindi tutta la distribuzione di massa) "derivi" progressivamente in direzione positiva (se $p > 0.5$) o negativa (se $p < 0.5$) dell'asse x: in altri termini, la quantità $(1-2p)L/\tau$ corrisponderà alla "velocità di drift" V_d che una particella assume in presenza di una forza esterna come il peso (il cui effetto è proprio quello di rendere $p \neq 1/2$)[16].

Quanto abbiamo detto si generalizza facilmente al moto browniano in più dimensioni. Ad esempio, se consideriamo un *random walk* in tre dimensioni, con spostamenti indipendenti lungo x, y e z, si ottiene $\langle r^2 \rangle = 6Dt$. Il fatto che in un processo diffusivo $\langle x^2 \rangle$ sia proporzionale a t ci fa intuire, tuttavia, che la descrizione "idealizzata" del moto reale che compie una particella sottoposta agli urti da parte delle molecole di solvente come un *random walk* idealizzato presenta qualche problema. Se infatti calcoliamo la *velocità* quadratica media $\langle v \rangle$ con cui la particella diffonde a partire dall'origine, che definiamo come

$$\langle v \rangle = \frac{\mathrm{d}}{\mathrm{d}t}\sqrt{\langle x^2 \rangle} = \sqrt{\frac{D}{t}},$$

troviamo che $\lim_{t\to 0} \langle v \rangle = \infty$: ovviamente, ciò non ha senso fisico. In realtà, per intervalli di tempo sufficientemente brevi (almeno pari al tempo tra due collisioni successive) la particella si muoverà di moto uniforme (o, come si dice, avrà un moto "balistico"). Possiamo farci un'idea del tempo caratteristico su cui la direzione del moto della particella diventa casuale per effetto degli urti con le molecole del solvente, che si dice *tempo di rilassamento idrodinamico* τ_H, considerando un semplice esperimento "macroscopico" in cui una pallina di massa m cade in un fluido sotto effetto della forza peso. Sappiamo dai corsi elementari di fisica che in breve tempo la pallina raggiunge una velocità stazionaria, ossia quella che abbiamo chiamato velocità di drift V_d: in queste condizioni stazionarie, la forza peso (o meglio, la differenza $F = mg - F_a$ tra questa e la forza di Archimede F_a) è bilanciata esattamente dalla "resistenza viscosa" del mezzo $F_v = F$. Quanto vale V_d? Per determinarla, basta notare

---

[16] Un modo rigoroso per convincersene è notare che, se tutta la distribuzione di massa si sposta rigidamente con velocità V_d, $n(x,t)$ non può essere una funzione arbitraria della posizione e del tempo, ma della sola variabile "combinata" $x + V_d t$. È abbastanza facile vedere che ogni funzione arbitraria $n(x + V_d t)$ soddisfa automaticamente la (3.40) se trascuriamo il secondo termine (il termine di allargamento "browniano") al membro di destra.

che la pallina potrà accelerare subendo uno spostamento netto in direzione di F, solo fino a quando l'impulso trasferito dalla forza agente non sarà stato "randomizzato" dalle collisioni, ossia solo per $t \lesssim \tau$. Avremo pertanto:

$$V_d = (F/m)\tau_H.$$

La forza di resistenza viscosa $F_v = F = fV_d$, dove f è detto coefficiente di frizione, è allora proporzionale alla velocità di drift, ed il tempo di rilassamento idrodinamico sarà legato al coefficiente di frizione da $\tau_H \sim m/f$. Quindi la descrizione del moto browniano come *random walk* ha in realtà senso solo per $t \gg \tau_H$ (che comunque, per una particella di raggio $R \sim 1\,\mu$m, è dell'ordine di poche centinaia di nanosecondi).

Notiamo infine che $\ell_g = D/V_d$ ha le dimensioni di una lunghezza (detta *lunghezza gravitazionale*). Che significato ha questa quantità? Non vi dovrebbe essere difficile mostrare che ℓ_g corrisponde proprio alla distanza per cui lo spostamento netto dovuto alla forza peso diviene paragonabile allo spostamento quadratico medio casuale prodotto dalla diffusione. In realtà, le stesse considerazioni valgono ogni qual volta consideriamo un moto "ordinato" di un piccolo oggetto a velocità costante "disturbato" del moto browniano provocato dagli urti con il solvente[17]. Notiamo poi che una lunghezza può essere sempre pensata come il rapporto tra un'energia ed una forza. Nel caso che stiamo considerando, la forza in gioco è $F_v = mg - F_a$, mentre l'unica scala di energia presente nel problema è k_BT, l'energia termica delle molecole del solvente: da ciò si può intuire (ma anche dimostrare rigorosamente) che $\ell_g = k_BT/F_v$ (e quindi anche che $D = k_BT/f$). Dietro questo risultato, dovuto ad Einstein, è nascosto uno dei piò importanti concetti di fisica statistica.

*3.7 La legge dei grandi numeri

Il fatto che la distribuzione binomiale converga, al crescere del numero n di tentativi, ad una distribuzione gaussiana giustifica il progressivo convergere delle frequenze sperimentali ai valori di probabilità teorici. Questo risultato passa sotto il nome di "leggi dei grandi numeri", proprio perché si riferisce al comportamento di sequenze di Bernoulli illimitate, cioè dove il numero di tentativi tende all'infinito, che indicheremo in generale con 110010111001..., dove 1 indica un "successo" ed 0 un "fallimento".

Avventurarci in uno spazio dove gli eventi elementari sono successioni infinite può tuttavia essere insidioso (d'altronde, ce ne siamo già accorti con il paradosso di S. Pietroburgo). Qual è infatti la dimensione dello spazio degli eventi S associato a queste sequenze? Possiamo pensare che ognuna di esse

---

[17] Un'interessante applicazione di questo risultato al modo in cui i batteri si procurano efficientemente il "cibo" è descritto in E. M. Purcell, *Life at low Reynolds numbers*, Am. J. Phys. **45**, 3 (1977).

costituisca la rappresentazione *binaria*, ossia in base 2, di uno ed un solo[18] numero reale compreso tra 0 ed 1, ossia possiamo stabilire una corrispondenza biunivoca per le sequenze tra $S \rightleftharpoons [0,1]$: come è noto, ogni intervallo dell'asse reale ha la potenza del continuo, e quindi anche gli eventi di S non sono numerabili. Dovremo quindi prestare particolare attenzione a quanto faremo.

Come per molti medicinali, la legge dei grandi numeri può essere "somministrata" in una formulazione più debole o in una più forte ed efficace. Ovviamente, come per i medicinali, la formulazione forte è anche un po' più amara e difficile da digerire: quindi, cominciamo dalla prima.

*3.7.1 Legge dei grandi numeri: formulazione "debole"

Vogliamo innanzitutto dimostrare che, al crescere del numero di tentativi n, la frequenza relativa k/n di successi "si avvicina a piacere" a p, nel senso che:

$$\forall \epsilon > 0 : P\left(\left|\frac{k}{n} - p\right| \le \epsilon\right) \underset{n\to\infty}{\longrightarrow} 1. \tag{3.41}$$

Ciò significa che, posto $k_m = n(p-\epsilon)$ e $k_M = n(p+\epsilon)$, dovremmo valutare:

$$P\left(\left|\frac{k}{n} - p\right| \le \epsilon\right) = P\left(k_m \le k \le k_M\right) = \sum_{k=k_m}^{k=k_M} \binom{n}{k} p^k (1-p)^{n-k}.$$

Al crescere di n possiamo sostituire sempre meglio alla binomiale una gaussiana e quindi, usando la (3.33) e ricordando la definizione di z, scrivere:

$$\begin{aligned} P\left(\left|\frac{k}{n} - p\right| \le \epsilon\right) &\simeq G\left(\frac{k_M - np}{\sqrt{np(1-p)}}\right) - G\left(\frac{k_n - np}{\sqrt{np(1-p)}}\right) = \\ &= 2G\left(\frac{n\epsilon}{\sqrt{np(1-p)}}\right) - 1. \end{aligned}$$

Ma, per ogni ϵ, l'argomento di G nell'ultima espressione a destra:

$$z = \frac{n\epsilon}{\sqrt{np(1-p)}} = \epsilon\sqrt{\frac{n}{p(1-p)}} \underset{n\to\infty}{\longrightarrow} \infty,$$

quindi possiamo usare la (3.34) e scrivere:

$$P\left(\left|\frac{k}{n} - p\right| \le \epsilon\right) \simeq 1 - 2\frac{\exp(-z^2/2)}{z\sqrt{2\pi}} \underset{n\to\infty}{\longrightarrow} 1.$$

---

[18] In realtà, più di una sequenza può talora rappresentare lo *stesso* reale: ad esempio, in rappresentazione binaria "1/2" può essere scritto indifferentemente 0.1000... o 0.01111.... Ma ciò ovviamente non inficia le nostre conclusioni.

Operativamente, ciò significa che se ad esempio effettuiamo $n = 100$ lanci di una moneta, la probabilità di ottenere un numero di teste compreso tra 40 e 50 (ossia $\epsilon = 0.1$, e pertanto $z = 2$) è pari a circa:

$$P\left(\left|\frac{k}{100} - 0.5\right| \leq 0.1\right) \simeq 1 - \frac{\exp(-2)}{\sqrt{2\pi}} \simeq 0.95,$$

ossia, se ripetiamo l'"esperimento" per molte volte, nel 95% dei casi la frequenza relativa non differirà per più del 20% dalla probabilità teorica.

*3.7.2 Legge dei grandi numeri: formulazione "forte"

Per quanto rincuorante, la formulazione debole non corrisponde del tutto a ciò che speravamo di scoprire. Supponiamo infatti che nell'esempio precedente lanci la moneta per altre 1000 volte. Se anche dopo 100 lanci la frequenza relativa è compresa (come molto probabile) tra 0.4 e 0.6, non sappiamo se ciò continuerà ad essere vero *anche in seguito*: è vero che in ogni lancio successivo la probabilità che ciò non avvenga è molto piccola (anzi, sempre più piccola), ma la probabilità che ciò possa prima o poi avvenire si ottiene sommando *tantissime* piccole probabilità! In altri termini, la (3.41) ci dice che per un *fissato* numero di tentativi n la frequenza relativa di successi è quasi sempre uguale a p: ma non ci dice che ci *resti*, ossia non ci assicura che se continuo a compiere nuovi tentativi questo continui a valere per ogni $k > n$. Se ripensiamo alla nostra discussione dei decimali di π, è in realtà questo che ci interessa davvero. Questa condizione molto più stringente è garantita dalla forma forte della legge dei grandi numeri: detta infatti $f_n = k/n$ la frequenza dei successi in una sequenza di Bernoulli di lunghezza n, si può dimostrare che:[19]

> Per ogni $\epsilon > 0$ i valori di n per cui $|f_n - p| > \epsilon$ sono, con probabilità uno, in numero *finito*.

Il fatto che il numero di questi valori sia finito significa che per ogni ϵ e δ piccoli a piacere posso scegliere un valore n_0 per cui $P(|f_n - p| < \epsilon) > 1 - \delta$ *per ogni* $n > n_0$: ossia, la differenza tra f_n e p diviene piccola *e ci resta.*

[19] La dimostrazione di questo teorema richiede l'uso di un risultato preliminare (di per se molto interessante) e presenta qualche difficoltà più concettuale che tecnica: per chi fosse interessato, è riportata in dettaglio in appendice A.4.

4

Probabilità: accessori per l'uso

"When the going gets tough
the tough gets going"
J. Belushi

Le domande più importanti che ci porremo in questo capitolo si possono riassumere in quanto segue.

1. Possiamo determinare la distribuzione di probabilità per una variabile y che si ottiene come funzione $f(x)$ di un'altra variabile casuale x?
2. Date *due* variabili casuali x ed y, possiamo determinare la probabilità
$$P(x_0 < x < x_0 + \mathrm{d}x, y_0 < y < y_0 + \mathrm{d}y)$$
che (contemporaneamente) la variabile x assuma una valore compreso tra x_0 e $x_0 + \mathrm{d}x$, e la variabile y un valore compreso tra y_0 e $y_0 + \mathrm{d}y$? In altri termini, possiamo definire una distribuzione di probabilità "congiunta" per due o più variabili casuali?
3. Qual è la distribuzione di probabilità per una grandezza z che si ottiene come somma di due variabili casuali x ed y? E se sommiamo *molte* variabili casuali $x_1 \dots x_N$, possiamo dire qualcosa di generale per la distribuzione di probabilità della loro somma?
4. Possiamo in qualche modo quantificare l'"informazione" che una distribuzione di probabilità trasmette sulla variabile ad essa associata?

Per dare una risposta a queste domande, dovremo tuttavia introdurre qualche concetto che richiede un livello matematico un po' più sofisticato. In particolare, la terza domanda ci porterà ad introdurre nozioni come quelle di funzione caratteristica e di cumulanti, che consentono di descrivere in modo nuovo ed efficiente una distribuzione di probabilità, mentre l'ultima ci avvicinerà a tematiche proprie della termodinamica statistica. Se non ve la sentite di seguirmi su questa strada, tenete conto che l'unica nuova informazione essenziale per quanto segue è costituita dal Teorema Centrale Limite analizzato nella Sez. 4.5: vi esorto quindi a coglierne almeno il significato fondamentale.

4.1 Funzioni di una variabile casuale

Poniamoci questo problema: data una variabile casuale continua x, di cui conosciamo la densità di probabilità $p_x(x)$, è possibile determinare la distribuzione di probabilità $p_y(y)$ di una nuova variabile y che si ottenga come funzione nota $y = f(x)$ di x? Osservate innanzitutto che ho introdotto nella notazione per le due distribuzioni di probabilità un pedice, scrivendo $p_x(x)$ e $p_y(y)$ anziché semplicemente $p(x)$ e $p(y)$. I due diversi pedici stanno infatti ad indicare che p_x e p_y sono due funzioni distinte, il cui andamento in generale differisce, associate rispettivamente alle variabili x ed y, mentre gli argomenti in parentesi rappresentano solo i *valori* in cui sono calcolate le due funzioni. Da ora in poi, quando avremo a che fare con più di una variabile, utilizzeremo questo tipo di notazione.

Cominciamo a considerare il caso più semplice in cui $f(x)$ è una funzione strettamente monotona e quindi ha un andamento del tipo riportato nella Fig. 4.1a. Vogliamo valutare la probabilità che y stia in un intorno del valore y_0. È chiaro dalle figure che ciò avviene se e solo se x è in un intorno del punto x_0 per cui $y_0 = f(x_0)$. Dato che f è monotona possiamo invertirla, ricavando $x_0 = f^{-1}(y_0)$. Allora per le probabilità dobbiamo avere:

$$P(y_0 < y < y_0 + \mathrm{d}y) = P(x_0 < x < x_0 + \mathrm{d}x),$$

ossia $p_y(y_0)|\mathrm{d}y| = p_x(x_0)|\mathrm{d}x|$[1], relazione che possiamo riscrivere come:

$$p_y(y_0) = \left|\frac{\mathrm{d}x}{\mathrm{d}y}\right| p_x(x_0). \tag{4.1}$$

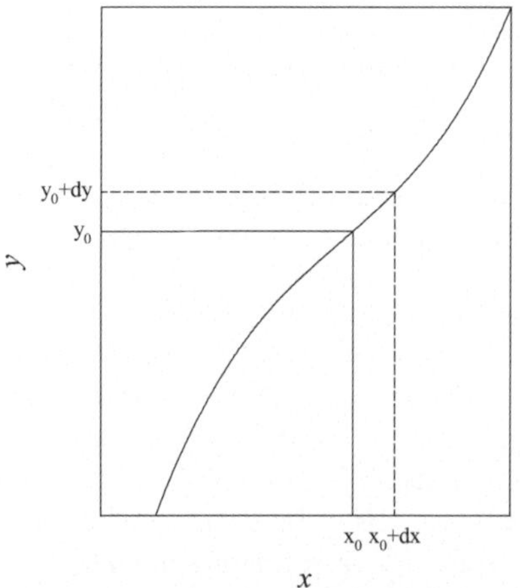

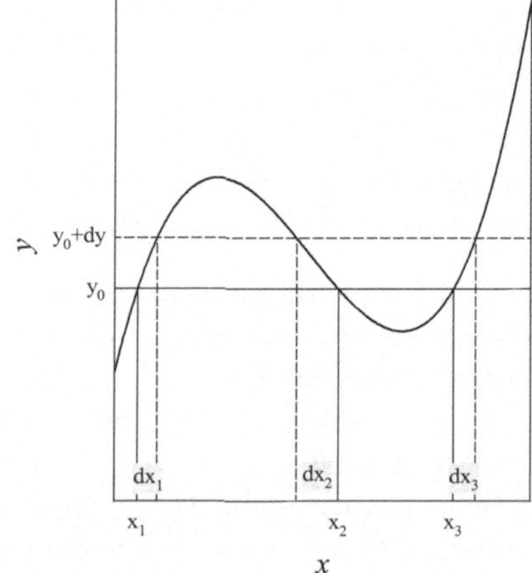

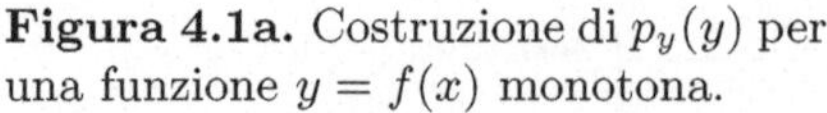

Figura 4.1a. Costruzione di $p_y(y)$ per una funzione $y = f(x)$ monotona.

Figura 4.1b. Costruzione di $p_y(y)$ per una funzione $y = f(x)$ generica.

[1] Osserviamo che la ampiezza degli intervalli entro cui vogliamo valutare le probabilità deve essere positiva ed è quindi data dai *moduli* di $\mathrm{d}x$ e $\mathrm{d}y$.

Quindi per determinare la densità di probabilità di y a partire da quella di x è sufficiente valutare la derivata della funzione inversa $x = f^{-1}(y)$. Cerchiamo però di capire bene il significato dell'espressione 4.1. Per poter effettivamente calcolare la distribuzione di probabilità per y, al secondo membro dobbiamo avere una funzione di tale variabile. Operativamente quindi dobbiamo far "scomparire" x sostituendo ad essa la sua espressione $x = f^{-1}(y)$. Forse qualche esempio particolare ci può chiarire meglio le idee.

Esempio 4.1. $\boxed{y = ax + b}$

La funzione è monotona e ha come inversa $x = (y - b)/a$. Si ha perciò

$$\left|\frac{\mathrm{d}x}{\mathrm{d}y}\right| = \frac{1}{a}$$

e quindi:

$$p_y(y) = \frac{1}{a} p_x\left(\frac{y-b}{a}\right). \tag{4.2}$$

Se ad esempio x ha una distribuzione gaussiana di varianza unitaria e centrata sull'origine,

$$p_x(x) = \frac{1}{\sqrt{2\pi}} \exp\left(-\frac{x^2}{2}\right),$$

si ottiene:

$$p_y(y) = \frac{1}{\sqrt{2\pi}} \exp\left[-\frac{(y-b)^2}{2a^2}\right],$$

che è ancora una gaussiana con $\langle y \rangle = b$ e $\sigma_y = a$.

Esempio 4.2. $\boxed{y = 1/x}$

Anche in questo caso abbiamo una funzione monotona, con inversa $x = 1/y$. Otteniamo allora:

$$p_y(y) = \frac{1}{y^2} p_x\left(\frac{1}{y}\right). \tag{4.3}$$

Quindi se:

a) $p_x(x)$ è <u>uniforme</u>:

$$p_x(x) = \frac{1}{|b-a|} \Longrightarrow p_y(y) = \frac{|b-a|}{y^2},$$

che *non è* uniforme, ma ha un andamento a legge di potenza (limitato tra i valori $y = 1/b$ ed $y = 1/a$) con esponente -2.

b) $p_x(x)$ è <u>gaussiana</u>:

$$p_x(x) = \frac{1}{\sqrt{2\pi}} \exp\left(-\frac{x^2}{2}\right) \Longrightarrow p_y(y) = \frac{1}{y^2\sqrt{2\pi}} \exp\left(-\frac{1}{2y^2}\right),$$

che *non è* una gaussiana;

c) $p_x(x)$ è lorentziana:

$$p_x(x) = \frac{\alpha}{\pi(x^2 + \alpha^2)} \Longrightarrow p_y(y) = \frac{1/\alpha}{\pi(y^2 + 1/\alpha^2)},$$

che è *ancora* una distribuzione di Cauchy di "larghezza" $1/\alpha$.

In particolare, il caso a) svela l'apparente paradosso dell'esempio 2.16. Se il rapporto tra acqua e vino è uniforme, non lo è quello tra vino ed acqua e viceversa: per scegliere la variabile "giusta" è necessario quindi sapere come ha operato l'oste!

Se $f(x)$ è una funzione generica, la situazione è più complessa. La variabile y assumerà un valore prossimo ad y_0 tutte le volte in cui x si trova in un intorno di quei valori (in generale più di uno) per cui $y_0 = f(x)$. Ad esempio, nel caso considerato in figura si ha:

$$\begin{aligned} P(y_0 < y < y_0 + \mathrm{d}y) = & P(x_1 < x < x_1 + \mathrm{d}x) + P(x_2 < x < x_2 + \mathrm{d}x) + \\ & + P(x_3 < x < x_3 + \mathrm{d}x) \end{aligned}$$

e quindi:

$$p_y(y_0) = \left|\frac{\mathrm{d}x}{\mathrm{d}y}\right|_{x_1} p_x(x_1) + \left|\frac{\mathrm{d}x}{\mathrm{d}y}\right|_{x_2} p_x(x_2) + \left|\frac{\mathrm{d}x}{\mathrm{d}y}\right|_{x_3} p_x(x_3)$$

In generale allora si devono determinare tutti i valori x_i per cui $y_0 = f(x_i)$ e sommare i diversi contributi a p_y. Il procedimento è spesso un po' delicato, ed è meglio analizzarlo con qualche esempio.

Esempio 4.3. $\boxed{y = x^2}$
Dobbiamo distinguere due intervalli di valori per y:

a) se $y < 0$, allora non esiste alcun valore di x per cui $y = x^2$. Pertanto, si deve avere identicamente $p_y(y) = 0$
b) se $y > 0$ abbiamo due valori di x, $x_1 = +\sqrt{y}$ e $x_2 = -\sqrt{y}$, che soddisfano l'equazione $y = x^2$. Quindi, dato che in entrambi i casi si ha $|\mathrm{d}x/\mathrm{d}y| = (2\sqrt{y})^{-1}$, otteniamo:

$$p_y(y) = \frac{1}{2\sqrt{y}} \left[p_x(\sqrt{y}) + p_x(-\sqrt{y})\right]. \tag{4.4}$$

Se allora in particolare

$$p_x(x) = \frac{1}{\sqrt{2\pi}} \exp\left(-\frac{x^2}{2}\right)$$

si ha:

$$p_y(y) = \frac{1}{\sqrt{2\pi y}} \exp\left(-\frac{y}{2}\right).$$

La distribuzione di probabilità per il quadrato di una variabile gaussiana è quindi molto concentrata attorno all'origine (in cui diverge) mentre decresce molto rapidamente (esponenzialmente) al crescere di y. Il fatto che $p_y(y)$ diverga nell'origine non dà problemi: ricordiamo sempre che quello che importa è che la probabilità, cioè *l'integrale* della densità di probabilità su un certo intervallo, si comporti bene.

Esempio 4.4. Un punto si muove di moto circolare uniforme lungo una circonferenza di raggio unitario centrata sull'origine di un sistema di assi. Ad istanti casuali registriamo la coordinata x del punto, ossia la sua proiezione sull'asse delle ascisse. Qual è la distribuzione di probabilità per x? Dato che il punto si muove di moto uniforme, per il modo in cui compiamo l'esperimento l'angolo ϑ che il vettore posizione forma con l'asse x sarà una variabile casuale distribuita uniformemente tra 0 e 2π, ossia $p_\vartheta(\vartheta) = 1/2\pi$. Si ha poi $x = \cos(\vartheta)$ e quindi $\vartheta = \arccos(x)$. Da ciò:

$$\left|\frac{\mathrm{d}\vartheta}{\mathrm{d}x}\right| = \frac{1}{\sqrt{1-x^2}}\,.$$

Dobbiamo anche in questo caso stare attenti al fatto che nell'intervallo che consideriamo l'inversa ha due valori che, come nel caso precedente, danno un uguale contributo alla distribuzione di probabilità per x. Otteniamo quindi:

$$p_x(x) = \frac{1}{\pi\sqrt{1-x^2}}\,,$$

che è una distribuzione di probabilità abbastanza strana, dato che ha il valore massimo (anzi, diverge) agli estremi dell'intervallo di valori di x.

Se ricordiamo che la proiezione di un punto in moto circolare uniforme si muove di moto armonico, possiamo osservare che questa è anche la distribuzione di probabilità per la posizione di un oscillatore armonico che oscilli con ampiezza unitaria e venga osservato ad istanti casuali. Fisicamente, l'aver trovato che la densità di probabilità è massima agli estremi di oscillazione corrisponde ovviamente al fatto che l'oscillatore passa la maggior parte del tempo in prossimità di questi punti, dove la sua velocità è minima.

***Esempio 4.5.** Una lampadina, che si trova a distanza d da un muro verticale, può essere considerata in prima approssimazione come una sorgente isotropa, ossia che emette luce in modo uguale in tutte le tutte le direzioni. Consideriamo allora un piano orizzontale, dove l'asse X è diretto come la perpendicolare dalla lampadina al muro, e l'origine coincide con il piede della perpendicolare stessa. Vogliamo determinare la distribuzione di intensità della luce lungo l'asse Y (che è quindi un asse orizzontale sul piano del muro).

Per comodità, ci conviene pensare alla luce emessa dalla lampadina in termini di "pacchetti di energia" (fotoni), cosicché l'intensità luminosa in una certa posizione $Y = y$ sarà semplicemente proporzionale al numero di fotoni che cadono per unità di tempo e di superficie in un intorno di y. L'angolo ϑ

tra l'asse X e la direzione in cui viene emesso un fotone che propaghi nel piano XY e *colpisca* il muro avrà quindi una distribuzione uniforme nell'intervallo $(-\pi/2, \pi/2)$, ossia $p_\vartheta(\vartheta) = 1/\pi$. D'altronde, il punto in cui il fotone raggiunge il muro è $y = d\tan(\vartheta)$, ossia $\vartheta = \arctan(y/d)$. La distribuzione d'intensità lungo y sarà quindi proporzionale alla densità di probabilità dei punti d'arrivo, data da:

$$p_y(y) = \frac{d}{\pi(d^2 + y^2)},$$

che è un distribuzione di Cauchy con parametro $\alpha = d$.

*4.2 Distribuzioni di probabilità per più variabili

Consideriamo ora due variabili casuali x ed y e supponiamo per il momento che x possa assumere solo n valori discreti x_i ed y solo m valori discreti y_j. In maniera analoga a quanto abbiamo fatto nel caso di una sola variabile, possiamo allora chiamare *distribuzione di probabilità congiunta* $P(x, y)$ di x ed y la funzione che associa ad ogni coppia (x_i, y_j) la probabilità $P(x_i, y_j)$ che, contemporaneamente, x assuma il valore x_i ed y il valore y_j.

In linea di principio quindi è facile estendere il concetto di distribuzione di probabilità a più variabili: il vero problema sta solo nel significato di quel "contemporaneamente", su cui dovremo riflettere un po'. Da un punto di vista grafico, possiamo descrivere $P(x, y)$ attraverso una tabella, costituita da n righe ed m colonne "etichettate" con i valori che possono assumere x ed y, dove l'elemento di posto (i, j) ha valore $P(x_i, y_j)$.

Esempio 4.6. Supponiamo di lanciare un dado, che abbia le facce numerate con 1 e 3 di color rosso (R), quelle numerate con 2 e 4 di color blu (B) e le restanti di color verde (V). La variabile x è data dal valore della faccia e la variabile y dal suo colore. La tabella per $P(x, y)$ è allora quella che segue.

	1	2	3	4	5	6
R	1/6	0	1/6	0	0	0
B	0	1/6	0	1/6	0	0
V	0	0	0	0	1/6	1/6

È facile dedurre subito qualche proprietà di $P(x, y)$.

a) Se sommiamo tutti gli $n \times m$ valori $P(x_i, y_j)$ otteniamo la probabilità che x ed y assumano un valore qualunque, ossia avremo anche in questo caso la condizione di normalizzazione:

$$\sum_{i=1}^{n} \sum_{j=1}^{m} P(x_i, y_j) = 1. \tag{4.5}$$

b) Se invece, per un fissato valore $x = x_i$ ci limitiamo a sommare $P(x_i, y_j)$ su tutti i valori y_j che può assumere y, otterremo la probabilità $P_x(x_i)$ che x assuma il valore x_i indipendentemente da quale valore assume y:

$$P_x(x_i) = \sum_{j=1}^{m} P(x_i, y_j). \tag{4.6}$$

Ma ciò non è altro che quello che nel capitolo precedente avremmo chiamato distribuzione di probabilità $P(x)$ per x, senza porci il problema dei legami di x con un'altra variabile y. Quando ci si riferisce alle distribuzioni di probabilità per più variabili, $P_x(x)$ viene chiamata anche *distribuzione di probabilità marginale* per x. È chiaro che avremmo potuto fare anche l'operazione corrispondente di sommare $P(x_i, y_j)$ su tutti i valori di x, ottenendo così la distribuzione di probabilità marginale $P_y(y)$ per y.

Veniamo ora al punto chiave del discorso. Abbiamo visto nel Cap. 2 che la probabilità che due eventi A e B generici si verifichino contemporaneamente non è in generale uguale al prodotto delle probabilità di A e B, ma che questo avviene solo quando A e B sono ciò che chiamiamo due eventi indipendenti. Se ora identifichiamo A con "x assume il valore x_i", e B con "y assume il valore y_j", è evidente che in generale: $P(x_i, y_j) \neq P_x(x_i)P_y(y_j)$. Per il lancio del dado che abbiamo considerato, ad esempio, la probabilità che esca "2" senza tener conto del colore della faccia è 1/6, mentre in generale la probabilità che esca una faccia rossa è 1/3. Ma la probabilità contemporanea di ottenere un valore uguale a "2"ed una faccia rossa è chiaramente nulla, dato che la faccia contrassegnata con "2" è blu. Un altro esempio può aiutare a chiarirci le idee.

***Esempio 4.7.** Supponiamo di distribuire n particelle distinguibili su tre stati. Abbiamo visto, discutendo la statistica di Maxwell-Boltzmann, che la probabilità di avere k_1 particelle nel primo stato e k_2 nel secondo è data da:

$$P(k_1, k_2) = \frac{1}{3^n} \frac{n!}{k_1! k_2! (n - k_1 - k_2)!},$$

dove ovviamente $n - k_1 - k_2$ è il numero di particelle nel terzo stato.

Possiamo pensare a k_1 e k_2 proprio come ai valori di due variabili casuali, i *numeri di occupazione* x ed y dei primi due stati, di cui $P(x = k_1, y = k_2)$ è la distribuzione di probabilità congiunta. Il terzo fattore al denominatore ci impedisce però di scrivere $P(k_1, k_2)$ come il prodotto di due funzioni rispettivamente solo di k_1 e k_2, e quindi x ed y *non sono* indipendenti.

Qual è la distribuzione di probabilità marginale per x? Per calcolarla dobbiamo sommare su tutti i valori possibili di y che, in corrispondenza a $x = k_1$, sono tutti i valori di k_2 da 0 a $n - k_1$:

$$P_x(k_1) = \frac{1}{3^n} \binom{n}{k_1} \sum_{k_2=0}^{n-k_1} \frac{(n - k_1)!}{k_2!(n - k_1 - k_2)!},$$

dove abbiamo moltiplicato e diviso per $(n-k_1)!$ Per la formula del binomio, la sommatoria è semplicemente uguale a 2^{n-k_2} ed otteniamo:

$$P_x(k_1) = \frac{1}{3^n}\binom{n}{k_1}2^{n-k_2} = \binom{n}{k_1}\left(\frac{1}{3}\right)^{k_1}\left(\frac{2}{3}\right)^{n-k_1},$$

che, come potevamo aspettarci fin dall'inizio, è una distribuzione binomiale, corrispondente ad avere k_1 "successi" (una particella nel primo stato) su n "tentativi". Naturalmente il discorso è del tutto identico per la distribuzione marginale di y. È di nuovo immediato verificare che anche in questo caso $P_x(k_1)P_y(k_2) \neq P(k_1, k_2)$.

Quanto visto ci porta ad estendere il concetto di indipendenza di eventi e a dire che *due variabili casuali sono indipendenti quando per tutte le coppie di valori* (x_i, y_j) *si ha:* $P(x_i, y_j) = P_x(x_i)P_y(y_j)$, ossia quando la loro distribuzione congiunta *fattorizza* nel prodotto delle distribuzioni di probabilità marginali:

$$P(x,y) = P_x(x)P_y(y). \tag{4.7}$$

Per sapere se due variabili di cui conosciamo la distribuzione di probabilità congiunta sono indipendenti, è sufficiente quindi vedere se questa si scrive come il prodotto di due funzioni rispettivamente della sola x e della sola y. In pratica però, mentre si possono spesso prevedere ragionevolmente le distribuzioni di probabilità marginali per x ed y, è molto più difficile fare delle affermazioni sulla distribuzione congiunta. Detto in parole povere, il problema maggiore è proprio stabilire se due variabili casuali siano o meno indipendenti.

Abbiamo introdotto la distribuzione marginale per x come la distribuzione di probabilità che si ottiene sommando su tutti i valori che può assumere y. Come è fatta invece alla distribuzione di probabilità di x in corrispondenza ad un *fissato* valore di y, cioè quando il valore y_j assunto da y è assegnato? Quello che stiamo cercando non è altro che la funzione che dà, al variare di x_i, la probabilità condizionata $P(x_i|y_j)$ di ottenere x_i una volta stabilito che $y = y_j$. Se fissiamo il valore di y nella distribuzione di probabilità congiunta, otteniamo una funzione della sola x, $P(x, y_j)$, che però dipende naturalmente da quanto sia probabile ottenere il valore y_j. Per eliminare questa dipendenza, definiamo la distribuzione di x *condizionata da* $y = y_j$ come:

$$P(x|y_j) = \frac{P(x,y_j)}{P_y(y_j)} \tag{4.8}$$

e naturalmente una definizione analoga varrà per la distribuzione di y condizionata da $x = x_i$. È facile vedere che se x ed y sono variabili indipendenti si ha semplicemente $P(x|y_j) = P_x(x)$ e $P(y|x_i) = P_y(y)$, ma questo non è vero in generale, ossia la distribuzione che si ottiene per x fissando uno specifico valore di y ha una forma diversa dalla distribuzione marginale per x.

Possiamo estendere in modo semplice al caso che stiamo considerando il concetto di valore di aspettazione introdotto per le distribuzioni di probabilità di una sola variabile. Definiamo allora il valore di aspettazione $\langle f(x,y)\rangle$ di una generica funzione di x ed y come:

$$\langle f(x,y)\rangle = \sum_{i=1}^{n}\sum_{j=1}^{m} f(x_i,y_j)P(x_i,y_j). \tag{4.9}$$

Il caso più semplice è quello in cui la funzione coincide con una delle due variabili, ossia $f(x,y)=x$ o $f(x,y)=y$. Se teniamo conto della (4.6) e della corrispondente definizione di probabilità marginale per y, otteniamo:

$$\langle x\rangle = \sum_{i=1}^{n} x_i \sum_{j=1}^{m} P(x_i,y_j) = \sum_{i=1}^{n} x_i P_x(x_i) = \langle x\rangle_x$$
$$\langle y\rangle = \sum_{j=1}^{m} y_j \sum_{i=1}^{n} P(x_i,y_j) = \sum_{j=1}^{m} y_j P_y(y_j) = \langle y\rangle_y \,,$$

ossia i valori di aspettazione di x ed y coincidono con i valori $\langle x\rangle_x$, $\langle y\rangle_y$ che si ottengono facendo uso delle distribuzioni di probabilità marginali.

Se ora consideriamo come funzione la somma $f(x,y)=x+y$, ritroviamo formalmente un risultato di cui abbiamo già fatto uso nel capitolo precedente:

$$\langle x+y\rangle = \sum_{i=1}^{n}\sum_{j=1}^{m}(x_i+y_j)P(x_i,y_j) = \sum_{i=1}^{n} x_i P_x(x_i) + \sum_{j=1}^{m} y_j P_y(y_j) = \langle x\rangle + \langle y\rangle\,, \tag{4.10}$$

cioè, come avevamo anticipato, *il valore di aspettazione della somma di due variabili casuali è uguale alla somma dei valori di aspettazione.*

Nel caso del prodotto delle due variabili x ed y si ha invece, in generale:

$$\langle xy\rangle = \sum_{i=1}^{n}\sum_{j=1}^{m} x_i y_j P(x_i,y_j) \neq \langle x\rangle\langle y\rangle\,. \tag{4.11}$$

Nel primo capitolo abbiamo visto che se due grandezze fluttuanti presentano un certo grado di correlazione, la media sperimentale del loro prodotto differisce generalmente dal prodotto delle medie. Possiamo allora riportare questa osservazione fatta per un campione di dati sperimentali alle proprietà della popolazione da cui il campione è tratto, affermando che *due variabili x ed y non sono correlate* (cioè sono scorrelate) *se e solo se* $\langle xy\rangle = \langle x\rangle\langle y\rangle$.

Nello stesso modo in cui abbiamo definito un coefficiente di correlazione sperimentale r_{xy} tra un certo numero di coppie di dati (x_i,y_j), possiamo allora definire anche un *coefficiente di correlazione* tra le grandezze x ed y come:

$$\rho_{xy} = \frac{\langle xy\rangle - \langle x\rangle\langle y\rangle}{\sigma_x\sigma_y}. \tag{4.12}$$

La quantità $\sigma_{xy} = \langle xy\rangle - \langle x\rangle\langle y\rangle$ che, come è evidente, è l'analogo teorico della deviazione standard sperimentale "incrociata" definita nella (1.14), viene anche detta *covarianza* di x ed y. Notiamo che, in modo simile a quanto abbiamo fatto per la varianza, la covarianza può essere anche scritta come:

$$\sigma_{xy} = \langle (x - \langle x \rangle)(y - \langle y \rangle) \rangle \,. \tag{4.13}$$

È facile vedere che *due variabili indipendenti sono anche scorrelate*, ossia il loro coefficiente di correlazione è nullo. Infatti, in questo caso:

$$\langle xy \rangle = \sum_{i=1}^{n} \sum_{j=1}^{m} x_i y_j P(x_i, y_j) = \sum_{i=1}^{n} x_i P_x(x_i) \sum_{j=1}^{m} y_j P_y(y_j) = \langle x \rangle \langle y \rangle \,.$$

Il contrario non è però necessariamente vero, ossia la condizione di indipendenza è *più forte* di quella di scorrelazione. La mancanza di correlazione infatti implica soltanto che le medie fattorizzino, mentre l'indipendenza implica che l'*intera* distribuzione di probabilità congiunta fattorizzi nel prodotto delle distribuzioni marginali.

Non è difficile estendere le considerazioni e le definizioni precedenti al caso di variabili a valori continui. Sappiamo che nel caso di una variabile il ruolo della distribuzione dei valori discreti di probabilità $P(x_i)$ è assunto dalla quantità $p(x)\mathrm{d}x$, dove $p(x)$ è la densità di probabilità in corrispondenza del valore x, e $\mathrm{d}x$ l'ampiezza dell'intervallo. Scriveremo allora che la probabilità che x si trovi in un intorno di ampiezza $\mathrm{d}x$ attorno ad x_0, ed y in un intorno di ampiezza $\mathrm{d}y$ attorno al valore y_0 è data da:

$$P(x_0 < x < x_0 + \mathrm{d}x, y_0 < y < y_0 + \mathrm{d}y) = p(x_0, y_0)\mathrm{d}x\mathrm{d}y \tag{4.14}$$

e diremo $p(x, y)$ *densità di probabilità congiunta* per x ed y. Naturalmente, in questo caso, otteniamo le densità di probabilità marginali per x ed y integrando $p(x, y)$ su tutti i valori possibili per x o y:

$$p_x(x) = \int p(x, y)\mathrm{d}y \tag{4.15a}$$

$$p_y(y) = \int p(x, y)\mathrm{d}x \tag{4.15b}$$

ed il valore di aspettazione per una funzione di x ed y si calcola come un integrale sia su x che su y:

$$\langle f(x, y) \rangle = \int \int f(x, y) p(x, y)\mathrm{d}x\mathrm{d}y. \tag{4.16}$$

Diremo poi che due variabili continue sono indipendenti quando la densità congiunta di probabilità fattorizza nelle densità di probabilità marginali:

$$p(x, y) = p_x(x) p_y(y). \tag{4.17}$$

*4.2.1 Distribuzioni gaussiane per due variabili

Chiediamoci se anche per due (o eventualmente più) variabili si possa introdurre una distribuzione che sia l'analogo della distribuzione normale per una singola variabile. Nel caso elementare di due variabili $\tilde{x}$ e $\tilde{y}$ *indipendenti* e che abbiano entrambe una distribuzione gaussiana standard data dalla (3.31), si può porre ovviamente, per la (4.17):

$$g_{ind}(\tilde{x},\tilde{y}) = g_{\tilde{x}}(\tilde{x}) g_{\tilde{y}}(\tilde{y}) = \frac{1}{2\pi} \exp\left[-\frac{1}{2}(\tilde{x}^2+\tilde{y}^2)\right].$$

Ma che cosa possiamo fare se $\tilde{x}$ e $\tilde{y}$ non sono indipendenti (e quindi la loro distribuzione di probabilità congiunta *non* fattorizza)? Possiamo cercare di considerare una forma funzionale che abbia per argomento dell'esponenziale una generica *forma quadratica* nelle due variabili, che scriveremo:

$$g(\tilde{x},\tilde{y}) = K\mathrm{e}^{-(a\tilde{x}^2+b\tilde{x}\tilde{y}+c\tilde{y}^2)},$$

chiedendo però che $g(\tilde{x},\tilde{y})$ soddisfi ad alcuni requisiti di consistenza. In particolare, vogliamo che:

1. la distribuzione sia correttamente normalizzata;
2. si riduca a $g_{ind}(\tilde{x},\tilde{y})$ per variabili indipendenti;
3. le distribuzioni marginali per $\tilde{x}$ e $\tilde{y}$ siano ancora gaussiane standard.

Con qualche calcolo un po' noioso, ma non troppo difficile, si trova che queste condizioni sono soddisfatte se e solo se, detto ρ il coefficiente di correlazione tra le due variabili (con $|\rho| < 1$), le costanti K, a, b, c assumono i valori:

$$a = c = \frac{1}{2(1-\rho^2)}; \qquad b = -\frac{\rho}{1-\rho^2}; \qquad K = 2\pi\sqrt{1-\rho^2}.$$

Allora diremo che le due variabili $\tilde{x}$ ed $\tilde{y}$ hanno una distribuzione congiunta gaussiana quando:

$$g(\tilde{x},\tilde{y}) = \frac{1}{2\pi\sqrt{1-\rho^2}} \exp\left(-\frac{\tilde{x}^2+\tilde{y}^2-2\rho\tilde{x}\tilde{y}}{2(1-\rho^2)}\right), \tag{4.18}$$

Usando un metodo analogo a quello descritto in App. A.2.3 per ricavare la (A.9a), non è difficile dimostrare che la (4.18) è correttamente normalizzata. Per verificare la proprietà 3, è sufficiente aggiungere e togliere all'esponente il termine $\rho^2\tilde{x}^2$, ottenendo facilmente:

$$g_{\tilde{x}}(\tilde{x}) = \frac{\mathrm{e}^{-\tilde{x}^2/2}}{2\pi\sqrt{1-\rho^2}} \int_{-\infty}^{\infty} \exp\left[-\frac{(\tilde{y}-\rho\tilde{x})^2}{2(1-\rho^2)}\right] \mathrm{d}\tilde{y} = \frac{\mathrm{e}^{-\tilde{x}^2/2}}{2\pi},$$

dove l'ultima uguaglianza si ottiene ponendo nell'integrale $t = (\tilde{y}-\rho\tilde{x})/\sqrt{1-\rho^2}$. Ovviamente, in modo analogo si ottiene la distribuzione marginale per $\tilde{y}$. Infine, se le due variabili sono completamente scorrelate ($\rho = 0$) otteniamo:

$$g(\tilde{x},\tilde{y}) = \frac{1}{2\pi}\mathrm{e}^{-(\tilde{x}^2+\tilde{y}^2)/2} = \left[\frac{1}{\sqrt{2\pi}}\mathrm{e}^{-\tilde{x}^2/2}\right]\left[\frac{1}{\sqrt{2\pi}}\mathrm{e}^{-\tilde{y}^2/2}\right], \tag{4.19}$$

ossia la distribuzione di probabilità congiunta fattorizza in due distribuzioni gaussiane: pertanto, in questo caso specifico, due variabili *scorrelate* che hanno la distribuzione congiunta gaussiana (4.18) sono anche *indipendenti.*

Per ottenere poi la distribuzione gaussiana congiunta di due variabili x e y con varianze e valori d'aspettazione generici, basterà semplicemente porre nella (4.18):

$$\tilde{x} = \frac{x - \langle x \rangle}{\sigma_x}\ ;\ \tilde{y} = \frac{y - \langle y \rangle}{\sigma_y}.$$

*4.3 Funzioni di due variabili casuali

In questo paragrafo vogliamo estendere i risultati del paragrafo 4.1 alle funzioni di più variabili casuali. Purtroppo le cose presentano decisamente più problemi, ed il calcolo della distribuzione di probabilità per una funzione $z = f(x,y)$ di due variabili x ed y di cui sia nota la distribuzione congiunta $p(x,y)$ è molto meno agevole.

In realtà, paradossalmente, le cose diventano più semplici se si affronta un problema in apparenza più complicato. Supponiamo di voler "cambiare variabili" da (x,y) a (z,t), dove $z = z(x,y)$ e $t = t(x,y)$ sono funzioni note, monotone ed invertibili, delle variabili originarie. Per le ipotesi fatte, possiamo allora scrivere x ed y in funzione di z e t:

$$x = x(z,t)\ ;\ y = x(z,t).$$

Possiamo allora seguire la stessa via utilizzata per le funzioni di una sola variabile, scrivendo che la probabilità (congiunta) che z e t giacciano in un intervallo di ampiezza $\mathrm{d}z, \mathrm{d}t$ attorno ai valori z_0, t_0 sarà uguale alla probabilità che x ed y giacciano in un intervallo di ampiezza $\mathrm{d}x, \mathrm{d}y$ attorno a quei valori x_0 ed y_0 tali che $z_0 = z(x_0, y_0)$ e $t_0 = t(x_0, y_0)$:

$$p_{zt}(z_0,t_0)\mathrm{d}z\mathrm{d}t = p_{xy}(x_0,y_0)\mathrm{d}x\mathrm{d}y, \tag{4.20}$$

Il problema è solo quello di esprimere $\mathrm{d}x$ e $\mathrm{d}y$ in funzione di $\mathrm{d}z$ e $\mathrm{d}t$. La teoria della funzioni di più variabili mostra che ciò si fa secondo una regola che generalizza quanto abbiamo utilizzato nel caso di una variabile. Si ha: $\mathrm{d}x\mathrm{d}y = |J|\mathrm{d}z\mathrm{d}t$ dove $|J|$ è il determinante (detto *jacobiano*) della matrice:

$$J = \begin{pmatrix} \partial x/\partial z, & \partial x/\partial t \\ \partial y/\partial z, & \partial y/\partial t \end{pmatrix}. \tag{4.21}$$

Per la distribuzione di congiunta di z e t, la (4.1) è generalizzata quindi da:

$$p_{zt}(z_0,t_0) = |J| p_{xy}(x_0,y_0). \tag{4.22}$$

Ma che cosa ce ne facciamo di questo risultato? In realtà ci interessa calcolare la distribuzione di probabilità di *una sola* funzione di x ed y: dove troviamo la seconda variabile? La risposta è che dobbiamo "inventarcela".

Cerchiamo di capire che cosa dobbiamo fare in uno dei casi più interessanti, che è quello di una grandezza che si ottenga come somma di altre due. Abbiamo già visto nell'esempio 3.1 che la distribuzione di probabilità per la somma di due variabili discrete distribuite uniformemente non è uniforme, ma assume una forma triangolare. Ora vogliamo chiederci, più in generale, come calcolare la distribuzione di probabilità di $z = x + y$ quando siano note $p(x)$ e $p(y)$. Possiamo usare il metodo che abbiamo appena delineato prendendo z come una delle due nuove variabili, mentre siamo liberi di scegliere arbitrariamente la seconda: assumiamo allora semplicemente $t = y$. Le relazioni inverse sono pertanto:

$$\begin{cases} x = z - t \\ y = t. \end{cases}$$

Il determinante jacobiano vale:

$$|J| = \begin{vmatrix} 1 & -1 \\ 0 & 1 \end{vmatrix} = 1$$

e dunque $p_{zt}(z,t) = p_{xy}(x,y) = p_{xy}(z-t,t)$.

Noi però non siamo interessati alla distribuzione di probabilità congiunta di z e della "variabile fittizia" t, ma alla distribuzione della sola z indipendentemente dal valore di t, ossia alla sua distribuzione *marginale* $p_z(z)$ che si ottiene come:

$$p_z(z) = \int_{-\infty}^{\infty} p_{xy}(z-t,t)\mathrm{d}t.$$

In particolare, se x ed y sono indipendenti, abbiamo

$$p_{xy}(z-t,t) = p_x(z-t)p_y(t)$$

e quindi:

$$p_z(z) = \int_{-\infty}^{\infty} p_x(z-t)p_y(t)\mathrm{d}t. \tag{4.23}$$

L'integrale che compare nella (4.23) è un esempio di una particolare operazione tra funzioni che ricorre molto spesso in matematica e nelle applicazioni fisiche: date due funzioni f_1 ed f_2, la funzione

$$g(x) = \int f_1(x-x')f_2(x')\mathrm{d}x' \tag{4.24}$$

si dice *convoluzione* di f_1 e f_2, e si scrive $g = f_1 * f_2$. *La distribuzione di probabilità della somma di due variabili indipendenti è allora la convoluzione delle distribuzioni di probabilità delle due variabili.*

Cerchiamo di capire cosa significa in pratica fare una convoluzione. La espressione (4.24) può essere "tradotta" in una serie di istruzioni operative (provate a descriverle graficamente):

a) prendi la funzione f_1 e invertila specularmente, cioè scambia x' con $-x'$;
b) spostala di x;
c) moltiplicala per f_2 e calcola l'area al di sotto della funzione prodotto.

***Esempio 4.8.** Estendiamo l'esempio 3.1, calcolando la distribuzione di probabilità di $z = x+y$, dove x ed y sono due variabili casuali continue distribuite in maniera uniforme nell'intervallo $[0, a]$:

$$p_x(x) = p_y(y) = \begin{cases} 1/a & 0 \le x, y \le a \\ 0 & \text{altrimenti.} \end{cases}$$

Allora, se seguiamo la ricetta che abbiamo appena esposto, ci accorgiamo che $p_z(z)$ è nulla se $z < 0$ ("spostiamo" nella direzione sbagliata e p_x, p_y non si sovrappongono) e per $z > 1$ (abbiamo spostato troppo). Se $0 \le z \le 1/2$ il prodotto delle due funzioni è un rettangolo di base z ed altezza $1/a^2$, mentre se $1/2 < z \le 1$ è un rettangolo di base $1 - z$ e altezza $1/a^2$. Quindi otteniamo:

$$p_z(z) = \begin{cases} z/a^2 & 0 \le z \le a/2 \\ (1-z)/a^2 & a/2 < z \le a \\ 0 & \text{altrimenti} \end{cases}$$

che ha un andamento triangolare analogo a quello dell'esempio 3.1.

*4.4 Funzione caratteristica

In realtà, il calcolo che abbiamo appena svolto per ottenere la distribuzione della somma di due variabili casuali indipendenti può essere semplificato enormemente utilizzando la funzione δ di Dirac[2], il cui significato e le cui principali proprietà sono descritti in App. A.5: anzi, proprio questo calcolo mette in mostra la "potenza" della δ come funzione di "sampling", che la rende una delle più utili quantità in fisica matematica. Possiamo infatti pensare di ottenere la distribuzione per z sommando su *tutti* i valori distribuzione di probabilità congiunta $p(x, y) = p_y(x)p_y(y)$, *ma con il vincolo che* $x + y = z$, scrivendo:

$$p_z(z) = \int_{-\infty}^{\infty} \mathrm{d}x \int_{-\infty}^{\infty} \mathrm{d}y p_x(x) p_y(y) \delta(x + y - z). \tag{4.25}$$

Infatti, $\delta(x + y - z)$ ci fa "contare" solo quei valori delle variabili per cui il vincolo è soddisfatto: per le proprietà della δ, ciò equivale a dire che possiamo ad esempio prendere y come variabile completamente libera e far scomparire l'integrale in dy imponendo che $x = z - y$:

$$p_z(z) = \int_{-\infty}^{\infty} p_x(z - y) p_y(y) \mathrm{d}y.$$

[2] Che, come chiarito nell'appendice, una funzione proprio non è...

Ma (a parte il simbolo diverso per la variabile d'integrazione, che è solo un indice "muto"), questa espressione non è altro che la (4.23)!

Questo diverso approccio ci permette però di andare molto più in là. Già nei corsi elementari di fisica impariamo che è molto più conveniente, quando si ha a che fare con quantità oscillanti (ad esempio nel tempo), utilizzare anziché funzioni reali come $\sin(\omega t)$ e $\cos(\omega t)$, la funzione complessa[3]

$$\exp(\mathrm{i}\omega t) = \cos(\omega t) + \mathrm{i}\sin(\omega t).$$

Come viene mostrato (almeno qualitativamente) in App. A.5, questa funzione ha inoltre una stretta relazione con la δ di Dirac, che può essere pensata come:

$$\delta(x) = \frac{1}{2\pi}\int_{-\infty}^{\infty} \mathrm{e}^{-i\kappa x} d\kappa. \tag{4.26}$$

Complichiamoci allora (apparentemente) la vita, moltiplicando ambo i membri della (4.25) per $\exp(i\kappa z)$ ed integrando su κ:

$$\int_{-\infty}^{\infty} \mathrm{d}\kappa \mathrm{e}^{\mathrm{i}\kappa z} p_z(z) = \int_{-\infty}^{\infty} \mathrm{d}\kappa \mathrm{e}^{\mathrm{i}\kappa z} \delta(x+y-z) \int_{-\infty}^{\infty} \mathrm{d}x p_x(x) \int_{-\infty}^{\infty} \mathrm{d}y p_y(y).$$

Usando di nuovo la proprietà di *sampling* della δ, questa relazione può essere riscritta:

$$\int_{-\infty}^{\infty} \mathrm{d}\kappa \mathrm{e}^{\mathrm{i}\kappa z} p_z(z) = \int_{-\infty}^{\infty} \mathrm{d}x \mathrm{e}^{\mathrm{i}\kappa x} p_x(x) \int_{-\infty}^{\infty} \mathrm{d}y \mathrm{e}^{\mathrm{i}\kappa y} p_y(y).$$

Ma gli integrali che compaiono non sono altro che *i valori di aspettazione* sulle singole distribuzioni di $\exp(i\kappa z)$, $\exp(i\kappa x)$ e $\exp(i\kappa y)$, per cui si ha:

$$\langle \mathrm{e}^{i\kappa(x+y)} \rangle = \langle \mathrm{e}^{i\kappa x} \rangle \langle \mathrm{e}^{i\kappa y} \rangle, \tag{4.27}$$

che è molto più semplice dell'operazione di convoluzione nella (4.23).

Questo importante risultato ci spinge a definire un'importante quantità associata ad una distribuzione di probabilità $p(x)$ che diremo *funzione caratteristica* $\widetilde{p}(\kappa)$ della distribuzione:

$$\widetilde{p}(\kappa) = \int_{-\infty}^{\infty} \mathrm{e}^{\mathrm{i}\kappa x} p(x) \mathrm{d}x. \tag{4.28}$$

Per quanto ci riguarda, $\widetilde{p}(\kappa)$ è semplicemente il valore di aspettazione di $\exp(i\kappa x)$ *pensato come funzione della variabile* κ: tuttavia (se non lo avete già fatto) imparerete presto che la (4.27), vista come un'operazione $\mathfrak{F}[p]$ che

[3] Non spaventatevi troppo: questa è solo una funzione complessa di una variabile *reale*, $f : \mathbb{R} \to \mathbb{C}$, ossia una *coppia di funzioni reali* che assegnano ad ogni numero reale un numero complesso. Le cose si fanno molto più difficili, come vedrete, quando si analizzano funzioni di *variabili* complesse $f : \mathbb{C} \to \mathbb{C}$.

trasforma la funzione $p(x)$ nella funzione $\widetilde{p}(\kappa)$, è solo un esempio di quella che viene detta *trasformata di Fourier*, concetto che gioca un ruolo centrale in tutta la fisica matematica. Una funzione f ammette una trasformata di Fourier $\widetilde{f} = \mathfrak{F}[f]$ solo sotto opportune condizioni (ad esempio, se $|f(x)|^2$ è integrabile), che sono comunque soddisfatte da ogni "buona" densità di probabilità. Cosa fondamentale, *se $\widetilde{f}$ esiste, è unica.* Pertanto, è possibile anche definire una *trasformata inversa* $\mathfrak{F}^{-1}[\widetilde{f}]$ e, nel nostro caso, scrivere la densità di probabilità in termini della funzione caratteristica come:

$$p(x) = \frac{1}{2\pi} \int_{-\infty}^{\infty} \mathrm{e}^{-\mathrm{i}\kappa x} \widetilde{p}(\kappa) \mathrm{d}\kappa. \tag{4.29}$$

dove il fattore $1/2\pi$ si introduce in modo tale da avere $\mathfrak{F}^{-1}\mathfrak{F}[f] = f$ (è facile dimostrarlo applicando la (4.26) a $\mathfrak{F}^{-1}\mathfrak{F}[f(x)]$). La relazione (4.27) può essere quindi scritta:

$$\mathfrak{F}[f * g] = \mathfrak{F}[f]\mathfrak{F}[g], \tag{4.30}$$

ossia *la trasformata della convoluzione tra due funzioni è il prodotto delle trasformate delle funzioni stesse.*

La (4.27) può essere poi facilmente generalizzata alla somma di N variabili casuali indipendenti $X = \sum_{i=1}^{N} x_i$. Nel caso ad esempio in cui le variabili abbiano la *stessa* distribuzione di probabilità $p(x)$ (che è quello che in seguito ci interesserà maggiormente), utilizzando in maniera analoga la δ come funzione di *sampling*, possiamo scrivere:

$$p_X(X) = \int_{-\infty}^{\infty} \mathrm{d}x_1 \int_{-\infty}^{\infty} \mathrm{d}x_2 \ldots \int_{-\infty}^{\infty} \mathrm{d}x_N p(x_1)p(x_2)\ldots p(x_N)\, \delta\left(\sum_{i=1}^{N} x_i - X\right) =$$

$$= \int_{-\infty}^{\infty} \mathrm{e}^{-\mathrm{i}\kappa X} \mathrm{d}\kappa \int_{-\infty}^{\infty} \mathrm{e}^{\mathrm{i}\kappa x_1} p(x_1)\mathrm{d}x_1 \int_{-\infty}^{\infty} \mathrm{e}^{\mathrm{i}\kappa x_2} p(x_2)\mathrm{d}x_2 \ldots \int_{-\infty}^{\infty} \mathrm{e}^{\mathrm{i}\kappa x_N} p(x_N)\mathrm{d}x_N,$$

da cui, tenendo conto della (4.29), si ha:

$$\widetilde{p}_X(k) = [\widetilde{p}(k)]^N. \tag{4.31}$$

*4.4.1 Alcune proprietà della funzione caratteristica

Ovviamente, per come è definita, $|\widetilde{p}(\kappa)| \leq 1$ ed in particolare, dato che $p(x)$ è normalizzata, $\widetilde{p}(0) = 1$. Inoltre, è facile vedere che quando $p(x)$ è una funzione *simmetrica*, ossia tale che $\forall x : p(-x) = p(x)$, $\widetilde{p}(\kappa)$ è *reale*. Infatti, in questo caso, la parte immaginaria di $\widetilde{p}(\kappa)$

$$\mathrm{Im}[\widetilde{p}(\kappa)] = \int_{-\infty}^{\infty} \sin(\kappa x) p(x) \mathrm{d}x$$

è l'integrale di una funzione dispari (antisimmetrica) e quindi si annulla. Un'altra proprietà interessante ed immediata da verificare è che la funzione caratteristica di $y = ax + b$, con a e b costanti, è data da:

$$\widetilde{p}_y(\kappa) = \left\langle e^{i\kappa(ax+b)} \right\rangle = e^{i\kappa b}\widetilde{p}(a\kappa) = e^{i\kappa b}\widetilde{p}_x(a\kappa). \tag{4.32}$$

In particolare:

$$y = -x \Longrightarrow \widetilde{p}_y(\kappa) = \widetilde{p}_x(-\kappa) = \int_{-\infty}^{\infty} e^{-i\kappa x} p_x(x) dx = [\widetilde{p}_x(\kappa)]^*, \tag{4.33}$$

ossia la funzione caratteristica di $p(-x)$ è la complessa coniugata di $\widetilde{p}(\kappa)$; Osserviamo inoltre che una traslazione della variabile x corrisponde alla moltiplicazione per un fattore di fase della funzione caratteristica.

La ragione principale per cui la trasformata di Fourier gioca un ruolo così fondamentale è tuttavia la sua capacità di "trasformare" una derivata in un semplice prodotto. Vediamolo nel nostro caso, dato che questa proprietà ci sarà particolarmente utile in seguito. Supponiamo che $p(x)$ sia derivabile. Allora, utilizzando la trasformata inversa (4.29), abbiamo:

$$\frac{d}{dx} p(x) = \frac{1}{2\pi} \frac{d}{dx} \int_{-\infty}^{\infty} e^{-i\kappa x} \widetilde{p}(\kappa) d\kappa = \frac{1}{2\pi} \int_{-\infty}^{\infty} e^{-i\kappa x} [-i\kappa \widetilde{p}(\kappa)] d\kappa.$$

Confrontando questa equazione con la (4.29), ciò equivale a dire che:

$$\mathfrak{F}\left[\frac{dp(x)}{dx}\right] = -i\kappa \widetilde{p}(\kappa). \tag{4.34}$$

Ma vale anche il viceversa: operando infatti nello stesso modo sulla (4.28) si ottiene semplicemente:

$$\mathfrak{F}[xp(x)] = -i\left[\frac{d\widetilde{p}(\kappa)}{d\kappa}\right]. \tag{4.35}$$

*4.4.2 Funzioni caratteristiche di alcune distribuzioni notevoli

Abbiamo introdotto la funzione caratteristica per variabili continue, anche perché questa è la situazione normalmente di maggiore interesse, ma non vi è alcun problema ad estendere la definizione anche a distribuzioni di variabili discrete $P(k)$, sostituendo semplicemente all'integrale una somma discreta:

$$\widetilde{P}(\kappa) = \sum_{k_i} e^{i\kappa k_i} P(k_i). \tag{4.36}$$

Calcoliamo pertanto le funzioni caratteristiche di alcune distribuzioni di probabilità notevoli, sia discrete che continue, discusse nel Cap. 3.

Binomiale. La distribuzione binomiale può essere pensata come somma di n variabili indipendenti corrispondenti al risultato in un singolo tentativo, ciascuna delle quali può assumere solo i valori $k_i = 1$ con probabilità p e $k_i = 0$ con probabilità $q = 1 - p$. La funzione caratteristica di ciascuna di queste distribuzioni à allora data da:

$$\widetilde{p}_i(\kappa) = \mathrm{e}^{\mathrm{i}\kappa\cdot 1}p + \mathrm{e}^{\mathrm{i}\kappa\cdot 0}q = \mathrm{e}^{\mathrm{i}\kappa}p + q. \tag{4.37}$$

Per la (4.31) la funzione caratteristica della binomiale è allora data da:

$$\widetilde{B}(\kappa; n, p) = \left(\mathrm{e}^{\mathrm{i}\kappa}p + q\right)^n. \tag{4.38}$$

Poisson. Sostituendo $a = np$ e passando al limite per $n \to \infty$ si ottiene semplicemente:

$$\widetilde{P}(\kappa; a) = \mathrm{e}^{a[\exp(\mathrm{i}\kappa)-1]}. \tag{4.39}$$

Uniforme. Per una variabile continua e uniforme x, definita per $a < x < b$, si ottiene con un'integrazione elementare:

$$p(x) = \frac{1}{a} \Longrightarrow \widetilde{p}(\kappa) = \frac{\mathrm{e}^{\mathrm{i}\kappa b} - \mathrm{e}^{\mathrm{i}\kappa a}}{\mathrm{i}(b-a)\kappa}. \tag{4.40}$$

In particolare, dato che $\sin(t) = (\mathrm{e}^{\mathrm{i}t} - \mathrm{e}^{\mathrm{i}t})/2\,\mathrm{i}$, per $a = -b$ si ha:

$$\widetilde{p}(\kappa) = \frac{\sin(\kappa b)}{\kappa b}.$$

Notiamo che se $b \to 0$, $p(x) \to \delta(x)$ e $\sin(\kappa b)/\kappa b \to 1$. Più in generale, per una variabile "fortemente localizzata" attorno al punto $x = x_0$, possiamo scrivere:

$$\widetilde{p}(\kappa) \underset{p(x)\to\delta(x-x_0)}{\longrightarrow} \int_{-\infty}^{\infty} \mathrm{e}^{\mathrm{i}\kappa x}\delta(x-x_0)\mathrm{d}x = \mathrm{e}^{\mathrm{i}\kappa x_0}. \tag{4.41}$$

Esponenziale. Per $p(x) = \exp(-x)$ (con $(x \geq 0)$) dobbiamo valutare:

$$\widetilde{p}(\kappa) = \int_0^{\infty} \mathrm{e}^{(\mathrm{i}\kappa-1)x}\mathrm{d}x.$$

Se non avete familiarità con l'integrazione di una funzione complessa, potete calcolare l'integrale separando le parti reale ed immaginaria ed integrando ambo i termini per parti due volte. Così facendo si ottiene:

$$\widetilde{p}(\kappa) = \frac{1}{1-\mathrm{i}\kappa}, \tag{4.42}$$

Cauchy. Consideriamo dapprima la distribuzione esponenziale "simmetrizzata" $p(x) = (1/2)\exp(-|x|)$, dove ora $(-\infty < x < \infty)$. Questa può essere pensata come la distribuzione di $x_1 - x_2$, dove x_1 e x_2 sono due variabili *indipendenti* con la stessa densità di probabilità $p_x(x) = \exp(-x)$. Allora, per la (4.34):

$$\widetilde{p}(\kappa) = \left\langle \mathrm{e}^{\mathrm{i}\kappa(x_1-x_2)} \right\rangle = \left\langle \mathrm{e}^{\mathrm{i}\kappa x_1} \right\rangle \left\langle \mathrm{e}^{\mathrm{i}\kappa x_2} \right\rangle^* = \left|\left\langle \mathrm{e}^{\mathrm{i}\kappa x_1} \right\rangle\right|^2 = \frac{1}{1+\kappa^2}.$$

Per la funzione caratteristica otteniamo quindi, a meno di un fattore $1/\pi$, una distribuzione di Cauchy. Ma quindi, per la relazione (4.29) che lega una funzione alla sua trasformata, avremo anche che:

$$p(x) = \frac{1}{\pi(1+x^2)} \Longrightarrow \widetilde{p}(\kappa) = \mathfrak{F}[p(x)] = \mathrm{e}^{-|\kappa|}. \tag{4.43}$$

Gaussiana. La gaussiana ha la proprietà del tutto speciale di "autotrasformarsi", ossia *la funzione caratteristica di una gaussiana è ancora una gaussiana*[4]. Questo risultato di estremo interesse può essere ottenuto con facilità se si ha una qualche dimestichezza con l'integrazione di funzioni complesse, il che non è tuttavia il nostro caso (o almeno, credo non lo sia per la maggior parte di voi): cerchiamo allora di seguire un'altra strada, che sfrutta la proprietà fondamentale della trasformata di Fourier di trasformare una derivata in un prodotto e viceversa. Consideriamo una gaussiana centrata sull'origine e di varianza σ^2 e calcoliamone la derivata:

$$\frac{\mathrm{d}}{\mathrm{d}x} g(x) = \frac{1}{\sigma\sqrt{2\pi}} \frac{\mathrm{d}}{\mathrm{d}x} \exp\left(-\frac{x^2}{2\sigma^2}\right) = -x\sigma^{-2} g(x).$$

Prendendo allora la trasformata di Fourier di ambo i membri ed usando le relazioni (4.34) e (4.35) si ha:

$$\mathrm{i}\kappa\widetilde{g}(\kappa) = -\mathrm{i}\sigma^{-2} \frac{\mathrm{d}\widetilde{g}(\kappa)}{\mathrm{d}\kappa},$$

ossia:

$$\frac{1}{\widetilde{g}(\kappa)} \frac{\mathrm{d}\widetilde{g}(\kappa)}{\mathrm{d}\kappa} = -\sigma^2\kappa.$$

Integrando ambo i membri tra 0 ed un generico valore κ si ha:

$$\ln[\widetilde{g}(\kappa)] - \ln[\widetilde{g}(0)] = -\frac{\sigma^2\kappa^2}{2}$$

e quindi, ricordando che $\widetilde{g}(0) = 1$:

$$\widetilde{g}(\kappa) = \exp\left(-\frac{\sigma^2\kappa^2}{2}\right). \tag{4.44}$$

La funzione caratteristica di una gaussiana con valore di aspettazione generico μ si ottiene semplicemente applicando la (4.32):

$$g(x) = \frac{1}{\sigma\sqrt{2\pi}} \exp\left[\frac{(x-\mu)^2}{2\sigma^2}\right] \Longrightarrow \widetilde{g}(\kappa) = \exp\left(\mathrm{i}\mu\kappa - \frac{\sigma^2\kappa^2}{2}\right). \tag{4.45}$$

---

[4] Per l'esattezza, per come abbiamo definito $\mathfrak{F}[f]$, a meno di una costante di normalizzazione. Si avrebbe una corrispondenza completa definendo:

$$\widetilde{p}(k) = \frac{1}{\sqrt{2\pi}} \int_{-\infty}^{\infty} \mathrm{e}^{\mathrm{i}\kappa x} p(x) \mathrm{d}x.$$

*4.4.3 Funzione caratteristica e momenti

Per comodità, pensiamo la funzione caratteristica come funzione della variabile $s = \mathrm{i}k$, ossia $\widetilde{p}(s) = \widetilde{p}(\mathrm{i}k)$, e calcoliamo la sua derivata rispetto ad s, che scriveremo $\widetilde{p}^{(1)}(s)$:

$$\widetilde{p}^{(1)}(s) = \frac{\mathrm{d}\widetilde{p}(s)}{\mathrm{d}s} = \frac{\mathrm{d}}{\mathrm{d}s}\int_{-\infty}^{\infty} \mathrm{e}^{sx} p(x)\mathrm{d}x = \int_{-\infty}^{\infty} x\mathrm{e}^{sx} p(x).$$

Notiamo allora che, *se* il valore di aspettazione di x esiste ed è finito:

$$\langle x \rangle = \widetilde{p}^{(1)}(0) = -\mathrm{i}\left[\frac{\mathrm{d}\widetilde{p}(k)}{\mathrm{d}k}\right]_{\kappa=0}.$$

Derivando una seconda volta, è facile verificare che una relazione simile esiste tra il momento secondo di $p(x)$ e la derivata seconda di $\widetilde{p}(s)$. Cerchiamo di generalizzare questi risultati, considerando una densità di probabilità $p(x)$ che possegga momenti $\langle x^n \rangle$ finiti per tutti gli n. Ricordando che lo sviluppo in serie di un'esponenziale è dato da $\exp(s) = \sum_{n=0}^{\infty}(s^n/n!)$, possiamo riscrivere l'espressione (4.28) come:

$$\widetilde{p}(s) = \int_{-\infty}^{\infty} \mathrm{e}^{sx} p(x)\mathrm{d}x = \sum_{n=0}^{\infty} \frac{s^n}{n!}\int_{-\infty}^{\infty} x^n p(x)\mathrm{d}x = \sum_{n=0}^{\infty} \frac{\langle x^n \rangle}{n!} s^n, \tag{4.46}$$

ossia i coefficienti dello sviluppo in serie attorno a $s = 0$ di $p(s)$ sono dati da $\langle x^n \rangle / n!$.[5] Ricordando che lo sviluppo di Taylor attorno all'origine (ossia lo sviluppo di Maclaurin) di una funzione $f(x)$ è in generale dato da:

$$f(x) = \sum_{i=0} \frac{f^{(n)}(0)}{n!} x^n$$

dove $f^{(n)}(0)$ è la derivata n-esima di $f(x)$ calcolata nell'origine, ed identificando i coefficienti nella (4.46), otteniamo:

$$\langle x^n \rangle = \widetilde{p}^{(n)}(0) = \mathrm{i}^{-n}\left[\frac{\mathrm{d}^n\widetilde{p}(\kappa)}{\mathrm{d}\kappa^n}\right]_{k=0}. \tag{4.47}$$

Dalla funzione caratteristica possiamo quindi determinare direttamente tutti i momenti di $p(x)$. In particolare, il momento di ordine n esisterà *se e solo se* $\widetilde{p}^{(n)}(\kappa)$ esiste ed è finita in $\kappa = 0$. Ad esempio, $\exp(-|\kappa|)$ non è derivabile nell'origine (ha una cuspide), e quindi la distribuzione di Cauchy non ammette, come abbiamo già visto, un valore di aspettazione. La (4.47) ci dice tuttavia anche qualcosa di più importante: la conoscenza dei tutti i momenti $\langle x^n \rangle$ ci permette di determinare univocamente $\widetilde{p}(\kappa)$ attraverso il suo sviluppo

[5] Per questa ragione, come discusso in App. A.6, $\widetilde{p}(s)$ è detta anche *funzione generatrice dei momenti.*

di Taylor, e questa determina a sua volta univocamente $p(x)$. In alternativa a quanto abbiamo fatto finora attraverso la densità di probabilità, *una descrizione completa della distribuzione di probabilità di una variabile casuale può quindi essere anche data fornendo tutti i suoi momenti* $\langle x^n \rangle$.

Spesso il modo più comodo per calcolare i momenti di una variabile x consiste proprio nel determinare la funzione caratteristica ed usare la (4.47). Ad esempio, dato che per una Poisson:

$$\widetilde{p}(s) = \exp\left[a\left(e^s - 1\right)\right] \Longrightarrow \begin{cases} \widetilde{p}^{(1)}(s) = a e^s \exp\left[a\left(e^s - 1\right)\right] \\ \widetilde{p}^{(2)}(s) = a e^s \exp\left[a\left(e^s - 1\right)\right] + a^2 e^{2s} \exp\left[a\left(e^s - 1\right)\right], \end{cases}$$

la varianza sarà data da:

$$\sigma_k^2 = \widetilde{p}^{(2)}(0) - (\widetilde{p}^{(1)}(0))^2 = a.$$

*4.4.4 Cumulanti: perché la gaussiana è così "speciale"

La rappresentazione di una distribuzione in termini dei momenti rispetto all'origine non semplifica di molto la descrizione, dato che, se vogliamo che quest'ultima sia completa, è in generale necessario fornire *tutti* i momenti (anche quando questi, nel caso della gaussiana, possono essere scritti usando la (4.47) solo in termini di μ e σ). Abbiamo visto nel Cap. 3 che aspetti generali di una distribuzione, quali la sua larghezza o la sua asimmetria, sono piuttosto descritti da quantità come σ_x e γ_x, legate ai momenti *rispetto a* $\langle x \rangle$. Scopo di questo paragrafo è di mostrare che è in generale possibile introdurre dei parametri di descrizione di una distribuzione più "efficienti", che diremo *cumulanti* e indicheremo con κ_n, nel senso che l'"importanza" di κ_n decresce rapidamente al crescere di n. Vedremo inoltre che, da questo punto di vista, la distribuzione normale ha una proprietà molto speciale, che può anzi essere considerata come la *definizione* di un andamento gaussiano.

Per far questo, riconsideriamo la (4.27) e prendiamo i logaritmi di entrambi i membri, esprimendo ancora una volta per comodità la funzione caratteristica in termini della variabile s:

$$\ln[\widetilde{p}_{x+y}(s)] = \ln[\widetilde{p}_x(s)] + \ln[\widetilde{p}_y(s)]. \tag{4.48}$$

Questa espressione suggerisce di introdurre una "seconda" funzione caratteristica che, per ragioni che saranno presto chiare, diremo *generatrice dei cumulanti*:

$$K(s) = \ln[\widetilde{p}(s)], \tag{4.49}$$

che quindi gode della proprietà per cui $K_{x+y}(s) = K_x(s) + K_y(s)$. In altri termini, *la generatrice dei cumulanti della somma di due variabili indipendenti è la somma delle generatrici relative alle due variabili.* I cumulanti κ_n sono allora definiti attraverso lo sviluppo in serie di $K(s)$ (ammettendo che questo esista), scrivendo[6]:

[6] Nello sviluppo non compare il termine con $n = 0$ poiché $K(0) = \ln[\widetilde{p}(0)] = 0$.

$$K(s) = \sum_{n=1}^{\infty} \frac{\kappa_n}{n!} s^n. \tag{4.50}$$

per cui si ha:

$$\kappa_n = K^{(n)}(0) = \left[\frac{\mathrm{d}^n}{\mathrm{d}s^n} K(s) \right]_{s=0}. \tag{4.51}$$

Per valutare i cumulanti e comprenderne la relazione con i momenti, dovremmo uguagliare, per la (4.46):

$$\mathrm{e}^{K(s)} = \widetilde{p}(s) \Longrightarrow \exp\left(\sum_{n=1}^{\infty} \frac{\kappa_n}{n!} s^n \right) = \sum_{m=0}^{\infty} \frac{\langle x^m \rangle}{m!} s^m,$$

sviluppando poi a sua volta in serie l'esponenziale che compare al primo membro. Il procedimento è però piuttosto elaborato: limitiamoci allora a calcolare esplicitamente i primi κ_n, facendo uso della relazione (4.47) e del fatto che $\widetilde{p}(0) = 1$. Abbiamo:

$$K^{(1)}(s) = \frac{\mathrm{d}}{\mathrm{d}s} \ln[\widetilde{p}(s)] = \frac{\widetilde{p}^{(1)}(s)}{\widetilde{p}(s)}$$

$$K^{(2)}(s) = \frac{\mathrm{d}}{\mathrm{d}s}[K^{(1)}(s)] = \frac{\widetilde{p}^{(2)}(s)}{\widetilde{p}(s)} - \frac{[\widetilde{p}^{(1)}(s)]^2}{[\widetilde{p}(s)]^2}$$

$$K^{(3)}(s) = \frac{\mathrm{d}}{\mathrm{d}s}[K^{(2)}(s)] = \frac{\widetilde{p}^{(3)}(s)}{\widetilde{p}(s)} - 3\frac{\widetilde{p}^{(2)}(s)\widetilde{p}^{(1)}(s)}{[\widetilde{p}(s)]^2} + 2\frac{[\widetilde{p}^{(1)}(s)]^3}{[\widetilde{p}(s)]^3}$$

e quindi:

$$\kappa_1 = \langle x \rangle \tag{4.52a}$$

$$\kappa_2 = \langle x^2 \rangle - \langle x \rangle^2 = \langle (x - \langle x \rangle)^2 \rangle = \sigma_x^2 \tag{4.52b}$$

$$\kappa_3 = \langle x^3 \rangle - 3\langle x^2 \rangle \langle x \rangle + 2\langle x \rangle^3 = \langle (x - \langle x \rangle)^3 \rangle = \sigma_x^3 \gamma. \tag{4.52c}$$

Quindi il primo cumulante non è altro che il valore di aspettazione, il secondo la varianza, ed il terzo è proporzionale all'asimmetria. Guardando le (4.52), sarebbe poi bello concludere che tutti tutti i cumulanti di ordine $n > 1$ non sono altro che i momenti di ordine n *rispetto alla media*, ma purtroppo non è così: con qualche passaggio infatti è facile mostrare che si ha ad esempio:

$$\kappa_4 = \langle (x - \langle x \rangle)^4 \rangle - 3\kappa_2^2.$$

I cumulanti condividono tuttavia con i momenti rispetto alla media una specifica proprietà di "invarianza per traslazione". Se infatti trasliamo la variabile $x \to x + c$ abbiamo, usando la (4.32):

$$K_{x+c}(s) = \log[\widetilde{p}_{x+c}(s)] = cs + K_x(s).$$

Da questa relazione è immediato ricavare che, nella trasformazione, tutti i cumulanti restano immutati, tranne il primo che diviene $\kappa_1 + c$. Se invece trasformiamo $x \to ax$, sempre dalla (4.32) abbiamo:

$$K_{ax}(s) = K_x(as) = \sum_{n=1}^{\infty} \frac{\kappa_n a^n}{n!}(s)^n \Longrightarrow \kappa_n(ax) = a^n \kappa_n. \quad (4.53)$$

Ma l'aspetto più interessante dei cumulanti è, come abbiamo detto, quello di caratterizzare in modo univoco la distribuzione normale. Dalla (4.45) abbiamo infatti che:

$$K(s) = \mu s - \frac{\sigma^2}{2} s^2, \quad (4.54)$$

per cui è immediato osservare che per una gaussiana $\kappa_1 = \mu$, $\kappa_2 = \sigma^2$ e, soprattutto, $\kappa_n \equiv 0$ per $n > 2$. Dato che la funzione caratteristica, e quindi anche $K(s)$, determina univocamente $p(x)$, *la gaussiana è l'unica distribuzione di probabilità che ha nulli tutti i cumulanti superiori al secondo* e, viceversa, *ogni distribuzione di probabilità con questa caratteristica è una gaussiana.* Nel paragrafo che segue, assaporeremo l'importanza di questa conclusione.

Il posto del tutto speciale occupato dalla distribuzione normale diviene una sorta di "splendido isolamento" se teniamo conto di quanto segue. Come abbiamo visto (e il perché lo capiremo tra poco), molte distribuzioni di probabilità divengono simili ad una gaussiana in un opportuno limite: per questa ragione, la gaussiana è una sorta di "distribuzione modello" di grande semplicità. Potremo chiederci tuttavia se si possano sviluppare dei modelli più "sofisticati", in grado di rappresentare una classe più ampia di condizioni limite: ad esempio, potremmo chiederci se esista una distribuzione in cui solo i primi *tre* cumulanti sono non nulli. Ma ciò non succede: si può infatti dimostrare che *non esistono funzioni generatrici dei cumulanti rappresentabili come un polinomio di grado superiore al secondo*[7]. In altri termini: o una distribuzione di probabilità ha un solo cumulante (e allora è una distribuzione "infinitamente localizzata" in $x = \langle x \rangle$), o è una gaussiana, o ha *infiniti* cumulanti. Ad esempio, usando la (4.39) è facile dimostrare che *tutti* i cumulanti di una Poisson sono uguali ad a. Tuttavia, i cumulanti opportunamente "normalizzati", in modo da dare indicatori *relativi* di una distribuzione, decrescono spesso rapidamente al crescere del valore di aspettazione. Ad esempio, sia la varianza relativa che l'asimmetria della Poisson decrescono come $a^{-1/2}$.

*4.5 Il Teorema Centrale Limite

La "natura speciale" della gaussiana di cui abbiamo appena parlato è alla base di quello che è probabilmente il più importante risultato del calcolo delle probabilità, risultato che inoltre gioca un ruolo di primo piano nell'analisi degli errori sperimentali che svilupperemo nei prossimi capitoli.

Consideriamo di nuovo la somma $X = \sum_{i=1}^{N} x_i$ di N variabili casuali indipendenti che abbiano una stessa distribuzione di probabilità $p(x)$, per la

[7] Ciò segue da un teorema generale dovuto a Józef Marcinkiewicz.

quale siano definiti tutti i momenti $\langle x^n \rangle$ (e quindi i cumulanti κ_n), e siano $\mu = \langle x_i \rangle = \kappa_1$ e $\sigma^2 = \kappa_2$. Allora, per la (4.48) abbiamo semplicemente

$$K_X(s) = NK_x(s)$$

e quindi, indicando con $\kappa_n(X)$ i cumulanti di X, $\kappa_n(X) = N\kappa_n$ per ogni n. In particolare, $\kappa_1(X) = N\mu$ e $\kappa_2(X) = N\sigma^2$. Se definiamo allora la variabile $Z = (X - N\mu)/\sqrt{N}$, è immediato osservare che si ha $\kappa_1(Z) = \langle Z \rangle = 0$, mentre, ricordando che una traslazione lascia immutati i κ_n per $n > 1$, si ottiene dalla (4.53):

$$\kappa_n(Z) = \kappa_n(\frac{X}{\sqrt{N}}) = N^{-n/2}\kappa_n(X) = N^{1-n/2}\kappa_n.$$

Si ha pertanto $\kappa_2(Z) = \sigma_Z^2 = \sigma^2$, mentre *tutti i cumulanti con* $n > 2$ *tendono a 0 al crescere di* N. Nel limite $N \to \infty$, dunque, Z assume una distribuzione *gaussiana* con valore di aspettazione nullo e varianza σ^2. Ma allora anche $X = \sqrt{N}(Z + N\mu)$ avrà una distribuzione gaussiana data da:

$$p(X) = \frac{1}{\sqrt{2\pi N}\sigma} \exp\left[\frac{(X - N\mu)^2}{2N\sigma^2}\right]. \qquad (4.55)$$

Quella che abbiamo appena dimostrato non è che la forma più semplice del *Teorema Centrale Limite* (TCL) secondo cui la somma di un numero sufficientemente grande di variabili è gaussiana, nonostante le distribuzioni delle singole variabili possano essere del tutto generiche[8].

Di fatto, molte delle ipotesi semplificative che abbiamo fatto possono essere fortemente indebolite. Innanzitutto, una trattazione più accurata mostra che non è necessario che le $p(x_i)$ posseggano *tutti* i momenti, ma che è sufficiente che esistano solo $\langle x \rangle$ e σ: in questo caso, la convergenza alla gaussiana è solo più lenta. Ma soprattutto, non è nemmeno necessario che le x_i posseggano la *stessa* distribuzione di probabilità. In realtà, quindi, il TCL può essere considerevolmente esteso, a patto di ricavarlo attraverso procedimenti decisamente più complessi: più che di "un" Teorema Centrale Limite, si può quindi parlare di una *classe* di teoremi, che stabiliscono in maniera sempre più precisa il ruolo della gaussiana come distribuzione limite. Qualitativamente, ciò che avviene è che sommando molte variabili casuali si perdono i "dettagli fini" delle singole distribuzioni, fino ad ottenere una distribuzione completamente caratterizzata solo da valore di aspettazione e varianza, ossia una gaussiana.

Per i nostri scopi, è sufficiente enunciare (in termini non molto rigorosi e senza dimostrarla) una forma del TCL che, pur non essendo la più generale, permette di cogliere ancor di più il significato di questo risultato. Consideriamo di nuovo N variabili indipendenti x_i, ciascuna descritta da una propria specifica distribuzione con valore di aspettazione $\langle x_i \rangle = \mu_i$ e varianza *finita*

[8] Il Teorema di DeMoivre-Laplace dimostrato nell'App. A.3 per la convergenza di una binomiale ad una gaussiana, non è che un caso particolare del TCL.

$\sigma_i^2 < \infty$, e poniamo $X = x_1 + \cdots + x_N$, $\sigma^2 = \sum_{i=1}^N \sigma_i^2$. Allora, a patto che al crescere del numero N di variabili considerate, ciascuna varianza σ_i^2 divenga "piccola" rispetto alla somma σ_N^2 delle singole varianze, ossia:

$$\max_{1<i<n} \left(\frac{\sigma_i^2}{\sigma^2} \right) \underset{n\to\infty}{\longrightarrow} 0, \tag{4.56}$$

la distribuzione di X tende ad una gaussiana con:

$$\begin{cases} \langle X \rangle = \sum_{i=1}^N \mu_i \\ \sigma_X^2 = \sigma^2 = \sum_{i=1}^N \sigma_i^2 . \end{cases} \tag{4.57}$$

La ragione principale per cui il TCL assume una particolare importanza è che molto spesso una variabile casuale può essere pensata come il risultato finale degli effetti di molte variabili concomitanti che contribuiscono a determinare il valore della variabile considerata. Ad esempio, l'altezza di un individuo è determinata da molti fattori genetici, alimentari, ambientali. Possiamo in qualche modo cercare di descrivere la fluttuazione dell'altezza individuale rispetto al valore medio della popolazione come dovuta ad una somma di contributi dovuti a ciascuna di queste variabili. Il gran numero di fattori che influenzano il valore dell'altezza ci porta quindi ad ipotizzare che questa sia distribuita nella popolazione in modo approssimativamente gaussiano, fatto che come abbiamo visto è ben verificato sperimentalmente.

Ciò che rende fondamentale il TCL è proprio la sua generalità: tuttavia qualche nota di cautela è opportuna.

- Che cosa significa "N sufficientemente grande"? Dipende da come sono distribuite le singole variabili x_i. Per ottenere una distribuzione pressoché indistinguibile da una gaussiana sarà sufficiente sommare poche variabili (tipicamente 5-10) se le loro distribuzioni sono abbastanza regolari e simmetriche. Una somma di variabili con distribuzioni fortemente asimmetriche convergerà invece alla distribuzione normale molto più lentamente.
- La convergenza alla gaussiana *non è uniforme*. Ossia, mentre in un intorno di $\langle X \rangle$ la distribuzione di X assume rapidamente una forma gaussiana, le "code" della distribuzione convergono più lentamente (l'ampiezza della regione di convergenza cresce come $N^{1/2}$).
- La condizione (4.56) implica che se le singole variabili vengono sommate con diversi "pesi", non ci deve essere una variabile x_i con un peso preponderante. Ovverosia, se X è determinata al 90% da una variabile e solo per il 10% da tutte le altre (ad esempio $X = 0.9x_1 + 0.005x_2 + ... + 0.005x_{21}$), la distribuzione di x tenderà a riflettere le caratteristiche della distribuzione della variabile "dominante". Ad esempio, la distribuzione dei pesi degli individui, come abbiamo visto, devia in modo sensibile da una gaussiana e presenta una marcata asimmetria positiva. Ciò è probabilmente dovuto al fatto che le abitudini alimentari contribuiscono in modo predominante a determinare il peso rispetto agli altri fattori.

A patto di tener conto delle avvertenze precedenti, il TCL è comunque uno strumento estremamente potente, che come vedremo ci permetterà di affrontare in maniera diretta lo studio della precisione di misure sperimentali.

Una nota terminologica: nei testi italiani, il TCL viene spesso detto "teorema del limite centrale", e la situazione non è molto diversa per i testi francesi, dove si incontra molto più di frequente *théorème de la limite centrale* che *théorème central limite* (considerato un abominevole anglicismo). Ma a che cosa si applica in realtà l'aggettivo "centrale": a "teorema" o a "limite"? L'espressione inglese *Central Limit Theorem*, anche se univoca, certamente non aiuta a chiarire la questione, che era tuttavia del tutto chiara per il matematico George Pólya quando introdusse per primo questa espressione ritenendo il TCL un *teorema centrale* per il calcolo delle probabilità[9]. Ossia, volendo usare la seconda espressione dobbiamo intendere "(teorema del limite) centrale" e non "teorema del (limite centrale)". Del resto, cosa mai dovrebbe significare "limite centrale", forse che la convergenza avviene più rapidamente "al centro"? Per quanto ne so, i limiti non sono difensori di una squadra di calcio. Pertanto, ho preferito usare l'espressione "teorema centrale limite", che è molto meno ambigua.

Esempio 4.9. Possiamo rivedere l'esempio del moto browniano alla luce del TCL. Ciascun passo x_i è infatti una variabile casuale che può assumere solo i valori $\pm L$ con probabilità $p = 0.5$, e che quindi ha valor medio $\langle x_i \rangle = 0$ e varianza $\sigma_i^2 = 0.5L^2 + 0.5L^2 = L^2$. La somma x di N passi quindi, se N è molto grande, sarà distribuita in modo gaussiano, con valore di aspettazione $\langle x \rangle = 0$ e varianza $\sigma_x^2 = NL^2$.

*4.6 Probabilità ed informazione

La probabilità di un evento può essere pensata come la misura del grado di certezza che abbiamo riguardo al fatto che tale evento avvenga o meno: in altri termini, esiste una relazione tra la probabilità $P(A)$ associata ad un evento A (in qualunque modo decidiamo di farlo) e l'*informazione* che possediamo su di A. Ma possiamo chiederci più in generale: data una classe di possibili eventi A_i con probabilità $\{P_i\}$, mutualmente esclusivi, che costituiscano una partizione completa $\mathcal{P}$ dello spazio degli eventi, ossia tali che $\sum_i P_i = 1$, possiamo in qualche modo quantificare la "carenza di informazione" che abbiamo rispetto ad una conoscenza completa, deterministica del problema?

Ad esempio, supponiamo che io debba cercare al buio (per non svegliare mia moglie) un paio di calze blu che si trovano in un cassetto mescolate a molte altre paia di calze di n diversi colori: $\mathcal{P}$ corrisponderà allora alla partizione delle paia di calze in n gruppi di un fissato colore, ed A_i al colore delle calze estratte. È chiaro che l'informazione che ho è massima se so di per certo che

[9] L'espressione tedesca (un po'... lunghetta) usata da Pólya, *Über den zentralen Grenzwertsatz der Wahrscheinlichkeitsrechnung*, non lascia adito a dubbi.

tutte le calze hanno lo stesso colore, mentre è minima se ciascun colore è ugualmente rappresentato. In altri termini, tale informazione dipende dalla specifica distribuzione di probabilità per i colori possibili. Inoltre, se sono un tipo originale che fa uso di calze di molti colori diversi, ho sicuramente molto più bisogno di informazione di quella necessaria per chi usa solo calze blu o marroni: l'informazione necessaria dipenderà quindi dalla "finezza" della partizione $\mathcal{P}$. È possibile però definire una *singola* grandezza, funzione delle sole P_i, che misuri la quantità di informazione che "mi manca"?

Il problema che ci poniamo è strettamente collegato a quello di estrarre un messaggio d'interesse quando riceviamo un segnale fortemente affetto da rumore, ossia sovrapposto a "'messaggi casuali" indesiderati, e costituisce quindi il problema chiave della teoria della comunicazioni e per certi aspetti, dell'intera teoria dell'informazione. Come tutti sappiamo, queste discipline hanno avuto uno sviluppo recente estremamente rapido, a cui hanno contribuito molti importanti personaggi del secolo scorso, quali H. Nyquist, J. von Neumann, e N. Wiener. Ma sicuramente, la vera e propria rivoluzione concettuale che ha permesso l'incredibile sviluppo successivo nel campo delle comunicazioni di cui siamo testimoni (e fruitori) è dovuta all'opera di Claude Shannon e al concetto di entropia statistica che egli sviluppò presso i Bell Labs verso la fine degli anni '40 del secolo scorso. Anche se a livello molto introduttivo, vale comunque la pena di soffermarci su questo concetto, sia perché fornisce un valido criterio per formulare ipotesi sulla distribuzione di probabilità di una grandezza, che (*nomen omen*) per la sua relazione con la fisica statistica.

*4.6.1 Entropia statistica

Analizzeremo dapprima il caso di una partizione *discreta* dello spazio degli eventi e, per estensione, di una variabile casuale che assuma valori discreti. Consideriamo allora n eventi $\{A_i\}_{i=1,n}$ mutualmente esclusivi a cui siano associate le probabilità $\{P_i\}_{i=1,n}$, con $\sum_i P_i = 1$, e cerchiamo di determinare una funzione $S(P_i) = S(P_1, \cdots, P_n)$ che quantifichi la "carenza di informazione" derivante dalla natura aleatoria del problema considerato, e che diremo *entropia statistica* (o di Shannon). A tal fine, chiederemo che S soddisfi innanzitutto ad alcuni semplici requisiti.

1. Vogliamo che la quantità d'informazione mancante sia una grandezza non negativa, e quindi che S sia *definita positiva*: $S(P_i) \geq 0\ \forall\{P_i\}$, ed in particolare sia nulla se e solo se uno specifico evento A_j avviene con certezza, ossia se, per un fissato j, $P_j = 1$ (e quindi $P_{i\neq j} = 0$):
$$S(0,\ 0, \ldots\ 1, \ldots 0) = 0.$$
2. Se cambiamo di molto poco ciascuna delle probabilità P_i, vogliamo che anche l'informazione non vari di molto. Inoltre S dovrà essere una funzione solo dell'insieme dei valori $\{P_i\}$ e non dell'*ordine* con cui questi appaiono nella sua definizione. Chiederemo quindi che S sia una funzione *continua* e *simmetrica* di tutte sue variabili $P_1, \cdots, P_n$.

3. Ripensando all'esempio delle calze, l'informazione di cui abbiamo bisogno cresce ovviamente al crescere del numero di colori possibili, almeno nel caso in cui la probabilità che le calze siano di un certo colore sia la stessa per tutti i colori. Se consideriamo n eventi *equiprobabili*, S dovrà quindi essere una funzione *monotona crescente* di n.

A questi ragionevoli requisiti elementari, vogliamo poi aggiungerne un quarto, forse meno intuitivo, ma certamente molto "caratterizzante" per S. Riprendiamo l'esempio precedente e supponiamo che, oltre ad un paio di calze, debba cercare anche una camicia azzurra che si trova in un secondo cassetto assieme ad altre camicie di diversi colori. Per come abbiamo formulato il problema, la scelta di una particolare camicia e di un particolare paio di calze sono ovviamente due eventi indipendenti. In questo caso è ragionevole ipotizzare che l'informazione che mi manca per realizzare un certo accostamento calze–camicia sia la *somma* dell'informazione necessaria per selezionare un paio di calze con quella necessaria per scegliere una data camicia[10]. Pertanto:

4. Considerate due serie di eventi $\{A_i\}_{i=1\cdots n}$ e $\{B_j\}_{j=1\cdots m}$, con probabilità rispettivamente $\{P'_i\}$ e $\{P''_j\}$ e tra di loro *indipendenti*, ed un "doppio esperimento", a cui corrispondono gli $n \times m$ eventi composti $\{A_i B_j\}$ (che avranno probabilità $\{P_{ij}\} = \{P'_i P''_j\}$), chiederemo che S sia *additiva*:

$$S(\{P_{ij}\}_{i=1\cdots n, j=1\cdots m}) = S(P'_1, \ldots, P'_n) + S(P''_1, \ldots, P''_m).$$

L'importanza dell'analisi svolta da Shannon sta nell'aver dimostrato che questi requisiti, per quanto molto generali, definiscono S in modo *univoco*, a meno di una costante moltiplicativa $\kappa > 0$. Si ha infatti necessariamente[11]:

$$S = -\kappa \sum_{i=1}^{N} P_i \ln P_i. \tag{4.58}$$

Mentre non è semplice dimostrare che la funzione definita dalla (4.58) sia effettivamente unica, è facile vedere che essa soddisfa ai requisiti $(1-4)$.

1. S è evidentemente continua e simmetrica nello scambio $P_j \rightleftarrows P_k \ \forall j, k$.
2. Dato che $\forall n: 0 \le P_n \le 1$, tutti i logaritmi sono negativi e quindi $S \ge 0$.
3. Se tutte le P_i sono uguali, e quindi $\forall i: P_i = 1/n$, si ha semplicemente:

$$S = \kappa \ln(n), \tag{4.59}$$

che è evidentemente è una funzione monotona crescente di n.

[10] Più correttamente, ciò equivale a *definire* quanto intendiamo per "informazione" sulla base di concetti intuitivi.

[11] Nel caso in cui qualche P_i sia nulla, si pone per convenzione $P_i \ln P_i = 0$, prolungando per continuità $x \ln x \underset{x \to 0}{\longrightarrow} 0$.

4. Si ha:

$$S(P_{ij}) = -\kappa \sum_{i=1}^{n} \sum_{j=1}^{m} P'_i P''_j \ln(P'_i P''_j) = -\kappa \sum_{i=1}^{n} \sum_{j=1}^{m} P'_i P''_j (\ln P'_i + \ln P''_j) =$$

$$= -\kappa \sum_{j=1}^{m} P''_j \sum_{i=1}^{n} P'_i \ln P'_i - \kappa \sum_{i=1}^{n} P'_i \sum_{j=1}^{m} P''_j \ln P''_j$$

e quindi, tenendo conto della normalizzazione delle P'_i e delle P''_j:

$$S(P_{ij}) = S(P'_i) + S(P''_j).$$

Per eventi *generici* (non necessariamente indipendenti), si può poi dimostrare che:

$$S(P_{ij}) \leq S(P'_i) + S(P''_j).$$

Possiamo anche vedere come l'espressione (4.59) per eventi equiprobabili rappresenti anche il massimo[12] di S. Per valutare tale massimo, dobbiamo però tener conto del fatto che le P_i non possono variare liberamente, ma sono *vincolate* dalla condizione $\sum_n P_n = 1$. Per risolvere il problema di un minimo vincolato, si può fare uso del metodo dei moltiplicatori di Lagrange. Nel caso non vi suoni molto familiare, qui ci basta ricordare che trovare gli estremi della funzione $f(x_1, x_2, \ldots, x_n)$ soggetta al vincolo $g(x_1, x_2, \ldots, x_n) = c$, con c costante, equivale a trovare gli estremi *non vincolati* della funzione:

$$\tilde{f}(x_1, x_2, \ldots, x_n) = f(x_1, x_2, \ldots, x_n) - \lambda[g(x_1, x_2, \ldots, x_n) - c],$$

dove il "moltiplicatore" indeterminato λ verrà ricavato, dopo aver calcolato il minimo, imponendo la condizione di vincolo. Meglio vederlo con l'esempio che ci interessa. Nel nostro caso dobbiamo minimizzare:

$$\widetilde{S} = S(P_1, \cdots, P_n) - \lambda \left(\sum_{i=1}^{n} P_i - 1 \right). \tag{4.60}$$

Per trovare gli estremi di S, dobbiamo imporre che, per ogni j, si abbia:

$$\frac{\partial \widetilde{S}}{\partial P_j} = -\kappa(\ln P_j + 1 + \lambda/\kappa) = 0 \Longrightarrow \ln P_j = -(1 + \lambda/\kappa).$$

Osserviamo che, poiché P_j *non dipende* da j, tutte le P_j dovranno necessariamente essere uguali ad $1/n$. Esplicitamente, imponendo il vincolo:

$$\sum_{j=1}^{n} P_j = 1 \Rightarrow \lambda = \kappa(\ln n - 1) \rightarrow P_j \equiv 1/n.$$

[12] Per quanto riguarda il minimo, basta osservare che, dato che $S \geq 0$, questo è dato da $S = 0$, che si ottiene se e solo se esiste un evento A_j con $P_j = 1$.

Nel caso in cui agli eventi $\{A_i\}$ possiamo associare i valori discreti k_i assunti da una variabile causale k con probabilità $P_i = P(k_i)$, diremo che la (4.58) è *l'entropia statistica associata alla distribuzione di probabilità* $P(k)$. Notiamo che, in questo contesto, si può scrivere semplicemente $S = -\kappa \langle \ln P(k) \rangle$.

I requisiti che abbiamo posto per determinare S, per quanto semplici, possono apparire come scelte opinabili per quanto riguarda la definizione di ciò che intendiamo per "contenuto d'informazione", e magari sostituibili con altre condizioni che definiscano in modo consistente una quantità diversa. Possiamo però seguire una strada del tutto alternativa, di tipo "costruttivo", che rende ugualmente plausibile la definizione data dalla (4.58). Supponiamo di voler "costruire" una distribuzione di probabilità in questo modo[13]: suddividiamo la probabilità totale in N piccoli pacchetti ("quanti") di probabilità $1/N$, e chiediamo ad una "scimmia instancabile" (la stessa che, si veda A.4, ha appena finito di scrivere la Divina Commedia) di gettarli a caso in un certo numero n di urne, ciascuna delle quali è etichettata con uno degli m valori assunti da una variabile casuale k. Chiamiamo allora n_i, con $\sum_{i=1}^{m} n_i = N$, il numero di "quanti" di probabilità finiti nell'i-esima urna. Se facciamo tendere $N \to \infty$ (rendendo in questo modo sempre più piccoli i "quanti" di probabilità), le frequenze relative n_i/N definiranno una distribuzione di probabilità per k ottenuta per mezzo dell'esperimento. A questo punto, confrontiamo questa distribuzione con la $P(k)$ cercata: se ci va bene, ci fermiamo, altrimenti chiediamo alla scimmia (ricordiamo, instancabile!) di ripetere l'esperimento fino ad ottenere il risultato desiderato. Quanto dovrà lavorare la scimmia? Poco, se vi sono tanti modi per ottenere $P(k)$, molto in caso contrario.

Possiamo ritenere quindi che il contenuto informativo di una $P(k)$ sia tanto più alto, quanto più difficile è ottenerla con il nostro "esperimento casuale". Ricordando quanto visto nel Cap. 2, il numero di modi per ottenere la distribuzione $\{n_i\}$ è dato dal coefficiente multinomiale:

$$M = \frac{N!}{n_1!n_2!\ldots n_m!}.$$

Cerchiamo allora quale sia il massimo di M, e quindi della probabilità di ottenere una data distribuzione al crescere di N. Per un fissato N ciò equivale a massimizzare $\ln M/N$, che è una funzione monotona crescente di M:

$$\lim_{N\to\infty} \frac{1}{N} \ln M = \lim_{N\to\infty} \frac{1}{N} \left[\ln N! - \sum_{i=i}^{m} \ln(NP_i!) \right].$$

Usando l'approssimazione di Stirling, è facile vedere che:

$$\lim_{N\to\infty} \frac{1}{N} \ln M = \lim_{N\to\infty} \frac{1}{N} \left[N\ln N - \sum_{i=i}^{m} NP_i \ln(NP_i) \right] =$$
$$= \lim_{N\to\infty} \left[\ln N - \ln N \sum_{i=i}^{m} P_i - \sum_{i=1}^{m} P_i \ln P_i \right],$$

[13] Questo brillante argomento è dovuto a Graham Wallis.

ossia, tenendo conto della normalizzazione delle P_i:

$$\lim_{N\to\infty} \frac{1}{N} \ln M = -\sum_{i=1}^{m} P_i \ln P_i,$$

che coincide con l'entropia di Shannon con $\kappa = 1$, la quale quantifica dunque anche la facilità con cui si ottiene in modo casuale una distribuzione prefissata e quindi, se vogliamo, la "limitatezza" del contenuto informativo della stessa[14].

Nella (4.58) siamo liberi di scegliere la costante k in modo arbitrario, purché sia positiva. In quanto segue, noi porremo per comodità $\kappa = 1$. Nella scienza delle comunicazioni e in teoria dell'informazione si preferisce scegliere $\kappa = 1/\ln 2$, così da poter scrivere, usando i logaritmi in base due:

$$S = -\sum_i P_i \log_2 P_i.$$

Per una partizione costituita da due soli eventi equiprobabili si ha quindi $S = 1$: con questa scelta per k, si dice che l'entropia è misurata in unità binarie, più note come *bit*. Ad esempio, l'entropia associata all'estrazione di un particolare numero al Lotto vale $S = \log_2 90 \simeq 6.5$ bit.

Esempio 4.10. Consideriamo la "biblioteca di Babele" di J. L. Borges, costituita da libri di 410 pagine, con 40 righe per pagina e 40 lettere per riga, scritti utilizzando 25 diversi simboli. Se, come afferma Borges, tutti i possibili libri sono rappresentati equamente, l'entropia della distribuzione è data da:

$$S = \log_2(25^{40\times 40\times 410}) = 6.56 \times 10^5 \log_2 25 \simeq 3\,\text{Mb},$$

che corrisponderà alla quantità minima di informazione necessaria ad individuare esattamente un particolare libro tra quelli presenti nella biblioteca.

Che cosa ha a che vedere questo numero con lo spazio di memoria che un libro con le stesse caratteristiche occuperebbe sull'*hard disk* di un computer? Da una parte, dobbiamo osservare che la memoria di massa alloca ben 8 bit = 1 Byte per carattere, per consentire di utilizzare tutti i 128 simboli che costituiscono il codice ASCII standard (7 bit per selezionare il carattere + 1 bit di "parità"). D'altra parte, tuttavia, i libri di Borges sono un po' anomali, perché contengono tutte le possibili combinazioni di caratteri senza alcuna logica sintattica o grammaticale, come se li avesse scritti la scimmia instancabile

[14] Osserviamo che, se consideriamo due distribuzioni P e P' di entropia S ed S', e diciamo M ed M' il numero di modi in cui possiamo rispettivamente ottenere P e P', si ha $M/M' \sim \exp[N(S-S')]$ che, per N molto grande, è *enorme* o *trascurabile* a seconda che $S > S'$ o viceversa. In altri termini, la *stragrande maggioranza* delle distribuzioni generate dalla scimmia instancabile avrà un valore dell'entropia statistica prossimo al massimo. Questo risultato, che in realtà "fonda" in modo oggettivo il metodo discusso nel paragrafo che segue, ha forti analogie con la giustificazione dell'esistenza del "limite termodinamico" in meccanica statistica.

(l'intera Divina Commedia, costituita da circa 4×10^5 caratteri, sarà quindi contenuta in molti di essi). Un libro reale con lo stesso numero di caratteri può richiedere uno spazio di memoria molto minore se viene *compresso*. Gli algoritmi di compressione possono essere molto elaborati, ma nella forma più semplice sfruttano il fatto che i caratteri sono in realtà raccolti in parole di senso compiuto, il cui numero non è troppo elevato. Anziché memorizzare tutti caratteri, si può ad esempio registrare solo i numeri di pagina e le posizioni in cui compare ciascuna parola, riducendo il numero di bit necessari.

*4.6.2 Il principio di massima entropia

Nel Cap. 6 ci occuperemo estesamente di quelli che chiameremo *problemi inversi*, ossia del modo in cui a partire da un set di dati sperimentali si possa giudicare la "bontà" di una distribuzione di probabilità $P(k)$ ipotizzata per una grandezza (che supporremo per semplicità a valori discreti). Quando invece si abbiano a disposizione solo informazioni molto limitate sulla distribuzione, come ad esempio quanto valga $\langle k \rangle$, il concetto di entropia statistica può essere comunque utile per dedurre alcune caratteristiche generali di $P(k)$, se si fa uso di un metodo sostanzialmente basato sull'inferenza bayesiana (ricordando la discussione svolta nel Cap. 2, fin da ora *caveat emptor*!). Il principio stabilisce che, tra le distribuzioni di probabilità compatibili con certe informazioni che abbiamo ottenuto, *la migliore assunzione possibile corrisponda a quella che presenta la massima entropia.*

Così, se non sappiamo proprio nulla su $P(k)$, assumeremo come distribuzione "di prova" una distribuzione uniforme. Ma che cosa succede se sappiamo ad esempio che la distribuzione ha un ben determinato valore di aspettazione? In questo caso, dobbiamo massimizzare S in presenza di *due* vincoli, $\sum_i P_i = 1$ e $\sum k_i P_i = \langle k \rangle$. Il problema si risolve introducendo nella (4.60) un *secondo* moltiplicatore indeterminato β, e massimizzando quindi:

$$\widetilde{S} = -\sum P_i \ln P_i - \lambda \left(\sum P_i - 1 \right) - \beta \left(\sum k_i P_i - \langle k \rangle \right).$$

Si deve avere quindi, per ogni j:

$$\frac{\partial \widetilde{S}}{\partial P_j} = -(\ln P_j + 1 + \lambda + \beta k_j) = 0 \Longrightarrow P_j = \frac{1}{Z} \mathrm{e}^{-\beta k_j},$$

dove abbiamo posto $Z = [\exp(-1-\lambda)]^{-1}$. Osserviamo che la distribuzione per k non è più uniforme, ma *esponenziale*. Per valutare Z potremmo sostituire l'espressione per P_j nelle equazioni per i vincoli e risolverle per λ e β, ma è più comodo osservare che, per normalizzare le P_j, si deve avere semplicemente:

$$Z = \sum_{i=1}^{n} \exp(-\beta k_i). \tag{4.61}$$

Quindi in realtà la costante Z, che diremo *funzione di partizione*, può essere pensata come funzione del parametro β. Ma che significato ha β? Applicando la seconda equazione di vincolo, si ha:

$$\langle k \rangle = \frac{1}{Z} \sum_{i=1}^{n} k_i \exp(-\beta k_i) = -\frac{1}{Z} \frac{\partial}{\partial \beta} \left(\sum_{i=1}^{n} \exp(-\beta k_i) \right),$$

da cui:

$$\langle k \rangle = -\frac{1}{Z} \frac{\partial Z}{\partial \beta} = -\frac{\partial \ln Z}{\partial \beta}, \tag{4.62}$$

una relazione implicita ed in generale non invertibile analiticamente, ma che ci mostra come il valore di aspettazione di k sia in realtà completamente determinato dalla funzione di partizione e dal valore del parametro β.

Questi risultati sono facilmente generalizzabili al caso in cui non venga prescritto $\langle k \rangle$ ma in generale il valore di aspettazione di una *funzione* $f(k)$ della variabile. In questo caso, ponendo come vincolo $\sum f(k_i)P_i = \langle f(k) \rangle$, si ottiene con un calcolo del tutto analogo:

$$\begin{cases} P_j = Z^{-1} \exp[-\beta f(k_j)] \\ Z = \sum_{i=1}^{n} \exp[-\beta f(k_i)] \end{cases} \tag{4.63}$$

ed in analogia con la (4.62):

$$\langle f(k) \rangle = -\frac{\partial \ln Z}{\partial \beta}. \tag{4.64}$$

Come vedrete in futuro, questi risultati fondano le basi dell'interpretazione statistica della termodinamica per un sistema in equilibrio termico.

Il principio di massima entropia consente dunque di "restringere" considerevolmente la classe di distribuzioni di probabilità ipotizzabili per una variabile aleatoria. Come sempre, tuttavia, quando abbiamo a che fare con un procedimento di inferenza che si basa sostanzialmente sulla probabilità condizionata, dobbiamo prestare notevole attenzione. Il principio di massima entropia stabilisce solo la *più ampia classe* di distribuzioni compatibili con alcune informazioni di tipo globale, ma non è detto che $P(k)$ non sia in realtà caratterizzata da una struttura più dettagliata: vediamolo con un esempio.

Esempio 4.11. Supponiamo di sapere che un dado è sicuramente "truccato", perché nel 60% dei casi appaiono le facce contrassegnate con numeri pari. La singola condizione di normalizzazione viene allora sostituita dalle due condizioni separate per le probabilità delle facce "pari" e delle facce "dispari":

$$\begin{cases} P_2 + P_4 + P_6 = \sum_{i=1}^{3} P_{2i} = 0.6 \\ \\ P_1 + P_3 + P_5 = \sum_{i=1}^{3} P_{2i-1} = 0.4\,. \end{cases}$$

Per utilizzare il principio di massima entropia, dobbiamo minimizzare:

$$\widetilde{S} = -\sum_{i=1}^{6} P_i \ln P_i - \lambda_p \left(\sum_{i=1}^{3} P_{2i} - 0.6\right) - \lambda_d \left(\sum_{i=1}^{3} P_{2i-1} - 0.4\right).$$

Imponendo per ciascuna variabile $\partial S/\partial P_j = 0$, si ottiene facilmente:

$$\begin{cases} P_2 = P_4 = P_6 = 1/\exp(1+\lambda_p) = 0.2 \\ P_1 = P_3 = P_5 = 1/\exp(1+\lambda_d) = 2/15, \end{cases}$$

dove l'ultima uguaglianza segue dalle condizioni di vincolo, tenendo conto che sia le probabilità per le facce pari che per quelle dispari sono uguali tra loro. Tuttavia, sarebbe veramente strano se il dado fosse stato davvero "truccato" in questo modo, non vi pare? Non sarebbe più naturale pensare che, più semplicemente, il dado sia stato sbilanciato in modo tale che, ad esempio, $P_6 = 4/15$ e $P(1) = 1/15$, mentre le altre probabilità restano uguali a $1/6$?

*4.6.3 Entropia statistica per variabili continue

Definire l'entropia statistica per una variabile x che assuma valori continui nell'intervallo $[a, b]$ è un problema molto più "spinoso". Per farlo, proviamo a suddividere $[a, b]$ in n piccoli sottintervalli di ampiezza $\delta x = (b-a)/n$: la probabilità complessiva che x giaccia nell'n-esimo sottintervallo può allora essere scritta $P_i \simeq p(x_i)(b-a)/n$, dove $p(x_i)$ è la densità di probabilità per x calcolata in un punto x_i interno al sottintervallo. Così facendo, si ha:

$$S(\{P_i\}) = -\sum_{i=1}^{n} P_i \ln(P_i) = -\left[\sum_{i=1}^{n} \frac{b-a}{n} p(x_i) \ln p(x_i) + \ln \frac{b-a}{n}\right]$$

dove si è usato $\sum_i P_i = 1$. A questo punto, dovremmo passare al limite per $n \to \infty$ ma, mentre il primo termine in parentesi tende effettivamente a $\int_a^b dx\, p(x) \ln p(x)$, il secondo diverge! Per quale ragione? Semplicemente perché per "localizzare" *esattamente* un punto su di un segmento ho ovviamente bisogno di una precisione (ossia di una quantità di informazione) *infinita*.

Come uscirne? Osservando che il secondo termine, anche se divergente, *non dipende dalla particolare distribuzione di probabilità* $p(x)$, potremmo semplicemente "dimenticarlo" e *definire* l'entropia per variabili continue come:

$$S_c = \int_a^b p(x) \ln p(x) \mathrm{d}x.$$

Tuttavia, vi sono due problemi essenziali. Innanzitutto, se consideriamo una variabile fortemente "localizzata" attorno ad un singolo valore, prendendo il limite per $\epsilon \to 0$ di $p(x) = 1/2\epsilon$, con $|x - x_0| \leq \epsilon$:

$$S_c = -\frac{1}{2\epsilon} \ln \frac{1}{2\epsilon} \int_{x_0-\epsilon}^{x_0+\epsilon} \mathrm{d}x = \ln(2\epsilon) \underset{\epsilon\to 0}{\longrightarrow} -\infty$$

In altri termini, S_c *non è definita positiva*. Ma al di là di ciò, che significato fisico può avere il logaritmo di un quantità come $p(x)$, che *non* è adimensionale[15]? La via più semplice per risolvere il problema è quella di introdurre una "minima localizzazione possibile" δx per x, a cui corrisponde una minima "granularità" nella definizione di $p(x)$, ponendo quindi:

$$S = -\int_a^b p(x) \ln[p(x)\delta x] \mathrm{d}x = \langle \ln p(x)\delta x \rangle \,, \tag{4.65}$$

che non presenta i precedenti problemi. Notiamo che il grado di risoluzione δx non influenza comunque la *differenza* tra le entropie di due distribuzioni.

Dobbiamo tuttavia prestare attenzione al cambiamento di variabili. Se infatti valutiamo S per una variabile casuale[16] $y = f(x)$, si ottiene dalla (4.1):

$$\int_{f(a)}^{f(b)} p_y(y) \ln[p_y(y)\delta y] \mathrm{d}y = \int_a^b p_x(x) \ln \left[p_x(x) \left| \frac{\mathrm{d}x}{\mathrm{d}y} \right| \delta y \right] \mathrm{d}x.$$

Perché le definizioni di entropia coincidano dobbiamo assumere $\delta y = |\mathrm{d}y/\mathrm{d}x|\delta x$: in altri termini, l'imprecisione minima non è invariante per cambio di variabili e si deve quindi sempre stabilire quale sia la variabile "di riferimento".

Per una variabile uniformemente distribuita in $[0, a]$ (supponendo, sulla base di quanto abbiamo detto, che $a \geq \delta x$) abbiamo:

$$S = -\frac{1}{a}\int_0^a \ln \frac{\delta x}{a} \mathrm{d}x = \ln \frac{a}{\delta x},$$

che risulta nulla proprio per una distribuzione di probabilità localizzata con la massima precisione δx.

Per una gaussiana $g(x) = g(x; \mu, \sigma)$, poiché:

$$\ln[g(x)\delta x] = \ln \left[\frac{\delta_x}{\sigma\sqrt{2\pi}} \right] - \frac{(x-\mu)^2}{2\sigma^2},$$

$$S_g = \ln \frac{\sigma\sqrt{2\pi}}{\delta_x} + \frac{1}{2\sigma^2} \left\langle (x-\mu)^2 \right\rangle = \ln \frac{\sigma\sqrt{2\pi}}{\delta_x} + \frac{1}{2},$$

ossia:

$$S_g = \ln(\sigma'\sqrt{2\pi \mathrm{e}}), \tag{4.66}$$

dove $\sigma' = \sigma/\delta x$ è la deviazione standard misurata in unità di δx.

La gaussiana ha inoltre la *massima* entropia tra tutte le distribuzioni $p(x)$ definite per $x \in (-\infty, +\infty)$ e con la stessa varianza. Dato che l'entropia di

---

[15] Ricordiamo che una densità di probabilità $p(x)$ ha dimensioni date dal reciproco di quelle della variabile. Se x non è semplicemente una quantità matematica, ma una *grandezza fisica*, quali unità di misura potremmo mai attribuire a $\ln x$?

[16] Supponiamo per semplicità f monotona, ma il caso generale non è molto diverso.

$g(x)$ non dipende da μ. Scegliendo infatti una gaussiana con μ pari al valore di aspettazione $\langle x \rangle_p$ di $p(x)$, si ha:

$$S(p) = -\int_{-\infty}^{\infty} p(x) \ln[p(x)\delta x] \mathrm{d}x = \int_{-\infty}^{\infty} p(x) \ln \frac{g(x)}{p(x)} \mathrm{d}x - \int_{-\infty}^{\infty} p(x) \ln[g(x)\delta x] \mathrm{d}x.$$

Tenendo conto che un logaritmo è sempre una funzione *concava* del suo argomento e applicando al primo integrale la disuguaglianza di Jensen (3.21) (con il segno invertito), questo risulta sempre negativo:

$$\int_{-\infty}^{\infty} p(x) \ln \frac{g(x)}{p(x)} \mathrm{d}x = \left\langle \ln \frac{g(x)}{p(x)} \right\rangle_p \leq \ln \left\langle \frac{g(x)}{p(x)} \right\rangle_p = \ln \int_{-\infty}^{\infty} g(x) \mathrm{d}x = 0.$$

Per quanto riguarda il secondo integrale, procedendo in modo identico a quanto fatto per ottenere la (4.66) con $\mu = \langle x \rangle_p$, si ottiene facilmente:

$$\int_{-\infty}^{\infty} p(x) \ln[g(x)\delta x] \mathrm{d}x = -\ln(\sigma' \sqrt{2\pi \mathrm{e}}),$$

per cui si ha sempre:

$$S \leq \ln(\sigma' \sqrt{2\pi \mathrm{e}}) \Longrightarrow S \leq S_g.$$

Per quanto riguarda il principio di massima entropia, l'espressione (4.63) si generalizza semplicemente al caso di una variabile continua x scrivendo:

$$\begin{cases} p(x) = Z^{-1} \exp[-\beta f(x)] \\ Z(\beta) = \int \exp[-\beta f(x)] \mathrm{d}x \end{cases} \tag{4.67}$$

dove, in analogia con la (4.64):

$$\langle f(x) \rangle = -\frac{\partial \ln Z(\beta)}{\partial \beta}. \tag{4.68}$$

***Esempio 4.12.** Consideriamo una serie di eventi puntuali che avvengono nel tempo secondo una legge che a priori non conosciamo, e diciamo $p(t)\mathrm{d}t$ la probabilità che, se osserviamo un evento al tempo $t = 0$, l'evento successivo avvenga tra t e $t + \mathrm{d}t$. Supponendo di sapere *solo* che il tempo medio di attesa tra due eventi successivi è τ, qual è la distribuzione di probabilità $P(t)$ a cui corrisponde la massima entropia? Per la (4.67), con $f(t) = t$ e $\langle t \rangle = \tau$, si avrà:

$$Z(\beta) = \int_0^{\infty} \exp[-\beta t] \mathrm{d}t = \frac{1}{\beta}.$$

Per la (4.68), allora:

$$\tau = -\frac{\partial \ln(\beta^{-1})}{\partial \beta} = \frac{\partial \ln \beta}{\partial \beta} \Longrightarrow \beta = \frac{1}{\tau}$$

e quindi, in definitiva:

$$p(t) = \tau^{-1} \exp[-t/\tau],$$

che, con $\tau = 1/\alpha$, è proprio la distribuzione trovata nell'esempio 3.18 per gli intervalli temporali tra eventi che seguono una statistica di Poisson.

5

Teoria degli errori

"La science, mon garçon, est faite d'erreurs,
mais d'erreurs qu'il est bon de commettre,
car elles mènent peu à peu à la vérité"
J. Verne

Nel tempo che ci resta, ci occuperemo principalmente di studiare il problema della accuratezza e della precisione di una misura sperimentale. Concetto chiave per affrontare questa tematica è quello di *errore sperimentale*. Il termine "errore" ha nel contesto che affronteremo un significato molto diverso da quello d'uso nel linguaggio comune, e nasce solo dall'osservazione che i risultati di diverse misure di una stessa quantità, compiute nelle medesime condizioni, differiscono in genere l'uno dall'altro perché la precisione e l'accuratezza di una misura sono inevitabilmente limitate. Diamo allora un quadro dei problemi che affronteremo utilizzando i metodi sviluppati nei capitoli precedenti.

- Il caso più semplice che affronteremo è quello in cui vogliamo determinare *direttamente* il valore di una certa grandezza fisica, come la lunghezza di un tavolo o il periodo di oscillazione di un pendolo. In tutte queste situazioni cerchiamo di valutare una quantità attraverso misure di confronto con uno strumento che fornisce valori di riferimento (la scala graduata di un righello, lo spostamento regolare della lancetta di un cronometro). Molto spesso tuttavia una grandezza fisica è determinata *per via indiretta*. Ad esempio possiamo misurare la velocità di un corpo o la temperatura di un materiale da una misura di una o più grandezze di altra natura, come lo spazio percorso dall'oggetto ed il tempo impiegato a percorrerlo, o la lunghezza della colonnina di mercurio di un termometro a contatto con il campione. Diverse misure di una stessa grandezza, che supponiamo avere un valore ben determinato, forniscono valori sperimentali distinti perché *il procedimento di misura* introduce variabilità nei risultati sperimentali. In questo capitolo cercheremo dapprima di dare un quadro generale di che cosa sia un processo di misura, chiarendo che cosa intendiamo per accuratezza o precisione ed analizzando le cause di errore, per poi far uso di metodi statistici per stimare gli errori compiuti in una misura indiretta.
- Abbiamo poi visto che ci sono grandezze fisiche, come il tempo di decadimento di un nucleo instabile o il numero di fotoni assorbiti da un certo materiale, che presentano *di per sé* una distribuzione intrinseca di valori che

non può essere eliminata per quanto si migliori la precisione sperimentale. In questi casi il problema tipico è quello di confrontare una distribuzione sperimentale di valori per una certa grandezza con un modello teorico di distribuzione di probabilità. Nei capitoli precedenti abbiamo già cercato di operare qualche confronto qualitativo, ma vale la pena di sviluppare dei metodi più quantitativi, cosa che faremo nel Cap. 6.

- Infine, affronteremo il problema di determinare sperimentalmente il legame tra due o più grandezze, ossia di stabilire una legge funzionale del tipo $Y = f(X_1, X_2, \ldots)$ tra una grandezza Y ed altre grandezze $X_1, X_2, \ldots$ In questo caso cercheremo di sviluppare dei metodi che ci consentano di giudicare, a partire dai valori di Y che si ottengono in corrispondenza a fissati valori delle variabili "indipendenti", la bontà o meno di una legge, o più in generale di stimare l'attendibilità di un'ipotesi scientifica.

5.1 Alle radici degli errori

5.1.1 La struttura di un apparato di misura

Vogliamo farci qualche idea generale su come è strutturato un apparato sperimentale e sul modo in cui compie una misura. La strumentazione utilizzata per misure fisiche ha un grado di complessità estremamente variabile, che può andare da una semplice bilancia agli acceleratori di particelle del CERN. Ogni apparato deve comunque in definitiva fornire dei dati. Possiamo quindi cercare di delineare almeno i tratti essenziali di un processo di acquisizione di dati attraverso lo schema segue:

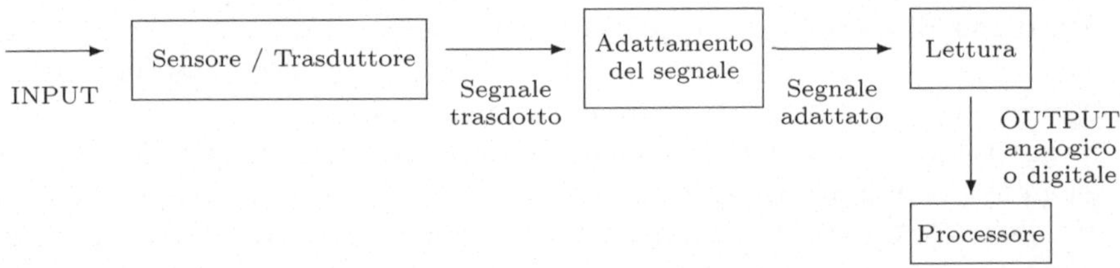

Qualunque apparato sperimentale contiene almeno un sensore-trasduttore (che diremo anche semplicemente rivelatore) ed un sistema di lettura, mentre il sistema di adattamento del segnale (*signal conditioning*) può essere o non essere presente ed il processore essere costituito anche solo... dallo sperimentatore fornito di carta e penna: analizziamo quindi i singoli blocchi.

Blocco sensore–trasduttore

Il sensore ha lo scopo di *rivelare* la grandezza che si vuole misurare e che costituisce l'*input* del sistema di misura, fornendo un segnale di risposta proporzionale, o in generale funzionalmente legato, al valore della grandezza misurata. Nello stesso tempo il sensore dovrebbe essere idealmente insensibile a stimoli esterni di natura diversa da quelli d'interesse, cioè deve essere *selettivo*. Il segnale fornito dal sensore è in generale di natura diversa da quello di input e pertanto si dice che il segnale relativo alla grandezza originaria viene *trasdotto* in un segnale di altro tipo (spesso di tipo elettrico) più facilmente modificabile e controllabile del segnale originario. Consideriamo ad esempio un semplice manometro per misurare la pressione dei pneumatici di un auto. Al bocchettone che viene applicato alla valvola è connesso un cilindro che contiene un pistoncino a tenuta. La pressione del pneumatico spinge il pistone verso l'alto, fino a quando la forza elastica di una molla di richiamo bilancia il prodotto della pressione per la superficie del pistone. Infine, la compressione della molla viene misurata dallo spostamento di un asta mobile, che fa ruotare un indice su di una scala graduata. In questo caso il sensore è costituito dalla molla, ed il segnale di pressione viene trasformato in uno spostamento lineare dell'asta. Come esempio della funzione "selettiva" di un sensore, consideriamo una fotocellula di un sistema di allarme che debba rivelare la presenza di un fascio di luce infrarossa: se non vogliamo che la luce ambiente ci disturbi, possiamo porre davanti al sensore un filtro ottico che escluda le altre componenti cromatiche. La natura dell'elemento sensibile di un rivelatore dipende ovviamente dal tipo di grandezza che vogliamo misurare. Così, ad esempio:

- molle, pendoli di torsione, o materiali che forniscono un segnale elettrico quando compressi (piezoceramiche) sono dei *sensori di forza*;
- galleggianti, colonne di liquido e membrane elastiche sono *sensori idraulici*;
- la colonna di mercurio di un termometro, o componenti aventi proprietà elettriche dipendenti della temperatura come le termocoppie e termoresistenze sono *sensori termici*;
- pellicole fotografiche, fotocellule e fotomoltiplicatori, camere CCD e CMOS sono *sensori ottici.*

E questa non è che una minuscola parte della lista che potremmo stilare. Spesso la natura particolare del segnale da rivelare impone di sviluppare dei rivelatori "dedicati" a quel particolare tipo di misura, come nel caso degli scintillatori e delle camere a bolle in fisica delle alte energie.

Blocco di adattamento del segnale

Il blocco ha la funzione di trasformare il segnale in una forma adatta per lo stadio finale di lettura ed elaborazione. Le modifiche apportate al segnale possono essere svariate, ma due operazioni sono particolarmente importanti:

Amplificazione. Il segnale spesso è troppo debole per essere registrato dal sistema di lettura, e richiede quindi di essere amplificato. Un amplificatore deve essere in grado di fornire una "copia fedele" del segnale d'ingresso con una maggiore ampiezza. Di norma, l'amplificazione richiede di fornire potenza al sistema, ma possiamo anche "amplificare" in senso lato un segnale a potenza costante, usando ad esempio una leva idraulica o ottica. Particolarmente interessante è il caso in cui l'amplificazione avviene direttamente all'interno del blocco di rivelazione: è questo il caso del fotomoltiplicatore, dove gli elettroni emessi da un materiale fotosensibile (il fotocatodo) vengono moltiplicati per emissione "a cascata" da parte di superfici fotosensibili interne (i dinodi).

Filtraggio. Abbiamo già visto parlando dei rivelatori che talora si può procedere ad un "filtraggio" del segnale a monte della rivelazione, come nel caso della fotocellula d'allarme, oppure di uno spettroscopio, dove la lunghezza d'onda della luce che incide su un fotorivelatore viene prima selezionata attraverso un prisma o un reticolo. Spesso tuttavia, in particolare quando il segnale di uscita dal rivelatore è di tipo elettrico, si procede ad un'operazione di filtraggio successiva alla rivelazione. Come vedremo, un filtro ha in generale la funzione di ridurre il rumore, limitando l'informazione complessiva contenuta nel segnale di ingresso e cercando di conservare solo quella di interesse.

BLOCCHI DI LETTURA ED ELABORAZIONE

Il segnale, eventualmente adattato, può essere letto direttamente, ad esempio per mezzo di un indicatore che si muove su una scala graduata, un registratore a penna, una pellicola fotografica, o attraverso uno strumento di lettura come un multimetro, un oscilloscopio, un contatore di impulsi, un registratore multicanale. Una caratteristica generale di un sistema di lettura è quella di presentare una sensibilità di lettura legata in generale al valore massimo della scala di lettura ("fondo scala"). Per misure semplici, lo stadio finale di un processo di acquisizione è costituito dallo sperimentatore stesso che raccoglie ed analizza i dati: vedremo che a questa fase sono spesso connessi errori di tipo soggettivo. Quasi sempre, tuttavia, lo stadio preliminare di elaborazione viene affidato ad un'unità costituita da un computer associato a delle periferiche. Il processo computazionale presenta anch'esso una serie di aspetti specifici di rilievo che introducono errori e limitazioni connessi all'elaborazione digitale.

5.1.2 Un *tour* (breve ed incompleto) sulle cause di errore

Cerchiamo di individuare delle ragioni che possono introdurre una deviazione del valore misurato per una certa grandezza dal valore "vero", tenendo ben presente il principio empirico generale secondo cui nessuna "lista" di possibili cause di errore è mai completa, e che gli elementi esclusi non sono quasi mai trascurabili. Riprendiamo dunque lo schema che abbiamo appena sviluppato, fissando l'attenzione su alcuni aspetti molto generali.

SENSIBILITÀ E RUMORE.

Qualunque rivelatore presenta una *soglia minima di sensibilità* s_0. A parte il fatto di renderci impossibile la misura di segnali inferiori alla soglia, ciò significa che in ogni caso s_0 fissa un limite superiore alla precisione con cui possiamo determinare il valore della grandezza misurata. Ad esempio, se una bilancia, per ragioni connesse alla struttura del sistema di risposta elastico che costituisce il sensore, non è in grado di misurare masse inferiori a 1 mg, non possiamo in alcun modo ottenere una risoluzione migliore sul valore della massa di un certo oggetto con una *singola* pesata. Il limite minimo di sensibilità di un apparato è spesso legato all'ampiezza del rumore, cioè dei segnali spurii generati internamente al sistema. Molti rivelatori sono caratterizzati ad esempio un *rumore di fondo*, cioè dal fatto che anche in assenza di segnale di ingresso, il sensore fornisce un'uscita non nulla. Ad esempio, nel caso di un rivelatore di luce come l'occhio, esiste sempre un "rumore di buio" che è provocato dalla produzione spontanea di una piccola quantità di impulsi nervosi di fotoricezione che fissa il limite di sensibilità discusso nell'esempio 3.14.

In generale l'amplificazione del segnale non migliora la sensibilità, dato che anche il valore s_0 viene amplificato. Inoltre il processo di amplificazione introduce in genere rumore addizionale (il principio generale che non dobbiamo mai dimenticare è che ogni manipolazione del segnale si paga...). La situazione più favorevole è quella di un sistema con amplificazione "interna", come un fotomoltiplicatore, dove in genere il rumore di amplificazione viene ridotto ad un valore teorico minimo. Procedimenti di *signal conditioning* possono invece migliorare la sensibilità, specialmente quando sono equivalenti a mediare il segnale su un certo insieme di valori come nel caso di un sistema integrante o, nel caso di un segnale periodico, quando si faccia una *rivelazione sincrona*, cioè conservando solo quelle componenti del segnale che hanno la stessa periodicità del segnale stesso. Il prezzo che spesso si paga è quello che il sistema di rivelazione diviene più "lento". Spesso il valore minimo che il sistema di lettura può rivelare è legato all'ampiezza complessiva dell'intervallo di misura, cioè al fondo scala dello strumento, nel senso che ad un fondo scala più ampio corrisponde in generale una minore sensibilità di lettura. Come esempio banale, mentre per misurare il diametro di un forellino possiamo usare un calibro, che consente una risoluzione di 10^{-2} o 10^{-3} cm, la stessa sensibilità è difficilmente ottenibile nella misura della lunghezza di una stanza.

Il parametro più importante che determina la capacità di risoluzione di un apparato non è tanto la sensibilità in sé, ma piuttosto il rapporto tra segnale e rumore (*Signal-to-Noise Ratio*, SNR). Per dare un esempio quotidiano, tutti sappiamo che, se con la radio stiamo ricevendo una stazione molto disturbata, alzare il volume (cioè aumentare il segnale) ha il solo effetto di fracassarci i timpani, dato che in questo modo aumentiamo in proporzione anche il disturbo e manteniamo costante il rapporto segnale su rumore.

Possiamo fare una considerazione a parte per ciò che riguarda gli effetti sul SNR della digitalizzazione di un segnale. Da tempo i riproduttori CD ed MP3 hanno sostituito gli impianti stereo analogici: la ragione essenziale del successo di questi sistemi di riproduzione sonora è il passaggio ad un sistema digitale di scrittura e lettura, che sostanzialmente trascrive un suono complesso in una codice binario. È un brutto colpo per il rumore, dato che in un sistema binario formato da "uni" e "zeri" non c'è spazio per cose come "uno più un po' di rumore". La stessa cosa è avvenuta per buona parte dei sistemi di trasmissione ed elaborazione dei dati, soprattutto in considerazione del fatto che alla fine della catena c'è di solito un computer che "pensa digitale". Ma naturalmente a tutto c'è una contropartita: l'elaborazione digitale richiede di suddividere l'intervallo continuo di valori di un segnale in una serie di sottointervalli minimi a cui si associa un'unità binaria (bit), e ciò corrisponde a limitare la risoluzione al valore minimo di un bit. Così, ad esempio, una scheda che misuri segnali elettrici fino ad un'ampiezza di 10 V con un'acquisizione digitale a 16 bit (dividendo pertanto l'intervallo di misura in $2^{16} = 65536$ parti) avrà in ogni caso una risoluzione minima di circa 0.15 mV.

RIPRODUCIBILITÀ. Un apparato di misura non riproduce lo stesso valore in due misure della stessa quantità compiute in condizioni identiche. Questo è qualcosa di ben diverso dalla sensibilità, e la riproducibilità può spesso essere molto peggiore della minima risoluzione. Ad esempio, se stiamo facendo una misura di posizione utilizzando un traslatore micrometrico azionato da un motore elettrico, la risoluzione di lettura della posizione (che può ad esempio essere fatta con un sistema elettro-ottico detto *encoder*) potrebbe essere molto più precisa della riproducibilità, fissata dai giochi della vite micrometrica che controlla il posizionamento.

CALIBRAZIONE. Un apparato sperimentale deve essere in genere calibrato, compiendo misure in situazioni in cui è noto in precedenza il valore della grandezza che si vuole misurare. Ad esempio, nel caso più semplice, si devono registrare i meccanismi di una bilancia in modo da ottenere valori corretti per una serie di masse di riferimento standard, o si deve controllare la "scala dei grigi" di una telecamera. Il problema della calibrazione è senza dubbio cruciale nel controllo di un apparato sperimentale. Un fattore importante è il tipo di legame tra il segnale di ingresso e quello di uscita di un blocco di misura (sensore, stadio di amplificazione, adattamento del segnale, lettura). Nel caso più semplice il legame tra uscita ed ingresso è di proporzionalità diretta, ossia si ha una *risposta lineare*. In questo caso è essenziale stabilire entro quali limiti ciò sia vero, e ciò porta a stabilire un intervallo massimo di valori (detto *range dinamico*) entro cui il segnale non viene distorto. Molti sensori hanno però una risposta tutt'altro che lineare, come ad esempio nel caso di molte sonde di temperatura. In questo caso è necessario costruire una curva di calibrazione completa per raffrontare dei valori misurati con un riferimento. Un altro problema è quello della calibrazione dello zero, dato che spesso (specialmente se nel sistema sono presenti stadi di amplificazione) l'apparato presenta un valore non nullo di uscita anche in assenza di segnale, ossia quello che si dice un *offset*. Spesso gli *offset* possono essere ridotti considerevolmente, ma abbiamo visto che esistono rumori di fondo intrinseci non eliminabili.

BANDA PASSANTE. Come "dulcis in fundo" ho lasciato un concetto un po' più complesso, ma della massima importanza quando i dati che si raccolgono sono in realtà segnali relativi alla stessa grandezza misurati a diversi istanti di tempo o in diversi punti dello spazio: il concetto di *banda passante*, che in realtà riguarda *tutti* i componenti di un sistema di acquisizione (e anche ciò che sta "a monte" del processo di acquisizione). È più facile farsene un'idea considerando un segnale che vari nel tempo: questo può essere scomposto in componenti a diversa frequenza, seguendo i metodi di Fourier sviluppati nel Cap. 4. Qualunque rivelatore tuttavia è in grado di "seguire" fedelmente un segnale solo fino ad una frequenza massima: le frequenze maggiori vengono quindi "tagliate" nel processo di rivelazione, ed il segnale rivelato differisce quindi dal segnale originario (risultando quindi parzialmente "distorto") perché la sua "banda di frequenza" viene ridotta. Effetti simili si hanno nel processo di amplificazione. Si può infatti dimostrare che, per un amplificatore, il "prodotto banda per guadagno" è costante: in altri termini, tanto più amplifichiamo un segnale, tanto più si riduce la banda di frequenza del segnale amplificato (che viene quindi ulteriormente distorto). Ad un sistema di misura dobbiamo perciò associare una banda passante, che contribuisce ovviamente a stabilire anche i limiti di linearità della risposta.

Per quanto possa apparire molto diverso, lo stesso problema si presenta per segnali che varino nello spazio, come ad esempio nella rivelazione e ricostruzione di immagini: anche in questo caso, i componenti di un sistema ottico (lenti, specchi, diaframmi, e così via) fissano la massima risoluzione spaziale con cui può essere rivelata e ricostruita l'immagine. Senza entrare nello specifico (il che richiederebbe un testo a sé stante), voglio solo sottolineare come i metodi utilizzati per analizzare il "potere risolvente" di un apparato ottico (ad esempio, il limite di risoluzione di un microscopio, o i minimi dettagli che possono essere distinti su un'immagine fotografica) si basino ancora una volta sull'analisi di Fourier, ma fatta nelle variabili spaziali, introducendo quelle che vengono dette *frequenze spaziali*. Per quanto il problema sia formalmente più complesso, il parallelismo con l'analisi in frequenza di un segnale temporale è comunque molto stretto, anche per quanto riguarda gli effetti della limitatezza della banda passante sulla fedeltà del segnale acquisito.

Tutto quanto abbiamo detto finora riguarda solo una semplice struttura di un apparato di misura, che sostanzialmente potremmo chiamare di "acquisizione" di un dato. Ma naturalmente un apparato sperimentale comprende in generale molte altre parti (meccaniche, ottiche, di controllo termico) che *precedono* la rivelazione del segnale, ciascuna delle quali presenterà imperfezioni che limitano la sensibilità e la riproducibilità della misura complessiva (ad esempio giochi meccanici dovuti a lavorazioni imperfette, vibrazioni, variazioni d'intensità di una sorgente luminosa, fluttuazioni di temperatura). Non dobbiamo infine tralasciare l'eventualità di *errori umani* dello sperimentatore (eventi magari rari, ma spesso con conseguenze "devastanti") quali ad esempio la lettura sbagliata dell'indicazione di uno strumento, lo scambio di due boccette nella preparazione chimica di un campione, la trascrizione errata di un dato sul quaderno di laboratorio. Per questo tipo di errori purtroppo non c'è una medicina universale. Conviene però in ogni caso tener sempre nota di tutto quanto si fa[1], per potere almeno ricostruire il procedimento seguito. In generale è quindi difficile quantificare tutte le fonti di errore: purtroppo, questo è proprio il compito principale a cui è chiamato uno sperimentatore.

L'accuratezza con cui può essere determinata una grandezza può essere migliorata minimizzando le fonti d'errore e, come vedremo, compiendo misure ripetute. Ma ci sono limiti fisici alla precisione? La risposta è affermativa, ed è legata alla struttura granulare della materia. Abbiamo già visto che ci sono fenomeni fisici che presentano variabilità intrinseca: grandezze come il numero di nuclei che decadono in un certo intervallo, o di fotoni assorbiti dalla retina, o di molecole presenti in un piccolo volume, presentano fluttuazioni inevitabili. In questo caso è naturalmente improprio parlare di errori, ma la determinazione precisa di valori caratteristici è comunque limitata dalla natura intrinsecamente discontinua della grandezza considerata, ed i limiti di precisione sono fissati dalla statistica particolare del fenomeno considerato.

5.1.3 Errori sistematici ed errori casuali

A motivo di quanto abbiamo esposto nel paragrafo precedente, il valore misurato di una grandezza fisica differirà dunque in generale dal valore "che ci aspettiamo" ed inoltre diverse misure porteranno a risultati diversi. Analizzando però un po' più da vicino le diverse fonti di errore, ci accorgiamo che queste possono essere distinte in due classi. Supponiamo ad esempio che uno strumento sia "mal calibrato". Per fare un esempio banale, supponiamo che ci abbiano venduto un righello, suddiviso in 100 sottointervalli, con una lunghezza "nominale" di 20 cm, ma in realtà lungo 20.2 cm. Allora il righello tenderà a *sottostimare* dell'1% qualunque misura di lunghezza. Oppure supponiamo che una fotocellula presenti rumore di buio tale da fornire, anche in assenza di luce, una tensione che fluttua rapidamente ed irregolarmente tra 1 e 3 mV, con un valore medio di 2 mV. Tutte le misure di luce che compiremo presenteranno allora mediamente un valore di 2 mV in eccesso. Nel primo caso una calibrazione scorretta porta ad un *errore di scala* nella misura, mentre nel secondo abbiamo introdotto un *errore di zero*. Ma in entrambi i casi le misure che otterremo tenderanno a deviare *tutte nello stesso senso* (in difetto o in eccesso) dal valore corretto (errore di tipo I).

Facciamo poi misurare a più persone con il nostro righello uno stesso oggetto, ad esempio un "blocco di riscontro" che ha una lunghezza precisa di 70 mm. Per effetto della scala scorretta, il valore osservato di lunghezza dovrebbe risultare pari a $70/1.01 = 69.3$ mm, ma sulla scala graduata abbiamo solo i valori corrispondenti a 68 e 70 mm. Che cosa accadrà? Presumibilmente molte persone faranno una lettura di 70 mm, qualcuna di 68 mm, altre si azzarderanno ad affermare che la lunghezza è di circa 69 mm (notate bene che

[1] Meglio se in forma "cartacea": tenendo conto della rapidità con cui mutano i supporti digitali, è una pessima abitudine (purtroppo inestirpabile dalla testa dei miei studenti) quella di affidarsi esclusivamente ad un *log file* stilato al computer, che equivale a garantire l'illeggibilità a breve scadenza dei dati!

la lettura dipende anche da quanto bene uno sperimentatore ha allineato lo zero del righello con il bordo del blocco). Per quanto riguarda la fotocellula, oltre ad un eccesso medio di lettura di 2 mV, avremo un *secondo* contributo fluttuante di ± 1 mV. Queste ulteriori cause d'errore differiscono dalle precedenti nel senso che la deviazione dal valore vero può essere sia positiva che negativa, con un valore medio approssimativamente nullo (errore di tipo II). Diremo allora *errori sistematici* gli errori di tipo I, ed *errori casuali* quelli di tipo II.

Possiamo precisare questi concetti se pensiamo a ciascuna fonte di errore come ad una variabile casuale ε_i: il contributo di questa fonte all'errore complessivo in una specifica misura non è allora altro che un particolare valore assunto da ε_i all'interno della distribuzione che la caratterizza. Un errore è dunque casuale o sistematico se è rispettivamente rappresentato da una variabile casuale a valore d'aspettazione nullo o non nullo. Come vedremo, mentre per quanto riguarda gli errori casuali potremo sviluppare metodi statistici che permettono di darne una stima adeguata, gli errori sistematici sono decisamente più fastidiosi, specialmente quando sono "accuratamente nascosti". Ad esempio, potreste avere ottenuto un'accurata calibrazione di un fotomoltiplicatore: ma con il tempo il fotocatodo che emette gli elettroni in presenza di uno stimolo luminoso potrebbe deteriorarsi, o del gas potrebbe entrare lentamente attraverso dei micropori del tubo a vuoto, cosicché la risposta del rivelatore potrebbe cambiare. Oppure nel caso in cui una misura preveda di preparare o trattare chimicamente un campione, lievi differenze nella composizione dei reagenti possono influenzare in modo sistematico e spesso subdolo le misure. Altri errori sistematici, spesso con effetti "tragici", possono essere dovuti al modo in cui lo sperimentatore ha progettato la misura, trascurando qualche effetto secondario. Molti errori sistematici sono evitabili prestando grande cura alla calibrazione di un apparato e ripetendola di frequente: vedremo tuttavia che la determinazione *indiretta* di una grandezza può generare deviazioni sistematiche, piccole ma inevitabili, non dovute a cause strumentali.

Talvolta può convenire "convivere" con un errore sistematico, piuttosto che introdurre maggiori errori casuali. Supponiamo ad esempio di voler misurare la quantità $n(\vartheta)$ di particelle di un fascio incidente diffusa ad un certo angolo ϑ da un campione. Disponiamo di un braccio rotante a cui è connesso il rivelatore che, per effetto del gioco meccanico dovuto al passo di una vite, può essere posizionato con una precisione $\Delta\vartheta$. Se facciamo misure a degli angoli $\vartheta_1, \vartheta_2, \ldots, \vartheta_N$ muovendoci sempre nello stesso senso, a partire ad esempio da angoli piccoli, ci troveremo sempre al limite superiore del gioco della vite e quindi tutti gli angoli saranno sistematicamente in eccesso rispetto al valore stabilito. Se invece muoviamo da un angolo all'altro il braccio in modo abbastanza casuale, in modo da "compensare" errori positivi con errori negativi, l'errore sistematico viene notevolmente ridotto, ma ci rimane un indeterminazione casuale $\Delta\vartheta$ su ogni misura. Potremmo però essere interessati non tanto al *valore assoluto* di ϑ, quanto a *differenze* tra i valori misurati per gli angoli. In questo caso conviene muoversi sempre nello stesso senso, per ridurre l'errore casuale di posizionamento.

5.1.4 Precisione ed accuratezza. Distribuzione gaussiana degli errori casuali

Fino ad ora abbiamo usato termini come "precisione" ed "accuratezza" in modo un po' superficiale, senza soffermarci a definire con esattezza che cosa intendiamo con questi termini. Col bagaglio di conoscenza che abbiamo acquisito possiamo però cercare di essere più precisi. *Ad una grandezza fisica X assoceremo da ora in poi una variabile casuale x, la cui distribuzione di probabilità rifletta le caratteristiche e l'entità degli errori connessi al processo di misura.* Supponiamo di ripetere molte volte nelle medesime condizioni una misura di X: sulla base di quanto abbiamo detto nel paragrafo precedente, possiamo aspettarci che la distribuzione dei valori della variabile x sia simile all'istogramma mostrato in Fig. 5.1, dove x_0 corrisponde il valore "vero" della grandezza X ed $\bar{x}$ è la media sperimentale dei risultati ottenuti.

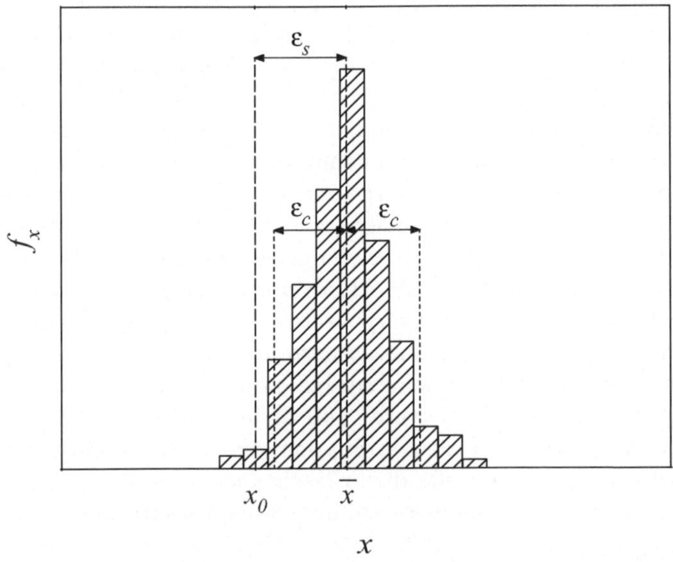

Figura 5.1.

Il contributo d'errore sistematico ε_s tende cioè a "spostare" la media rispetto al valore vero, mentre gli errori casuali ε_c tendono ad "allargare" la distribuzione attorno alla media. Anche in assenza di errori sistematici, gli errori casuali ci disturbano perché, intuitivamente, tanto più la distribuzione è allargata, tanto meno ci possiamo fidare di assumere come valore "vero" $\bar{x}$.

In quanto segue, cercheremo proprio di quantificare questa affermazione e di stabilire quanto la media ottenuta da un numero finito di misure sia "precisa", ossia quanto differisca dal valore di aspettazione di x, che come sappiamo rappresenta il "valor medio" della distribuzione limite. Chiameremo allora *precisione* di una misura l'incertezza con cui è conosciuta la media, cioè la "barra d'errore" della media rispetto al valore di aspettazione.

Tuttavia, in presenza di errori sistematici, $\bar{x}$ differirà dal valore vero x_0 anche per una misura ripetuta per un numero ipoteticamente infinito di volte. Diremo allora *accuratezza* di una misura la differenza $|\langle x\rangle - x_0|$. Precisione ed accuratezza sono allora due concetti ben distinti, e si possono avere sia casi di misure precise ma non accurate, che casi di misure accurate ma non precise.

Vogliamo ora chiederci se sia possibile dire qualcosa sulla distribuzione di valori che si ottiene come conseguenza di errori casuali. In generale le fonti di errore casuale sono sempre molto più numerose di quelle di errore sistematico, ed il fatto che siano tante è un vantaggio. Quando molte sorgenti di errori casuali concorrono a determinare la precisione di una misura sperimentale, possiamo scrivere simbolicamente un valore x_m misurato come $x_m = x + \sum_k \varepsilon_k$, dove x è il valore "vero" della grandezza X, e gli ε_k sono contributi di errore casuale, che supporremo piccoli rispetto ad x. Abbiamo già detto che ogni ε_k può essere considerato come un particolare valore di una variabile casuale che rappresenta l'effetto della k-esima sorgente di errore. Ciascuna variabile può avere naturalmente una sua particolare distribuzione di probabilità, su cui non è facile dire qualcosa, tranne che deve avere valore di aspettazione nullo. Ma se ciascuna fonte d'errore è indipendente dalle altre, se nessuna fonte è preponderante, e se k è abbastanza grande, possiamo aspettarci sulla base del Teorema Centrale Limite che *l'errore complessivo* $\varepsilon = \sum_k \varepsilon_k$ *abbia spesso una distribuzione approssimativamente gaussiana con valore d'aspettazione nullo.*

Come vedremo, questa importante conclusione permette di semplificare molto la trattazione e di sviluppare efficaci criteri di analisi dei dati[2]. Dobbiamo tuttavia ricordare sempre quali sono i limiti entro cui vale il TCL. In primo luogo, le nostre conclusioni non hanno senso se c'è una particolare fonte d'errore dominante, perché in questo caso la distribuzione dell'errore complessivo sarà dominata da quella caratteristica di tale errore. In secondo luogo, sappiamo che i singoli errori possono avere una distribuzione arbitraria sì, ma con

---

[2] Da un punto di vista storico, Gauss introdusse la distribuzione normale proprio analizzando gli errori di misura, e l'aggettivo "normale" si riferisce proprio al fatto che "normalmente" questa è la distribuzione che si ottiene per errori casuali. Forse l'affermazione che, per giustificarne una distribuzione gaussiana, si debba assumere che gli errori casuali siano di norma l'effetto risultante di molte fonti indipendenti può lasciarvi un po' scettici (vi confesso che anch'io, in parte, lo sono). Se tuttavia vi siete soffermati a leggere la breve discussione svolta nel Cap. 4 sul rapporto tra probabilità e informazione, potrete comprendere come si possa dare anche una spiegazione "bayesiana", forse in questo caso particolarmente appropriata, di questa ipotesi. Se non sappiamo veramente *nulla* sull'origine e la natura degli errori casuali, la distribuzione che riflette meglio la nostra "ignoranza" (ossia quella a cui corrisponde la massima entropia) è proprio una gaussiana (con valore di aspettazione nullo, perché sappiamo almeno che non sono sistematici).

decenza: non devono ad esempio essere presenti errori che per qualche ragione abbiano una distribuzione con una varianza molto grande, o peggio ancora non finita. Di solito questa seconda condizione è soddisfatta senza particolari problemi, ma la prima considerazione richiede sempre molta attenzione.

Un'ultima osservazione importante riguarda le misure di grandezza *intrinsecamente* discrete (decadimenti, fotoconteggi). In questo caso la fonte principale di fluttuazione dei valori è dovuta alla variabilità intrinseca del fenomeno e la distribuzione dei valori, almeno quando il numero medio di eventi misurato è piccolo, *non è* gaussiana: come sappiamo, in molti casi la statistica di eventi discreti è una distribuzione di Poisson, ed è con questa distribuzione che si deve fare i conti nella descrizione dei dati.

*5.1.5 Lo scheletro nell'armadio: i dati "strani"

Sarebbe davvero bello se il problema degli errori di misura fosse sempre riconducibile allo schema che abbiamo delineato. In realtà nella pratica sperimentale si fanno talora osservazioni che in qualche modo "disturbano" il quadro complessivo: si ottengono cioè risultati che sembrano inconsistenti con il rimanente insieme dei dati. Il problema dei dati "strani" ha notevole importanza in relazione ai metodi di trattamento degli errori di cui parleremo, in particolare perché quasi sempre queste tecniche, oltre a riferirsi sempre e solo ad errori di tipo casuale, si basano spesso sull'ipotesi più o meno implicita della gaussianità della distribuzione degli errori. Per convincervi che il problema è serio, vi ricordo che giudichiamo l'allargamento di una distribuzione per mezzo di s_x, che è una somma di *quadrati* delle deviazioni dal valore medio: un dato molto "anomalo" porta quindi "in dote" un contributo quadratico molto pesante.

La prima soluzione al problema potrebbe essere quella di "buttare via" semplicemente un dato che ci sembra troppo strano, facendo finta di niente. In alcuni casi ciò è pienamente giustificato, quando sia evidentemente rintracciabile una fonte d'errore grossolana: come esempio, vi mostro una sequenza di letture da me effettuate del segnale di tensione fornito da un fotomoltiplicatore e letto su un voltmetro:

$$0.002\,\mathrm{V}, 2.334\,\mathrm{V}, 2.310\,\mathrm{V}, 2.275\,\mathrm{V}, 2.290\,\mathrm{V}, \ldots$$

Evidentemente il primo dato è più che strano, ma la ragione è semplicemente che nella prima misura non mi ero ricordato di alimentare il fotorivelatore!

Spesso però la situazione non è così banale: cerchiamo allora di capire meglio che cosa intendiamo per "dato strano" e di analizzare qualche causa che ne possa essere l'origine. Ciò che spesso ci fa ritenere che un dato sia anomalo è il fatto che cada molto al di fuori dell'intervallo dei valori in cui cadono gli altri dati, cioè che il dato sia in qualche modo un dato "esterno" (in inglese, un *outlier*). Spesso gli *outlier* sono dovuti a "contaminazioni", ossia sono dati relativi ad un fenomeno diverso con una diversa statistica "scivolati" all'interno della nostra misura. Ad esempio, abbiamo detto che un fotomoltiplicatore è un rivelatore di luce in cui un elettrone emesso dal fotocatodo per effetto dell'assorbimento di un "pacchetto" di luce viene poi moltiplicato a catena dalla struttura interna, cosicché il segnale d'uscita è un impulso di corrente. Talvolta si possono presentare impulsi di corrente di ampiezza sensibilmente minore che non sono dovuti ad assorbimento di luce dal fotocatodo, ma ad elettroni generati per effetto termico dai dinodi interni. Chiaramente questi impulsi hanno una loro distribuzione che niente ha a che vedere con quella del fenomeno che stiamo studiando.

Possiamo schematizzare una situazione di "contaminazione" come nella Fig. 5.2, dove i pallini neri rappresentano dei dati ottenuti dal campione, con una distribuzione S dei valori, mentre i pallini bianchi sono dei contaminanti, con distribuzione C. Osserviamo però che mentre il dato c_1 appare effettivamente come un *outlier*, il dato c_2, che pure è un contaminante, sembrerebbe del tutto compatibile con la distribuzione dei dati "normali". Dobbiamo quindi fare attenzione, perché non necessariamente un dato contaminante ha un valore esterno all'intervallo "tipico", e può quindi non apparire "strano".

Talora però un risultato può apparire strano solo perché visto alla luce di un particolare modello di distribuzione dei dati che stiamo adottando. Ad esempio, supponiamo di avere ottenuto per una certa grandezza X i valori:

$$0.32, 0.17, 0.30, \mathbf{0.55}, 0.09, 0.15, 0.03, 0.28, 0.13, 0.31.$$

A prima vista il quarto dato sembra essere fortemente "anomalo". Se infatti calcoliamo la media e la deviazione standard degli altri nove dati, otteniamo $\bar{x} = 0.20$ e $s_x = 0.11$: il valore $x_4 = 0.55$ devia rispetto alla media per più di tre deviazioni standard, e sembra quindi molto improbabile. Nel fare questa considerazione stiamo però implicitamente supponendo che la distribuzione

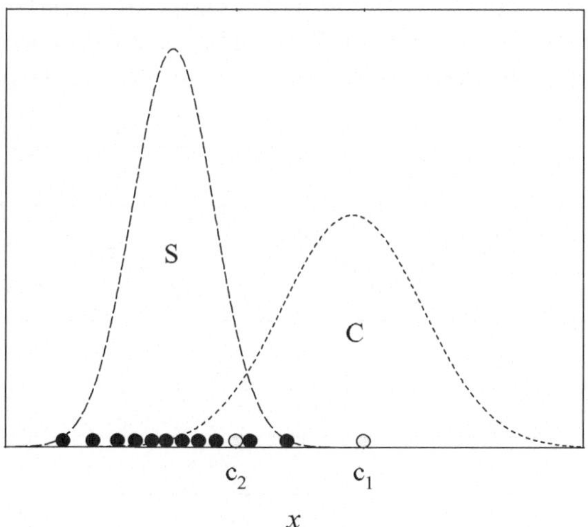

Figura 5.2.

dei dati sia abbastanza “normale”, ad esempio una gaussiana, per la quale questo criterio ha pienamente senso. In realtà ho ottenuto numericamente tutti i dati precedenti campionando a caso una distribuzione di Cauchy, che come sappiamo presenta “code” molto più lunghe di una distribuzione normale, tanto da non avere una varianza finita. Nel contesto di questo modello di distribuzione dei dati, è del tutto normale che possano presentarsi con ragionevole frequenza valori come x_4. Notate anche che se vi avessi sottoposto questo secondo gruppo di risultati:

$$13.70, 13.95, 13.71, 13.72, 13.68, 13.49, 13.55, 13.43, 13.53, 13.57$$

vi sarebbe probabilmente risultato più difficile riscontrare qualche anomalia. In realtà questi valori non sono altro che i *vecchi* dati, a ciascuno dei quali ho aggiunto una costante $x_0 = 13.40$, rimescolandoli un po'. Questo ci insegna qualcosa sulla possibilità di individuare dati estranei a colpo d'occhio.

Ci possono essere però situazioni più complesse in cui un dato appare “strano” pur non non avendo per nulla un valore troppo grande o troppo piccolo. Ciò avviene in particolare quando stiamo misurando l'andamento di una grandezza Y in funzione di un'altra grandezza X cioè delle coppie di valori (x_i, y_i). Osserviamo ad esempio la figura 5.3: sono pronto a scommettere che a molti di voi il dato indicato dalla freccia appare “strano”. Ma perche? Non certamente per il valore che assume la variabile, che è ampiamente all'interno dell'intervallo “normale” di variazione: il quattordicesimo dato sarebbe in questo senso molto più sospetto, ma non credo che disturbi nessuno di voi. Il fatto è che il dato in questione “rompe” in qualche modo un motivo oscillante che ci appare evidente. Ciò complica il problema per il semplice fatto che non è facile quantificare questa osservazione, cosa che dovremmo fare ad esempio per “spiegare” ad un computer come rintracciare dati “strani”.

Gli sperimentali hanno cercato da molto tempo di trovare dei “criteri” per accettare o rifiutare un dato strano. La maggior parte di questi criteri si basa su un ragionamento di questo tipo: lascia per un attimo da parte quel dato,

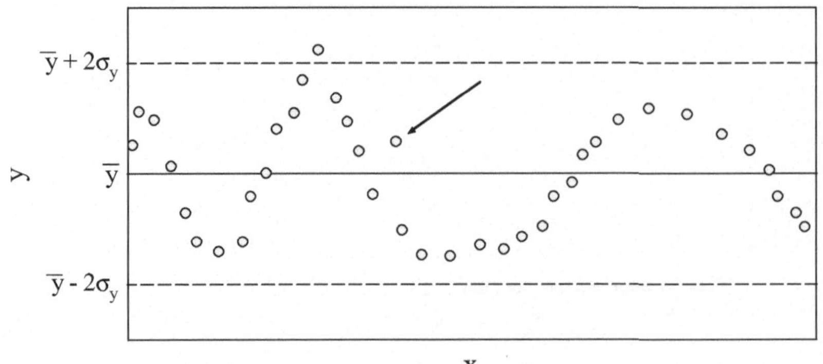

Figura 5.3.

analizza la statistica degli *altri* dati, e poi vai a vedere se il dato strano è compatibile o meno con la descrizione statistica che hai fatto. Uno dei primi e più noti criteri di questo tipo è dovuto all'astronomo americano Chauvenet, e si esprime più o meno come segue.

> "Analizziamo la statistica dei dati, e cerchiamo di determinare la distribuzione di probabilità degli errori. Se diciamo $P(\varepsilon)$ la probabilità che un errore sia maggiore di ε, il numero di errori maggiori di ε, su N misure, deve essere dell'ordine di $NP(\varepsilon)$. Se allora determiniamo un valore ε_0 tale che $NP(\varepsilon_0) = 1/2$, un errore $\epsilon > \epsilon_0$ ha una probabilità maggiore di essere estraneo alla distribuzione che di appartenervi, e può quindi essere rigettato."

Per capirlo meglio, facciamo un esempio pratico: supponiamo di aver raccolto $N = 500$ dati relativi ad una certa grandezza x, e di aver ottenuto $\bar{x} = 3$ e $s_x = 0.6$. Vedremo nella Sez. 5.2.3 che, per un numero abbastanza elevato di misure, la deviazione standard può essere ritenuta una buona stima di σ_x. Se supponiamo che l'allargamento della distribuzione sia dovuto ad errori casuali, e che questi abbiano una distribuzione gaussiana, possiamo allora cercare quel valore di z_0 per cui la probabilità residua $1 - G(z_0) = 1/2N = 10^{-3}$: dalla tavola B.1 troviamo $z_0 \simeq 3.08$. Su un campione di 500 dati, la probabilità di trovare almeno un risultato a cui corrisponda un valore $z > z_0$ è allora inferiore al 50%, e il criterio di Chauvenet ci dice di rifiutare un dato x se:

$$x > \bar{x} + s_x z_0 \simeq 4.85.$$

Il criterio sembra semplice e ragionevole, ed effettivamente rigetta efficacemente i dati "cattivi": peccato che sia facile dimostrare[3] che con un tale criterio la probabilità di rigettare erroneamente un dato *buono* è circa del 40%! Tutti i "criteri di rigetto" proposti fino ad ora presentano, chi più chi meno, qualche "baco" e vanno usati con cautela.

Più interessante è cercare di vedere come si possa "convivere" con i dati strani. A ciò si indirizzano i metodi di *statistica robusta*. Anche se non possiamo soffermarci a discuterne i dettagli, perché ciò richiederebbe strumenti statistici molto più raffinati di quelli che abbiamo introdotto, cerchiamo almeno di cogliere l'idea. Per descrivere i dati abbiamo introdotto parametri come la media e la deviazione standard: purtroppo i valori di queste quantità dipendono fortemente dal tipo di distribuzione statistica dei dati e sono molto sensibili alla presenza di dati strani. L'analisi statistica robusta cerca di utilizzare parametri che siano il più possibile *indipendenti dalla forma della distribuzione*. Tanto per dare un esempio, consideriamo questa serie di dati:

$$2.7, 2.7, 2.8, 2.8, 2.9, 3.0, 3.2, 3.3, 3.6, 2.9, 5.0$$

---

[3] La probabilità di rigettare erroneamente un dato buono è $1 - (1 - 1/2N)^N$, che per N grande diviene approssimativamente $1 - \exp(-1/2) \simeq 0.39$.

dove l'ultimo dato è sicuramente strano. Se valutiamo la media dei dati otteniamo $\bar{x} = 3.2$, mentre eliminandolo otterremmo $\bar{x} = 3.0$. Consideriamo invece la *mediana* x_m: mentre per i primi nove dati si ha $x_m = 2.9$, aggiungendo l'ultimo dato x_m è ancora compresa tra 2.9 e 3.0. La mediana è quindi un esempio di parametro meno sensibile della media ai dati strani. I vantaggi della statistica robusta si pagano di solito con una maggiore complessità di calcolo, ed in genere forniscono un'informazione meno dettagliata, ma metodi di questo tipo sono sempre più utilizzati nell'elaborazione numerica.

5.2 Stime dei parametri della distribuzione limite

5.2.1 Perché fare più misure

Veniamo ora al cuore del problema della misura. Il nostro scopo è quello di limitare il più possibile l'imprecisione e l'inaccuratezza nella determinazione del valore di una o più grandezze fisiche. Sappiamo già che l'accuratezza può essere migliorata solo eliminando le cause di errore sistematico. Ma la presenza ineliminabile di errori casuali, per quanto limitabili migliorando gli apparati sperimentali, richiede di affrontare in modo più dettagliato il problema della precisione di misura. Se ci limitiamo a compiere una sola misura di una grandezza, ci aspettiamo che il valore ottenuto possa differire dal valore di aspettazione per qualche deviazione standard. Oltretutto, con una sola misura, non abbiamo alcun modo di stabilire quale sia la larghezza della distribuzione dei dati. Come possiamo migliorare la situazione? Intuitivamente sappiamo che è meglio fare "molte misure" e calcolare delle medie. Chiediamoci allora:

i) perché conviene fare più misure e *quanto* conviene;
ii) quali vantaggi introduce, in termini di precisione, la media;
iii) come possiamo far uso di s_x per stimare la precisione di una misura.

Cominciamo a farci qualche idea qualitativa, confrontando ad esempio il risultato x_0 di una singola misura di una grandezza X, a cui è associata la variabile casuale x di valore d'aspettazione $\langle x \rangle$ e varianza σ_x^2, con una seconda serie di misure in cui abbiamo ottenuto N valori $x_1, ..., x_N$. Nel primo caso, come abbiamo detto, possiamo aspettarci che l'errore $\delta_0 = x_0 - \langle x \rangle$ possa assumere un valore dell'ordine di σ_x, sia di segno positivo che negativo. Questo naturalmente vale anche per ciascuno dei risultati del secondo esperimento: ma che cosa succede nel fare la media? Scrivendo $x_i = \langle x \rangle + \delta_i$, con ciascun δ_i dello stesso ordine di δ_0, la media sperimentale risulta uguale a $\bar{x} = \langle x \rangle + \delta$, con

$$\delta = \frac{\delta_1 + \delta_2 + \ldots + \delta_N}{N}.$$

Se la maggior parte dei δ_i avessero lo stesso segno, la deviazione risulterebbe ancora dell'ordine di δ_0: ma in realtà le deviazioni δ_i saranno abbastanza equidistribuite tra positive e negative e quindi δ risulterà *significativamente minore* di δ_0. Se assumiamo per semplicità che ogni δ_i sia in modulo uguale a δ_0 e di segno completamente casuale, la situazione risulta del tutto analoga a quella di un "random walk" in una dimensione con N "passi" di lunghezza δ_0. Ci aspettiamo allora che $\langle\delta\rangle = 0$, ossia che la media non presenti deviazioni *sistematiche* dal valore di aspettazione, e che per N grande $\sigma_\delta^2 \sim \sigma_x^2/N$, ossia che la deviazione di $\bar{x}$ dal valore di aspettazione $\langle x\rangle$ sia *ridotta* rispetto a quella di un singolo dato x_i di un fattore pari a $\sqrt{N}$. Assumere la media di N dati anziché un singolo risultato corrisponde quindi, almeno per N abbastanza grande, a *migliorare la precisione di misura in proporzione alla radice quadrata del numero di dati raccolti*, ed è questa la ragione che ci spinge a compiere più misure. Il ragionamento che abbiamo seguito è abbastanza approssimativo, ma contiene l'essenza di quanto vogliamo ora sviluppare in modo più preciso.

5.2.2 La media come stima del valore di aspettazione

Ricordiamo che il valore della media si calcola come $\bar{x} = N^{-1}\sum_{i=1}^{N} x_i$. Che cosa stiamo facendo in realtà? A parte la divisione per N, stiamo sommando i valori particolari di N variabili casuali x_i (che in realtà sono tutte uguali, $x_i \equiv x$, ma che possiamo distinguere concettualmente). *Il risultato sperimentale per la media può essere quindi pensato come un particolare valore della variabile* $\bar{x} = \sum_i x_i$ *che si ottiene sommando* N *variabili casuali* $y_i = N^{-1}x_i$. Ciascuna di queste variabili y_i ha valore d'aspettazione:

$$\langle y_i\rangle = \frac{\langle x_i\rangle}{N} = \frac{\langle x\rangle}{N}$$

e, per quanto riguarda la varianza, osserviamo che:

$$\sigma^2(y_i) = \left\langle (y_i - \langle y_i\rangle)^2 \right\rangle = \frac{1}{N^2}\left\langle (x_i - \langle x\rangle)^2 \right\rangle = \frac{\sigma_x^2}{N^2}.$$

Cerchiamo di capire meglio questo nuovo modo di "guardare" la media: il contenuto di quanto abbiamo detto è che, se ripetessimo molte volte il nostro set di N misure, troveremmo ogni volta un valore leggermente diverso per la media, e che la distribuzione di questi valori corrisponderebbe proprio alla distribuzione della variabile $\bar{x}$.

Possiamo allora chiederci quali siano il valore di aspettazione e la varianza della nuova variabile "media di x". La risposta è semplice, dato che il Teorema Centrale Limite fornisce proprio la distribuzione di probabilità della somma di un numero sufficientemente grande di variabili casuali ed il valore dei suoi parametri. Possiamo quindi concludere che, in una serie di esperimenti consistenti in N misure della grandezza X, se N è abbastanza grande:

a) la distribuzione di valori della media è in ogni caso *gaussiana* (indipendentemente dalla distribuzione di probabilità di ogni singola misura);
b) il *valore di aspettazione della media* è dato da:

$$\langle \bar{x} \rangle = \sum_{i=1}^{N} \langle y_i \rangle = \sum_{i=1}^{N} \frac{\langle x \rangle}{N} \Longrightarrow \langle \bar{x} \rangle = \langle x \rangle\,; \tag{5.1}$$

c) la *varianza della media* è data da:

$$\sigma^2(\bar{x}) = \sum_{i=1}^{N} \sigma^2(y_i) = \frac{1}{N^2} \sum_{i=1}^{N} \sigma_x^2 \Longrightarrow \sigma^2(\bar{x}) = \frac{\sigma_x^2}{N}. \tag{5.2}$$

La (5.2) equivale proprio ad affermare che la media avrà una distribuzione di valori più stretta di un fattore $\sqrt{N}$ rispetto alla distribuzione di valori delle singole misure, cioè che la media presenta una fluttuazione più piccola rispetto al valore "vero" di x. In altre parole, possiamo dire che nella grande maggioranza dei casi il valore medio che calcoliamo dai dati sperimentali approssimerà il valore "esatto" della grandezza che stiamo misurando entro un intervallo dell'ordine di $\pm\,\sigma_x/\sqrt{N}$.

5.2.3 Stima di σ_x e deviazione standard "corretta"

Purtroppo i risultati che abbiamo appena trovato sono per ora abbastanza inutilizzabili, dato che per poter calcolare l'incertezza sulla media dovremmo conoscere la varianza della distribuzione di x. Ma come facciamo, a partire dai dati sperimentali, a stimare in modo adeguato il valore di σ_x? La varianza è una somma dei quadrati delle deviazioni rispetto a $\langle x \rangle$: quindi potremmo pensare che una sua buona stima sia costituita dalla somma dei quadrati delle deviazioni da $\bar{x}$, ossia dal quadrato della deviazione standard:

$$s_x^2 = \overline{(x-\bar{x})^2} = \frac{1}{N} \sum_{i=1}^{N} (x_i - \bar{x})^2 = \frac{1}{N} \sum_{i=1}^{N} \left(x_i^2 - \bar{x}^2\right).$$

Questa quantità è a sua volta, come la media, una variabile casuale che costruiamo a partire dai dati sperimentali, e quindi la nostra affermazione sarà corretta solo se il valore di aspettazione di s_x^2 coincide con la varianza. Allora:

$$\langle s_x^2 \rangle = \frac{1}{N} \left\langle \sum_{i=1}^{N} \left(x_i^2 - \bar{x}^2\right) \right\rangle = \frac{1}{N} \sum_{i=1}^{N} \left(\langle x_i^2 \rangle - \langle \bar{x}^2 \rangle\right)$$

e, poiché ovviamente $\langle x_i^2 \rangle = \langle x^2 \rangle$ e $\langle \bar{x}^2 \rangle = \langle \bar{x}^2 \rangle$,

$$\langle s_x^2 \rangle = \langle x^2 \rangle - \langle \bar{x}^2 \rangle\,.$$

Notiamo che l'espressione è la differenza tra il valore d'aspettazione del quadrato di x e quello del quadrato della *media* di x, che *non* coincide con la varianza di x. Infatti, aggiungendo e sottraendo $\langle \bar{x} \rangle^2 = \langle x \rangle^2$, si ha:

$$\langle s_x^2 \rangle = \left(\langle x^2 \rangle - \langle x \rangle^2\right) - \left(\langle \bar{x}^2 \rangle - \langle \bar{x} \rangle^2\right) = \sigma_x^2 - \sigma^2(\bar{x}),$$

ossia, per la (5.2):

$$\langle s_x^2 \rangle = \sigma^2 (1 - \frac{1}{N}) = \frac{N-1}{N} \sigma_x^2. \tag{5.3}$$

La deviazione standard come è stata definita nella (1.8) *sottostima* quindi la varianza della distribuzione limite di un fattore $(N-1)/N$. Cerchiamo di capire il perché di questo risultato piuttosto inaspettato. Se ricordate, nel Cap 1 abbiamo mostrato che lo scarto quadratico medio rispetto ad un valore generico μ, ossia il momento secondo $M_2(\mu)$, risulta minimo proprio quando $\mu = \bar{x}$. Ma dato che in generale la media sperimentale differirà lievemente dal valore di aspettazione, cioè $\langle x \rangle \neq \bar{x}$, è naturale aspettarsi che la somma dei quadrati delle deviazioni rispetto a $\langle x \rangle$, cioè $M_2(\langle x \rangle)$, debba essere *maggiore* di $M_2(\bar{x})$, che rappresenta proprio il minimo di $M_2(\mu)$. Per ottenere una stima corretta dobbiamo allora modificare la (1.8), *ridefinendo* la deviazione standard come:

$$s_x = \sqrt{\frac{\sum_{i=1}^{N} (x_i - \overline{x})^2}{N-1}}. \tag{5.4}$$

Così facendo, si ottiene:

$$\langle s_x^2 \rangle = \sigma_x^2, \tag{5.5}$$

ossia *il quadrato della deviazione standard "corretta" rappresenta la miglior stima della varianza.* Osserviamo che, mentre per campioni molto ampi di dati la (5.4) e la (1.8) sono pressoché indistinguibili, per piccoli campioni la definizione originaria *sottostima* la larghezza della distribuzione rispetto a quella corretta. Inoltre, nel caso in cui si abbia a che fare con un solo dato, la (5.4) fornisce un valore indefinito per s_x. Con la nuova definizione di s_x si ha quindi anche, per analogia con le (1.9) e (1.10):

$$s_x^2 = \frac{N}{N-1} \sum_{j=1}^{r} f_j (x_j - \overline{x})^2 = \frac{N}{N-1} \left(\overline{x^2} - \overline{x}^2 \right).$$

5.2.4 L'errore standard: come si "scrive" un risultato

Utilizzando la (5.5), possiamo riformulare in termini "pratici" la (5.2) introducendo l'*errore standard* $s(\bar{x})$, pari alla *deviazione standard della media*:

$$s(\bar{x}) = \frac{s_x}{\sqrt{N}}, \tag{5.6}$$

che rappresenta la migliore stima che possiamo trarre a partire dai dati sperimentali sulla deviazione della media dal valore di aspettazione. Osserviamo ancora che al crescere del numero N di misure, mentre l'incertezza di un singolo dato resta fissata, l'incertezza sulla media decresce come $N^{-1/2}$.

Abbiamo a questo punto tutti gli ingredienti per decidere il modo per fornire il risultato della misura sperimentale di una grandezza fisica X. Per far ciò, a partire da N misure di X, calcoliamo la media e la deviazione standard, e stabiliamo di scrivere:

$$x = \bar{x} \pm s(\bar{x}). \tag{5.7}$$

Con questa convenzione intendiamo dunque che, con una probabilità di circa il 68% (che deriva dal fatto che la distribuzione della media è gaussiana), il valore "vero" di X si trova in un intervallo di ampiezza $\pm s(\bar{x})$ attorno a $\bar{x}$.

Volendo essere pignoli, notiamo che c'è qualcosa di strano in tutto quanto abbiamo detto. Noi sappiamo che la media è distribuita in modo gaussiano attorno al valore "vero" di X, valore che è una quantità *fissata* e non fluttuante. Che senso ha scrivere allora che il valore "vero" di X è compreso (con una certa probabilità) in un certo intervallo attorno alla media? In senso stretto la "probabilità che X abbia un certo valore" può essere solo uno (se il valore è quello giusto) o zero (altrimenti)! Nello scrivere un risultato come nella (5.7) stiamo in realtà facendo uso di un ragionamento di probabilità "inversa", relativo alla *stima* che noi possiamo dare dei parametri della distribuzione della media (il cui specifico valore sperimentale ci è invece noto). È una differenza sottile ma significativa: in effetti, questo è il tipo di ragionamento che si fa ogni qualvolta si cerca di adattare una distribuzione teorica a dei dati sperimentali.

L'errore standard rappresenta dunque la semilarghezza della "barra di errore" che prevediamo per la nostra migliore stima del valore di X, rappresentata dalla media sperimentale. È questo il modo più semplice di fornire il risultato di una misura ripetuta di una grandezza fisica. Possiamo però estendere il concetto di intervallo di errore osservando che, se N è sufficientemente grande, la variabile

$$z = \frac{x - \bar{x}}{s(\bar{x})} = \sqrt{N}\,\frac{x - \bar{x}}{s_x} \tag{5.8}$$

ha, per quanto abbiamo detto, una distribuzione gaussiana centrata sull'origine e di varianza unitaria. Possiamo allora definire più in generale un *intervallo di confidenza al p%* valutando per quale valore z_0 di z almeno il p % dell'area sottesa da una gaussiana unitaria cada entro l'intervallo $(-z_0, +z_0)$.

Esempio 5.1. Supponiamo di avere ottenuto, da una serie di 100 misure di una grandezza X:

$$\bar{x} = 3.565; s_x = 0.124.$$

Allora l'errore standard è dato da $s(\bar{x}) = 0.124/\sqrt{100} = 0.0124$. Potremmo quindi scegliere di fornire il risultato come[4]:

$$x = 3.565 \pm 0.012.$$

Possiamo però anche scegliere di voler attribuire al valore di x un intervallo di confidenza diciamo del 95%. In questo caso dobbiamo valutare dalla tavola

[4] Notiamo che per ora non abbiamo alcuna idea sulla *precisione* con cui è noto l'errore standard, e quindi sul numero di cifre significative in questo risultato.

delle aree della distribuzione normale un valore z per cui l'area compresa nelle "code" esterne all'intervallo $(-z, +z)$ non sia superiore al 5%. Procedendo in questo modo otteniamo $z = 1.96$ e quindi, con una confidenza del 95%:

$$x = 3.565 \pm 1.96 s(\bar{x}) = 3.565 \pm 0.024.$$

5.2.5 Stima della correlazioni tra due grandezze

Nel descrivere i dati sperimentali, abbiamo introdotto il concetto di correlazione tra due variabili e il coefficiente sperimentale di correlazione

$$r_{xy} = \frac{s_{xy}}{s_x s_y} = \frac{\overline{xy} - \bar{x}\bar{y}}{s_x s_y}$$

e nel Cap. 4 abbiamo esteso questo concetto alle distribuzioni limite, introducendo in modo analogo un coefficiente di correlazione teorico:

$$\rho_{xy} = \frac{\langle xy \rangle - \langle x \rangle \langle y \rangle}{\sigma_x \sigma_y}.$$

Ricordiamo solo che $\langle xy \rangle$ va inteso come il valore di aspettazione della variabile $z = xy$, che ha una distribuzione di probabilità $p_z(z)$ in generale diversa da $p_x(x)p_y(y)$, e che due variabili completamente scorrelate, cioè tali che $\rho_{xy} = 0$, non sono necessariamente indipendenti.

Come possiamo allora stimare quanto due variabili siano correlate? Ciò che abbiamo a disposizione è il valore sperimentale r_{xy} ottenuto dal campione di dati considerato. Dato che le medie sono buone stime dei valori di aspettazione, e le deviazioni standard delle σ, possiamo aspettarci che r_{xy} sia una stima adeguata di ρ_{xy}. Questo è vero, purché anche nella definizione di s_{xy} si introduca un fattore correttivo $N/(N-1)$ analogo a quello utilizzato per ridefinire la deviazione standard. Inoltre, bisogna prestare attenzione ad un particolare: mentre la distribuzione di probabilità per la media di un numero anche moderato di misure è gaussiana (e lo stesso come vedremo avviene per la deviazione standard), la distribuzione di probabilità per ρ_{xy} non diviene gaussiana se non per un numero *molto grande* di misure. Di conseguenza, al crescere del numero N di misure r_{xy} approssima *molto lentamente* ρ_{xy}. È quindi importante ribadire che giudicare il grado di correlazione di due variabili a partire da pochi dati sperimentali può essere molto pericoloso.

5.3 Propagazione degli errori

5.3.1 Errori misurati ed errori stimati: le misure indirette

Nella maggior parte delle situazioni sperimentali, la grandezza fisica Y che si vuole determinare viene in realtà calcolata a partire da dati su una o più altre variabili $X_1, X_2, \ldots X_N$ che vengono effettivamente misurate, attraverso una relazione funzionale nota $Y = f(X_1, X_2, \ldots X_N)$. Può darsi inoltre che per predisporre l'esperimento sia necessario impostare dei parametri sperimentali, e che questa procedura sia soggetta ad errore. Ad esempio, potremmo determinare la massa di una particella incognita attraverso un processo d'urto misurando le quantità di moto di una particella incidente di massa nota e quella della particella incognita dopo l'urto, utilizzando la quantità di moto iniziale della particella incidente come parametro sperimentale "aggiustabile".

Vogliamo allora porci questo problema: se siamo in grado di stimare gli errori per una certa grandezza X (descritta dalla variabile casuale x) che misuriamo, possiamo stabilire un intervallo di errore per una grandezza Y (a cui assoceremo la variabile y) che viene derivata da X? Naturalmente, se potessimo determinare l'intera distribuzione di probabilità $p_x(x)$ per x, potremmo usare le considerazioni che abbiamo sviluppato nel Cap. 4 per ricostruire l'intera distribuzione di probabilità $p_y(y)$, e quindi calcolare ad esempio la varianza di y. Ma spesso tutto ciò che conosciamo è solo la stima del valore di aspettazione e della varianza di x. Possiamo però ancora dare una stima approssimata per gli errori su Y nel caso in cui gli errori su X siano piccoli, cioè quando la distribuzione di valori misurati per x sia abbastanza "stretta" attorno al valore di aspettazione $\langle x \rangle$ (o, da un punto di vista sperimentale, attorno alla media, che del valore di aspettazione è la miglior stima). Come vedremo, l'errore stimato per Y è legato a quello per X attraverso una relazione che dipende dalla legge $Y = f(X)$ (o, analogamente dal legame $y = f(x)$ tra le variabili casuali che descrivono le grandezze considerate) e che può *amplificare o ridurre* l'errore per la variabile dipendente. Le considerazioni che faremo sono allora particolarmente utili in fase di *progettazione* di un esperimento per stimare l'errore nella determinazione indiretta di una grandezza quando si può stimare la precisione di misura delle quantità direttamente osservate.

5.3.2 Stima del valore di aspettazione di $y = f(x)$

Sappiamo che in generale $\langle y \rangle$ *non* si ottiene calcolando la funzione $f(x)$ nel valore di aspettazione di x, cioè che $\langle f(x) \rangle \neq f(\langle x \rangle)$ (ad esempio $\langle x^2 \rangle \neq \langle x \rangle^2$). Tuttavia possiamo far vedere che questa può essere una buona approssimazione per *piccoli* errori, cioè a meno di termini dell'ordine di $(\sigma_x)^2$. Infatti, se usiamo lo sviluppo di Taylor, possiamo approssimare la funzione $f(x)$ come:

$$f(x) = f(\langle x \rangle) + \left(\frac{\mathrm{d}f}{\mathrm{d}x}\right)_{\langle x \rangle} (x - \langle x \rangle) + \frac{1}{2}\left(\frac{\mathrm{d}^2 f}{\mathrm{d}x^2}\right)_{\langle x \rangle} (x - \langle x \rangle)^2 + \ldots$$

dove le derivate della funzione sono calcolate nel valore $x = \langle x \rangle$. Se allora calcoliamo il valore di aspettazione di $f(x)$, otteniamo:

$$\langle f(x) \rangle = f(\langle x \rangle) + \left(\frac{\mathrm{d}f}{\mathrm{d}x}\right)_{\langle x \rangle} \langle (x - \langle x \rangle) \rangle + \frac{1}{2}\left(\frac{\mathrm{d}^2 f}{\mathrm{d}x^2}\right)_{\langle x \rangle} \left\langle (x - \langle x \rangle)^2 \right\rangle + \ldots$$

Ricordando che $\langle (x - \langle x \rangle) \rangle = 0$ e osservando che l'ultimo termine al secondo membro non è altro che la varianza di x, otteniamo:

$$\langle f(x) \rangle = f(\langle x \rangle) + \frac{1}{2} \left(\frac{\mathrm{d}^2 f}{\mathrm{d}x^2} \right)_{\langle x \rangle} \sigma_x^2 + \ldots$$

Quindi, se ci limitiamo a considerare termini del *primo* ordine in σ_x, possiamo assumere approssimativamente:

$$\langle f(x) \rangle \simeq f(\langle x \rangle). \tag{5.9}$$

Osserviamo che il piccolo termine che stiamo trascurando corrisponde in realtà ad introdurre un leggero errore *sistematico* nella determinazione di Y.

5.3.3 Propagazione degli errori per funzioni di una variabile

Relazione lineare

Cominciamo a considerare il semplice caso in cui tra le grandezze fisiche X ed Y sussista una relazione lineare: $Y = aX + b$. In questo caso la varianza di y può essere determinata in maniera esatta a partire da quella di x dato che, da $\sigma_y^2 = \langle y^2 \rangle - \langle y \rangle^2$, si ha:

$$\sigma_y^2 = \left\langle (ax+b)^2 \right\rangle - \langle (ax+b) \rangle^2 = a^2 \left\langle x^2 \right\rangle + 2ab \langle x \rangle + b^2 - a^2 \langle x \rangle^2 - 2ab \langle x \rangle - b^2,$$

da cui segue:

$$\sigma_y^2 = a^2 \left\langle x^2 \right\rangle - a^2 \langle x \rangle^2 = a^2 \sigma_x^2,$$

ossia:

$$\sigma_y = |a| \sigma_x. \tag{5.10}$$

notiamo che il termine costante b *non contribuisce* alla varianza di y, ed inoltre che il "fattore di amplificazione" tra σ_x e σ_y è dato dal *modulo* di a.

Caso generale

Occupiamoci ora di una relazione generica $Y = f(X)$. Abbiamo detto che ci limitiamo a considerare "piccoli errori": i valori di x saranno cioè circoscritti in un intorno limitato del valore di aspettazione $\langle x \rangle$. Se usiamo anche in questo caso lo sviluppo di Taylor, limitandoci però al *primo* ordine, possiamo approssimare $f(x)$ come:

$$f(x) \simeq f(\langle x \rangle) + \left(\frac{\mathrm{d}f}{\mathrm{d}x} \right)_{\langle x \rangle} (x - \langle x \rangle).$$

Così facendo, ci siamo in realtà riportati al caso precedente, perché per piccoli errori y risulta una funzione *lineare* di x con:

$$\begin{cases} a = \left(\dfrac{\mathrm{d}f}{\mathrm{d}x}\right)_{\langle x \rangle} \\ b = f(\langle x \rangle) + \left(\dfrac{\mathrm{d}f}{\mathrm{d}x}\right)_{\langle x \rangle} \langle x \rangle . \end{cases}$$

Otteniamo dunque l'espressione fondamentale:

$$\sigma_y \simeq \left| \frac{\mathrm{d}f}{\mathrm{d}x} \right|_{\langle x \rangle} \sigma_x . \tag{5.11}$$

Per determinare la *propagazione degli errori* dalla grandezza X alla grandezza Y è quindi sufficiente conoscere la derivata della relazione funzionale che lega le due variabili. Osserviamo però che, a differenza che nel caso lineare, l'espressione (6.10) è una *approssimazione al primo ordine*, ossia vale solo per piccoli errori. Specifichiamo allora la (5.11) ad alcune situazioni di uso ricorrente.

PROPORZIONALITÀ INVERSA: $\boxed{Y = \dfrac{C}{X}}$

$$\frac{\mathrm{d}y}{\mathrm{d}x} = -\frac{C}{x^2} \Longrightarrow \sigma_y = \frac{|C|}{\langle x \rangle^2} \sigma_x .$$

Dividendo ambo i membri per $| \langle y \rangle |$ otteniamo:

$$\frac{\sigma_y}{| \langle y \rangle |} = \frac{\sigma_x}{| \langle x \rangle |}, \tag{5.12}$$

ossia gli errori su x ed y *relativi ai valori di aspettazione* sono uguali.

RELAZIONE LOGARITMICA: $\boxed{Y = \ln(X)}$

$$\frac{\mathrm{d}y}{\mathrm{d}x} = -\frac{1}{x} \Longrightarrow \sigma_y = \frac{\sigma_x}{\langle x \rangle} . \tag{5.13}$$

Questa espressione è particolarmente utile quando l'errore che si commette su x è approssimativamente proporzionale al valore stesso di x (ad esempio se la misura è compiuta con uno strumento la cui precisione è proporzionale al fondo scala). In questo caso l'errore sul *logaritmo* di x risulta costante.

LEGGE DI POTENZA: $\boxed{Y = AX^\alpha}$

$$\frac{\mathrm{d}y}{\mathrm{d}x} = \alpha A x^{\alpha-1} \Longrightarrow \sigma_y = |\alpha A \langle x \rangle^{\alpha-1}| \sigma_x ,$$

ossia, dividendo ancora per $\langle y \rangle$:

$$\frac{\sigma_y}{| \langle y \rangle |} = |\alpha| \frac{\sigma_x}{| \langle x \rangle |}, \tag{5.14}$$

di cui la (5.12) è un caso particolare per $\alpha = -1$.

Esempio 5.2. Una massa m_1, che si muove inizialmente con velocità v_0, urta centralmente ed in modo completamente elastico una seconda massa m_2 inizialmente ferma. Ci chiediamo quale sia l'indeterminazione $\sigma(v_2)$ sulla velocità finale v_2 della seconda massa, se la precisione con cui conosciamo la velocità iniziale di m_1 è pari a $\sigma(v_0)$. Dalla conservazione dell'energia e della quantità di moto del sistema otteniamo:

$$v_2 = \frac{2}{1 + m_2/m_1} v_0$$

e pertanto:

$$\sigma(v_2) = \frac{2}{1 + m_2/m_1} \sigma(v_0).$$

L'errore su v_2 è quindi tanto maggiore quanto minore è il rapporto m_2/m_1.

Esempio 5.3. Vogliamo determinare il coefficiente di attrito viscoso di un fluido di densità ρ_f misurando la velocità limite di un oggetto di densità ρ e volume V che cade attraverso il mezzo sotto effetto della forza peso. Assumendo la direzione positiva dell'asse z verso il basso e tenendo conto della spinta di archimede $-\rho_f V g$, l'equazione del moto si scrive:

$$\rho V \ddot{z}(t) = (\rho - \rho_f) V g - k \dot{z}(t).$$

La velocità limite v_∞ si ottiene ponendo l'accelerazione $\ddot{z}$ uguale a zero:

$$v_\infty = \frac{(\rho - \rho_f) V g}{k}.$$

Se allora misuriamo v_∞ con una precisione $\sigma(v_\infty)$, per la (5.14) otteniamo:

$$\frac{\sigma(k)}{k} = \frac{\sigma(v_\infty)}{v_\infty},$$

ossia la stima di k ha una precisione relativa uguale a quella di v_∞.

Esempio 5.4. Consideriamo una particella di massa m che urti elasticamente in modo non centrale una seconda particella di massa $M \gg m$. Vogliamo determinare il modulo della variazione della quantità di moto di m misurando l'angolo che la direzione di moto della particella dopo l'urto fa con la direzione incidente (si veda la Fig. 5.4).
Dato che $M \gg m$, l'energia cinetica di m non varia apprezzabilmente nell'urto, e quindi per le quantità di moto di m prima e dopo l'urto si ha $|\mathbf{p}_f| = |\mathbf{p}_i| = p$. Il triangolo dei vettori in figura è allora isoscele e si ha:

$$\Delta p = |\Delta \mathbf{p}| = 2p \sin\left(\frac{\vartheta}{2}\right).$$

Se quindi possiamo determinare l'angolo ϑ con precisione $\sigma(\vartheta)$, poiché si ha:

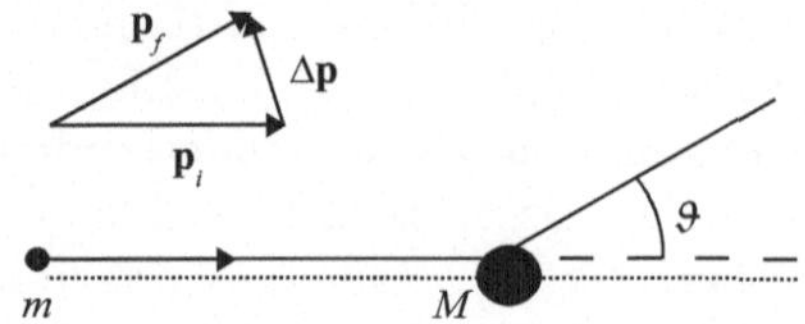

Figura 5.4.

$$\frac{\mathrm{d}\Delta p}{\mathrm{d}\vartheta} = p\cos\left(\frac{\vartheta}{2}\right),$$

otteniamo:

$$\sigma(\Delta p) = p\cos\left(\frac{\vartheta}{2}\right)\sigma(\vartheta) \longrightarrow \frac{\sigma(\Delta p)}{\Delta p} = \frac{1}{2}\operatorname{cotg}\left(\frac{\vartheta}{2}\right)\sigma(\vartheta),$$

il che, dato che $\lim_{x\to 0}[\operatorname{cotg}(x)] = \infty$, ci mostra che l'errore relativo nella determinazione di p diviene arbitrariamente grande per piccoli ϑ.

***Esempio 5.5.** Per renderci conto bene di che cosa si intenda per "piccoli errori", consideriamo una variabile y che si ottenga come $y = x^2$. Dalla propagazione degli errori otteniamo $\sigma_y = 2|\langle x\rangle|\sigma_x$. Ma che cosa accade se $\langle x\rangle = 0$? L'espressione per piccoli errori ci fornisce $\sigma_y = 0$: ciò non significa, tuttavia, che la misura di y sia esente da errori, ma solo che questi errori sono di un ordine di grandezza inferiore a σ_x. Se ad esempio $p(x)$ è una gaussiana di varianza σ^2 centrata sull'origine, possiamo calcolare *esattamente* σ_y:

$$\sigma_y^2 = \langle y^2\rangle - \langle y\rangle^2 = \langle x^4\rangle - \langle x^2\rangle^2 .$$

Dato che $\langle x\rangle = 0$, la quantità $\langle x^2\rangle^2$ coincide con $(\sigma^2)^2 = \sigma^4$. Per quanto riguarda il primo termine, l'espressione generale per i momenti di una variabile gaussiana data nell'appendice A.2.3 ci da: $\langle x^4\rangle = 3\sigma^4$ e pertanto otteniamo:

$$\sigma_y = \sqrt{2}\,\sigma_x^2,$$

che ci mostra come l'errore su y sia dell'ordine del *quadrato* dell'errore su x, ossia molto più piccolo, ma *non* nullo.

5.3.4 Propagazione degli errori per funzioni di più variabili

La grandezza fisica a cui siamo interessati può essere anche determinata da più di una variabile direttamente misurata. Cominciamo ad estendere le (5.10) e (5.11) al caso di una grandezza Z che dipenda da *due* variabili X, Y.

Relazione bilineare

Consideriamo dapprima una semplice legge bilineare $z = ax + by$. Da $\sigma_z^2 = \langle (ax+by)^2 \rangle - \langle (ax+by) \rangle^2$ si ottiene facilmente:

$$\sigma_z^2 = a^2 \left(\langle x^2 \rangle - \langle x \rangle^2 \right) + b^2 \left(\langle y^2 \rangle - \langle y \rangle^2 \right) + 2ab \left(\langle xy \rangle - \langle x \rangle \langle y \rangle \right),$$

ossia:

$$\sigma_z^2 = a^2 \sigma_x^2 + b^2 \sigma_y^2 + 2ab\sigma_x \sigma_y \rho_{xy}. \tag{5.15}$$

In termini di quantità misurate sperimentalmente, ricordando che la stima di ρ_{xy} è data dal coefficiente di correlazione sperimentale r_{xy}, possiamo allora dire che la deviazione standard di z è data da:

$$s_z = \sqrt{a^2 s_x^2 + b^2 s_y^2 + 2ab s_x s_y r_{xy}}. \tag{5.16}$$

Che significato ha la presenza del coefficiente di correlazione tra x ed y? Consideriamo, nel caso in cui $a = b = 1$, tre situazioni particolari:

a) x ed y completamente correlate: $\rho_{xy} = 1 \Rightarrow \sigma_z^2 = (\sigma_x + \sigma_y)^2$;
b) x ed y completamente anticorrelate: $\rho_{xy} = -1 \Rightarrow \sigma_z^2 = (\sigma_x - \sigma_y)^2$;
c) x ed y completamente scorrelate: $\rho_{xy} = 0 \Rightarrow \sigma_z^2 = \sigma_x^2 + \sigma_y^2$.

Notiamo in primo luogo che si ottiene sempre:

$$\sigma_z(\text{caso a}) \geq \sigma_z(\text{caso c}) \geq \sigma_z(\text{caso b}).$$

Cerchiamo di capire il significato fisico di questi tre limiti. Se x ed y sono completamente correlate, una deviazione in eccesso per x sarà accompagnata da una deviazione in eccesso per y. La deviazione complessiva per z è quindi la massima possibile e coincide con la somma di quelle di x e di y. Se al contrario x ed y sono anticorrelate, ad un valore in eccesso rispetto a $\langle x \rangle$ corrisponde un valore di y in difetto rispetto a $\langle y \rangle$, e quindi per la somma z le due deviazioni tendono a compensarsi. Il caso in cui x ed y sono scorrelate è intermedio, e come si vede gli errori si sommano in quadratura.

In quest'ultimo caso, che è quello che ci interesserà più spesso in seguito, possiamo allora scrivere in termini di quantità misurate:

$$s_z = \sqrt{a^2 s_x^2 + b^2 s_y^2}, \tag{5.17}$$

ma è bene sempre ricordare che questa espressione è valida *solo* per variabili x ed y completamente scorrelate (ad esempio, quando x ed y sono indipendenti).

Caso generale

Consideriamo una generica funzione di due variabili $z = z(x, y)$ e poniamoci anche in questo caso nell'approssimazione di piccoli errori. In analogia con quanto abbiamo fatto per funzioni di una sola variabile, sviluppiamo la funzione in un intorno dei valori di aspettazione di x ed y. Lo sviluppo al primo ordine per una funzione di due variabili si scrive:

$$z(x,y) \simeq z(\langle x\rangle, \langle y\rangle) + \left(\frac{\partial z}{\partial x}\right)(x - \langle x\rangle) + + \left(\frac{\partial z}{\partial y}\right)(y - \langle y\rangle)$$

dove, anche se non indicato per semplificare la notazione, le derivate parziali rispetto a ciascuna variabile sono calcolate in $(x = \langle x\rangle, y = \langle y\rangle)$. Anche in questo caso allora, al primo ordine, la funzione risulta lineare nelle piccole deviazioni da $\langle x\rangle$ ed $\langle y\rangle$ e si ottiene direttamente:

$$\sigma_z^2 = \left(\frac{\partial z}{\partial x}\right)^2 \sigma_x^2 + \left(\frac{\partial z}{\partial y}\right)^2 \sigma_y^2 + 2\left(\frac{\partial z}{\partial x}\right)\left(\frac{\partial z}{\partial y}\right)\sigma_x\sigma_y\rho_{xy}. \tag{5.18}$$

Nel caso di variabili x,y indipendenti, o comunque non correlate, la varianza di z risulta allora semplicemente uguale a:

$$\sigma_z^2 = \left(\frac{\partial z}{\partial x}\right)^2 \sigma_x^2 + \left(\frac{\partial z}{\partial y}\right)^2 \sigma_y^2. \tag{5.19}$$

È facile estendere i precedenti risultati al caso di funzioni di più di due variabili. Consideriamo allora alcuni esempi notevoli per grandezze *non correlate.*

SOMMA: $\boxed{Z = X_1 + X_2 + \ldots + X_N}$

Nel caso generale della somma di N variabili scorrelate si ha semplicemente:

$$\sigma_z^2 = \sigma_{x_1}^2 + \sigma_{x_1}^2 + \ldots \sigma_{x_N}^2, \tag{5.20}$$

risultato che abbiamo già ottenuto in forma più generale nel Cap. 4.

PRODOTTO: $\boxed{Z = X_1 X_2 \ldots X_N}$

Se $z = xy$, dove x e y sono non correlate, si ha: $\dfrac{\partial z}{\partial x} = y$, $\dfrac{\partial z}{\partial y} = x$ e quindi:

$$\sigma_z^2 = \langle x\rangle^2 \sigma_x^2 + \langle y\rangle^2 \sigma_y^2.$$

Dividendo ambo i membri per $\langle z\rangle^2 = \langle xy\rangle^2 = \langle x\rangle^2 \langle y\rangle^2$ otteniamo:

$$\frac{\sigma_z^2}{\langle z\rangle^2} = \frac{\sigma_x^2}{\langle x\rangle^2} + \frac{\sigma_y^2}{\langle y\rangle^2}. \tag{5.21}$$

Nel caso di più di due variabili, l'espressione si generalizza semplicemente a:

$$\frac{\sigma_z^2}{\langle z\rangle^2} = \frac{\sigma_{x_1}^2}{\langle x_1\rangle^2} + \frac{\sigma_{x_2}^2}{\langle x_2\rangle^2} + \ldots + \frac{\sigma_{x_N}^2}{\langle x_N\rangle^2}. \tag{5.22}$$

Quindi, la "legge di composizione" ha la stessa forma di quella vista per la somma purché al posto delle singole varianze si utilizzino le varianze *relative*.

Quest'esempio ci permette di fare qualche considerazione ulteriore sugli errori. Nel paragrafo 5.1.4 abbiamo in realtà esaminato solo errori casuali *additivi* su una grandezza X. In realtà se, una volta rivelata, la grandezza viene ad esempio amplificata da $X \to AX$, anche il coefficiente di amplificazione può presentare delle fluttuazioni rispetto ad un prefissato valore medio. Tali fluttuazioni compaiono tuttavia come un coefficiente *moltiplicativo* per X: in questo caso, la cosa più semplice è pensare a $X_{amp} = AX$ come il prodotto di *due* variabili casuali, ed utilizzare le espressioni derivate in questo paragrafo.

RAPPORTO: $\boxed{Z = X/Y}$

Da $\dfrac{\partial z}{\partial x} = \dfrac{1}{y}$ e $\dfrac{\partial z}{\partial y} = \dfrac{1}{x}$ si ottiene: $\sigma_z^2 = \dfrac{\sigma_x^2}{\langle y\rangle^2} + \dfrac{\sigma_y^2}{\langle x\rangle^2}$ e, dividendo di nuovo ambo i membri per $\langle z\rangle^2$:

$$\frac{\sigma_z^2}{\langle z\rangle^2} = \frac{\sigma_x^2}{\langle x\rangle^2} + \frac{\sigma_y^2}{\langle y\rangle^2},$$

che è dunque un risultato del tutto *identico* alla (5.21). Combinando insieme questi risultati, possiamo concludere che, per una variabile che si ottenga come *funzione razionale* di più grandezze non correlate:

$$z = \frac{x_1 x_2 \dots x_r}{x_{r+1} x_{r+2} \dots x_n} \Longrightarrow \frac{\sigma_z^2}{\langle z\rangle^2} = \sum_{i=i}^{n} \frac{\sigma_{x_i}^2}{\langle x_i\rangle^2}. \tag{5.23}$$

Esempio 5.6. Consideriamo un proiettile che venga lanciato con una velocità iniziale v_0 che forma un angolo α con l'orizzontale. Trascurando l'attrito, la gittata D del proiettile è, come noto:

$$D = \frac{v_0^2 \sin(2\alpha)}{g}.$$

Supponiamo di poter determinare la velocità iniziale e l'angolo di tiro con precisioni rispettivamente $\sigma(v_0)$ e $\sigma(\alpha)$. Dato che le variabili v_0 ed α non sono correlate, abbiamo:

$$\sigma_D^2 = \frac{\partial D}{\partial v_0}\sigma^2(v_0) + \frac{\partial D}{\partial \alpha}\sigma^2(\alpha) = \frac{4v_0^2}{g^2}\left[\sin^2(2\alpha)\sigma^2(v_0) + \cos^2(2\alpha)\sigma^2(\alpha)\right].$$

Osserviamo che, nell'approssimazione di piccoli errori, per $\alpha = 45°$ un errore sull'angolo di lancio non comporta errori sulla gittata. Ciò significa in realtà che per $\alpha = 45° \pm \delta$ la prima correzione nella gittata è di ordine δ^2.

Esempio 5.7. Sia l'attività iniziale N_0 che la costante di tempo τ di una sorgente radioattiva sono conosciute con una precisione dell'1%. Vogliamo determinare l'incertezza sull'attività al generico tempo t. Da $N = N_0 \exp(-t/\tau)$ otteniamo:

$$\sigma^2(N) = \left(\frac{\partial N}{\partial N_0}\right)^2 \sigma^2(N_0) + \left(\frac{\partial N}{\partial \tau}\right)^2 \sigma^2(\tau) = \left[\sigma^2(N_0) + \frac{N_0^2 t^2}{\tau^4}\,\sigma^2(\tau)\right] \mathrm{e}^{-2t/\tau}$$

e quindi:

$$\frac{\sigma^2(N)}{N^2} = \frac{\sigma^2(N_0)}{N_0^2} + \left(\frac{t}{\tau}\right)^2 \frac{\sigma^2(\tau)}{\tau^2} = 10^{-4}\left[1 + \left(\frac{t}{\tau}\right)\right].$$

Notiamo che i due contributi d'errore divengono uguali per $t = \tau$.

Esempio 5.8. Per mostrare gli effetti di correlazione tra variabili, consideriamo una legge prodotto $z = xy$. Se x ed y non sono correlate abbiamo $\sigma_z^2 = \langle x\rangle^2 \sigma_x^2 + \langle y\rangle^2 \sigma_y^2$. Ma se cercassimo di applicare questa espressione al caso particolare in cui y ed x sono la *stessa* grandezza, $y \equiv x$, otterremo

$$\sigma_z^2 = 2\,\langle x\rangle^2 \sigma_x^2,$$

mentre dalla propagazione degli errori per funzioni di una sola variabile sappiamo che, se $z = x^2$:

$$\sigma_z^2 = 4\,\langle x\rangle^2 \sigma_x^2.$$

Questa apparente contraddizione si elimina introducendo il termine di correlazione che, per $\rho_{xy} = 1$, è proprio pari a $2\,\langle x\rangle^2 \sigma_x^2$.

5.4 Errore sulla deviazione standard e cifre significative

Quanto abbiamo detto finora ci consente in linea di principio di stabilire una stima ed un intervallo di errore nella misura sia diretta che indiretta di una certa grandezza. In realtà però abbiamo trascurato un punto delicato: le nostre stime sono basate sull'errore standard, a sua volta determinato dalla deviazione standard s_x che sappiamo essere la miglior stima di σ_x. Ma *quanto è precisa* s_x come stima di σ_x o, in altri termini, qual è il grado di confidenza che possiamo avere nell'utilizzare la deviazione standard per stimare l'errore? Questo può sembrarvi più un "cavillo legale" che un problema vero, ma il prestare un po' d'attenzione alla questione ci permetterà di stabilire in modo concreto quante *cifre significative* possiamo fornire per un certo risultato. Ricordando che, usando la (5.4), si ha:

$$s_x^2 = \frac{1}{N-1}\sum_{i=1}^{N} \delta_i^2,$$

possiamo pensare s_x^2 come funzione di N variabili gaussiane δ_i, ciascuna con $\langle \delta_i \rangle = 0$ e varianza $\sigma^2(\delta_i)$ ovviamente uguale a σ_x^2, ed applicare la propagazione degli errori per determinare la varianza di s_x^2:

$$\sigma^2(s_x^2) = \frac{1}{(N-1)^2} \sum_{i=1}^{N} \sigma^2(\delta_i^2). \tag{5.24}$$

A questo punto verrebbe voglia di applicare ancora la propagazione degli errori e scrivere $\sigma^2(\delta_i^2) = 4 \langle \delta_i \rangle^2 \sigma^2(\delta_i)$, ma ciò ovviamente non funziona, dato che $\langle \delta_i \rangle = 0$. Il caso che stiamo considerando è però del tutto analogo a quello dell'esempio 5.5, e quindi possiamo scrivere:

$$\sigma(\delta_i^2) = 2\sigma^2(\delta_i).$$

Se allora notiamo che $\sigma^2(s_x^2) = 4 \langle s_x \rangle^2 \sigma^2(s_x) = 4\sigma_x^2 \sigma^2(s_x)$, otteniamo:

$$4\sigma_x^2 \sigma^2(s_x) = \frac{4N\sigma_x^4}{(N-1)^2},$$

ossia, se trascuriamo la piccola differenza tra N ed $N-1$:

$$\sigma(s_x) \simeq \frac{\sigma_x}{\sqrt{N}},$$

che possiamo scrivere in termini di stime sperimentali come:

$$\sigma(s_x) \simeq \frac{s_x}{\sqrt{N}}. \tag{5.25}$$

La precisione della deviazione standard è quindi pressoché uguale a quella della media. Possiamo a questo punto calcolare anche l'incertezza sull'errore standard $s_{\bar{x}}$, dato che:

$$\sigma[s(\bar{x})] = \sigma\left(\frac{s_x}{\sqrt{N}}\right) = \frac{\sigma(s_x)}{\sqrt{N}}$$

e pertanto:

$$\sigma[s(\bar{x})] \simeq \frac{s_x}{N}. \tag{5.26}$$

Il valore di $\sigma[s(\bar{x})]$ è proprio ciò che ci permette di determinare il *numero di cifre significative* di un risultato sperimentale, perché ci dice qual è il grado di attendibilità dell'intervallo di errore che stabiliamo per x usando $s(\bar{x})$.

Come applicazione, nell'esempio 5.1 si ottiene $\sigma[s(\bar{x})] = 1.24 \times 10^{-3}$: quindi l'intervallo di errore risulta corretto entro la terza cifra decimale. Ha cioè senso esprimere il risultato nel modo in cui l'abbiamo scritto in precedenza, mentre un'affermazione come: $x = 3.5650 \pm 0.0124$ non sarebbe giustificata alla luce di quanto abbiamo detto sulla precisione dell'errore standard.

5.5 Medie pesate

Supponiamo ora che delle misure di una stessa grandezza fisica siano state fatte in condizioni sperimentali diverse, ad esempio utilizzando più apparati sperimentali con diversa sensibilità. Come possiamo combinare questi risultati in modo tale da tener conto della diversa precisione delle singole misure? Consideriamo per semplicità di compiere con degli apparati sperimentali diversi A e B due misure che diano come risultati $x = x_A$ e $x = x_B$, e che la precisione delle due misure, stimata a partire dalle caratteristiche della strumentazione utilizzata, siano σ_A e σ_B. Per quanto abbiamo visto, la precisione del valore di x cresce con la radice del numero di misure: quindi, se ad esempio $\sigma_B = 2\sigma_A$, per ottenere con l'apparato B la stessa precisione che si ottiene con l'apparato A dovremo effettuare quattro volte più misure. Ciò significa che alla misura A dobbiamo dare un "peso" quadruplo rispetto alla misura B.

Per ottenere una stima del valore di x combinando insieme in modo corretto più misure possiamo allora tener conto del peso relativo di ogni risultato x_i, associando ad esso un "numero effettivo di misure" pari a $1/\sigma_i^2$. In questo modo dunque, se abbiamo ottenuto N risultati $x_1, x_2, ...x_N$ con precisioni $\sigma_1, \sigma_2, \ldots, \sigma_N$, possiamo definire una *media pesata*:

$$\bar{x}_w = \frac{\sum_{i=1}^{N} (x_i/\sigma_i^2)}{\sum_{i=1}^{N} (1/\sigma_i^2)}. \tag{5.27}$$

Per calcolare l'errore standard della media pesata possiamo far uso della propagazione degli errori. Definendo una *varianza pesata* σ_w^2 attraverso:

$$\frac{1}{\sigma_w^2} = \sum_{i=1}^{N} \frac{1}{\sigma_i^2}, \tag{5.28}$$

otteniamo:

$$\sigma^2(\bar{x}_w) = \sum_{i=1}^{N} \frac{\sigma_i^2}{\sigma_i^4} = \sigma_w^2. \tag{5.29}$$

In conclusione quindi, quando effettuiamo più misure con diversa precisione di una stessa grandezza, possiamo utilizzare come stima del valore la media pesata, con un errore standard pari alla varianza pesata. Vedremo nel prossimo capitolo che l'assunzione della media pesata come miglior stima del valore di aspettazione di x può essere giustificata in modo rigoroso.

*5.6 Piccoli campioni

Nel paragrafo 5.2.2 abbiamo visto che la media ha una distribuzione gaussiana centrata attorno al valore di aspettazione. In altri termini, la variabile normalizzata:

$$z = \frac{\bar{x} - \langle x \rangle}{\sigma_x}$$

ha una distribuzione gaussiana centrata sull'origine e di varianza unitaria. Tuttavia, come abbiamo detto, spesso non abbiamo modo di fissare σ_x e dobbiamo "affidarci" alla sua miglior stima, che è l'errore standard. Quindi utilizziamo in realtà la variabile:

$$t = \frac{x - \bar{x}}{s(\bar{x})} = \sqrt{N}\,\frac{x - \bar{x}}{s_x}. \tag{5.30}$$

Ma per stabilire correttamente un intervallo di confidenza, dobbiamo sapere *quale distribuzione di probabilità ha la variabile t*. In realtà t è proporzionale al rapporto tra la variabile gaussiana $(\bar{x} - \langle x \rangle)$ e la deviazione standard, quantità costruita come somma di quadrati di variabili gaussiane (gli errori), la cui distribuzione di probabilità sarà oggetto del prossimo capitolo.

Per il momento, limitiamoci ad osservare che la distribuzione per t *non è* in generale gaussiana, in particolare quando s_x è calcolata a partire da un *piccolo campione* di N misure. La forma di questa distribuzione è stata ricavata, utilizzando sostanzialmente i metodi che abbiamo sviluppato nel Cap. 4, da W. S. Gossett, che scriveva sotto lo pseudonimo di "Student"[5], ed è pertanto nota come *distribuzione della variabile t di Student*. Si ha:

$$p_N(t) = C_N \left(1 + \frac{t^2}{N-1}\right)^{-\frac{N}{2}} \quad (N \geq 2) \tag{5.31}$$

dove C_N è una costante dipendente da N, riportata esplicitamente in App. B, che assicura che la distribuzione sia correttamente normalizzata.

La figura 5.5 mostra l'andamento della distribuzione di Student per alcuni valori di N, confrontandola con una distribuzione normale. Notiamo che:

- per $N = 2$ (che è ovviamente il minimo valore di N per cui si può definire la variabile t) si ottiene
$$p_2(t) = \frac{1}{\pi(1 + t^2)}$$
ossia una distribuzione di Cauchy. Al crescere di N cioè la distribuzione di Student "interpola" tra una distribuzione di Cauchy ed una gaussiana.
- Al crescere di N, *la regione centrale* di $p_N(t)$ approssima sempre meglio una gaussiana con $\sigma = 1$. Infatti, per $t \ll \sqrt{N}$ possiamo approssimare:
$$\ln\left[\left(1 + \frac{t^2}{N-1}\right)^{-N/2}\right] = -\frac{N}{2}\ln\left(1 + \frac{t^2}{N-1}\right) \simeq -\frac{Nt^2}{2(N-1)} \underset{N\to\infty}{\longrightarrow} -\frac{t^2}{2}$$
e quindi $p_N(t) \propto \exp(-t^2/2)$.

[5] Gossett era impiegato presso le birrerie Guinness di Dublino, ed era costretto ad usare uno pseudonimo per non essere sospettato di diffondere segreti industriali: a dire il vero, sembra difficile associare la Guinness con dei "piccoli campioni"!

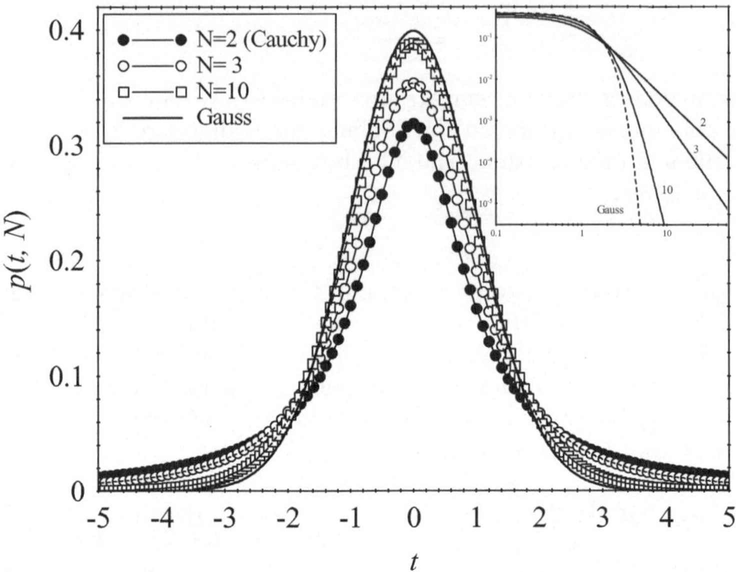

Figura 5.5. Distribuzione della variabile t di Student per alcuni valori di N. L'inserto mostra l'andamento a legge di potenza delle "code" di $p(t, N)$.

- Tuttavia, come evidenziato dall'inserto della Fig. 5.5 (che, essendo in scala bilogaritmica, mostra $p_N(t)$ solo per $t > 0$), le code mostrano comunque un andamento *a legge di potenza* $p_N(t) \propto t^{-N}$ che decresce molto più lentamente di una distribuzione normale.

La tabella B.2, che fornisce, al variare di N, i valori di $t = t_P$ corrispondenti ad alcuni valori di probabilità cumulativa, permette di stabilire un intervallo di confidenza procedendo in modo del tutto analogo a quanto fatto nel caso gaussiano. Se si considerano intervalli di confidenza ampi, le differenze tra la distribuzione di Student e la distribuzione normale (corrispondente a $N = \infty$) sono significative: ad esempio, per N=5, mentre l'intervallo di confidenza al 66.3% corrisponde a $z = 1.142$, ed è quindi è più ampio di solo il 14% (da ambo i lati) di quello che si otterrebbe dalla distribuzione normale, la differenza sale a circa il 30% per un intervallo di confidenza al 90% e a quasi l'80% per un intervallo di confidenza al 99%.

***Esempio 5.9.** Si effettuano delle misure del diametro angolare ϑ del Sole visto dalla superficie terrestre con uno strumento di misura che ha una risoluzione $s_\vartheta \simeq 0.02°$. Quante misure si devono effettuare perché l'intervallo di confidenza al 95% risulti non più ampio di 0.02°? Assumendo una distribuzione gaussiana come nell'Es. 5.1, scriveremmo per l'errore standard $s(\bar{\vartheta})$:

$$1.96 s(\bar{\vartheta}) = \frac{1.96 s_\vartheta}{\sqrt{N}} \leq 0.02°$$

che dà $N \geq 4$. Questo risultato tuttavia indica un numero molto piccolo di misure necessarie: cerchiamo allora di vedere quali variazioni introduca l'uso della distribuzione di Student. Dobbiamo avere, con confidenza del 95%, $\overline{\vartheta} - 0.02 \leq \vartheta \leq \overline{\vartheta} + 0.02$, ossia, con semplici calcoli:

$$\frac{t_{95}}{\sqrt{N}} \leq 1,$$

dove t_{95} è il valore di t che dà un intervallo di confidenza del 95%. Dalla tabella B.2 vediamo che per $N = 4$ si ha $t_{95}/\sqrt{N} = 1.592$, che è un valore troppo elevato: solo per $N = 7$ si ottiene un valore accettabile $t_{95}/\sqrt{N} = 0.925$. Sono quindi in realtà necessarie *non meno di sette misure* per essere certi di avere un intervallo di confidenza al 95% non superiore a quello prefissato.

6

Analisi dei dati sperimentali

"With four parameters I can fit an elephant,
and with five I can make him wiggle his trunk"
J. von Neumann

Il problema generale che ci vogliamo porre in questo capitolo è quello di valutare quanto sia "buono" un certo insieme di dati che abbiamo ottenuto. Così posto, il problema è naturalmente molto generico, e in quanto segue dovremo specificarlo per la particolare situazione affrontata. Ma possiamo trovare qualche criterio molto generale che ci fornisca una "strada maestra" lungo cui muoverci? Sappiamo che i dati ottenuti per il valore di una grandezza X sono in realtà un campione di una ipotetica "popolazione", consistente in una ripetizione infinita delle misure e caratterizzata da una certa distribuzione di probabilità $p(x)$. Quello che ci poniamo è quindi un tipico "problema inverso": ricostruire $p(x)$ a partire dai dati, supponendo che la probabilità ipotetica di ottenere uno specifico valore x_i effettivamente misurato sia data da $p(x_i)\mathrm{d}x_i$.

Ad un certo insieme di risultati mutualmente indipendenti (ottenuti cioè con *procedure sperimentali* indipendenti) possiamo allora associare una densità di probabilità complessiva:

$$P(x_1, x_2 \ldots, x_N) = p(x_1)p(x_2)\ldots p(x_N) = \prod_{i=1}^{N} p(x_i) \tag{6.1}$$

intendendo con ciò che questa è la probabilità ipotetica di ottenere effettivamente tali risultati. In generale il valore di P dipenderà dal tipo di distribuzione che abbiamo assunto e, se essa contiene dei parametri liberi (come ad esempio il valore d'aspettazione), dal valore che a questi attribuiamo.

6.1 Il principio di massima verosimiglianza

Il principio "guida" che vogliamo introdurre, che chiameremo *principio di massima verosimiglianza* (*"maximum likelihood"*) è molto semplice: detto in parole povere, *assumeremo che un set di dati sia tanto più buono quanto maggiore è la probabilità complessiva P che avevamo di ottenerli.*

Posto in questi termini il nostro principio è molto generale, ma anche molto vago: le cose diverranno più chiare specificando il principio ai singoli problemi, come faremo in seguito. Per anticipare un semplice caso, supponiamo ad esempio di voler adattare ai dati una certa distribuzione di probabilità che contiene dei parametri incogniti come $\langle x \rangle$ o σ_x. Che valore attribuiamo a questi parametri? Per il principio di massima verosimiglianza, dobbiamo farlo in modo da massimizzare P: naturalmente l'espressione per P ed il modo per renderla massima dipendono dal problema che stiamo considerando. Gli esempi che seguono ci mostreranno come molti risultati che abbiamo già ottenuto possano essere derivati facendo uso del solo principio che abbiamo appena introdotto.

Esempio 6.1. Supponiamo che tutti i dati x_i abbiano la stessa distribuzione di probabilità gaussiana:

$$p(x_i) = \frac{1}{\sigma\sqrt{2\pi}} \exp\left[-\frac{(x_i - \langle x \rangle)^2}{2\sigma^2}\right].$$

Allora per la probabilità complessiva si ha:

$$P(x_i; \langle x \rangle, \sigma) = \frac{1}{\sigma^N (2\pi)^{N/2}} \exp\left[-\frac{\sum_{i=1}^N (x_i - \langle x \rangle)^2}{2\sigma^2}\right],$$

dove abbiamo posto in evidenza che il valore di P dipende dai valori che attribuiamo al valore di aspettazione e alla varianza.

Dobbiamo allora determinare quei valori di $\langle x \rangle$ e σ che rendono massima P. Massimizzare la probabilità complessiva equivale a massimizzare il suo logaritmo (dato che $\ln x$ è una funzione monotona crescente), o se si vuole a minimizzare la quantità:

$$\mathcal{L} = -\ln P = \frac{N}{2}\ln(2\pi) + N\ln\sigma + \frac{1}{2\sigma^2}\sum_{i=1}^N (x_i - \langle x \rangle)^2.$$

Otterremo un minimo[1] per quei valori di $\langle x \rangle$ e σ che annullano le derivate di $\mathcal{L}$ sia rispetto a $\langle x \rangle$ che a σ. Si ha:

$$\frac{\partial \mathcal{L}}{\partial \langle x \rangle} = -\frac{1}{\sigma^2}\sum_{i=1}^N (x_i - \langle x \rangle) = 0 \Longrightarrow \langle x \rangle = \frac{1}{N}\sum_{i=1}^N x_i = \bar{x}$$

$$\frac{\partial \mathcal{L}}{\partial \sigma} = \frac{N}{\sigma} - \frac{1}{\sigma^3}\sum_{i=1}^N (x_i - \langle x \rangle) = 0 \Longrightarrow \sigma^2 = \frac{1}{N}\sum_{i=1}^N (x_i - \langle x \rangle)^2.$$

Ritroviamo dunque un risultato che già conoscevamo: la scelta migliore per il valore di aspettazione e per la varianza corrispondono alla media sperimentale

[1] $\mathcal{L}$ non ha ovviamente un massimo, dato che possiamo rendere P piccola a piacere pur di scegliere "abbastanza male" $\langle x \rangle$ e σ.

e alla varianza dei dati (naturalmente sappiamo poi che, per quest'ultima, la miglior stima è data dal quadrato della deviazione standard).

Esempio 6.2. Supponiamo ora di aver ottenuto dei dati $k_1, k_2, ..., k_N$ per una variabile a valori discreti, per la quale possiamo ipotizzare una distribuzione di probabilità di Poisson:

$$P(k; a) = \frac{a^k \exp(-a)}{k!}.$$

Per la probabilità complessiva si ha allora:

$$P(k_1, \ldots, k_N; a) = \frac{a^{k_1+k_2 \ldots +k_N}[\exp(-a)]^N}{k_1!k_2! \ldots k_N!}$$

$$\mathcal{L} = -\ln P = Na - \ln a \sum_{i=1}^{N} k_i + \ln \left(\prod_{i=1}^{N} k_i \right).$$

Il miglior valore di a si ottiene allora imponendo, come già visto:

$$\frac{\partial \mathcal{L}}{\partial a} = N - \frac{1}{a} \sum_{i=1}^{N} k_i = 0 \Longrightarrow a = \bar{k}.$$

Esempio 6.3. Supponiamo ancora una volta di aver ottenuto un set di dati $x_1, \ldots, x_N$ per ciascuno dei quali si possa assumere una probabilità gaussiana con lo stesso valore di aspettazione $\langle x \rangle$, ma che in questo caso l'allargamento della distribuzione σ_i possa essere diverso da dato a dato, ad esempio perché i dati si riferiscono a misure con diversa precisione.

Quale valore dobbiamo attribuire a $\langle x \rangle$? La probabilità complessiva è ora:

$$P(x_i; \langle x \rangle, \sigma) = \frac{1}{(2\pi)^{N/2} \prod_i \sigma_i} \exp \left[-\frac{1}{2} \sum_{i=1}^{N} \left(\frac{x_i - \langle x \rangle}{\sigma_i} \right)^2 \right]$$

e si ha:

$$\mathcal{L} = \frac{N}{2} \ln(2\pi) + \sum_{i=1}^{N} \ln(\sigma_i) + \frac{1}{2} \sum_{i=1}^{N} \left(\frac{x_i - \langle x \rangle}{\sigma_i} \right)^2.$$

La condizione di massimo rispetto a $\langle x \rangle$ diviene allora:

$$\frac{\partial \mathcal{L}}{\partial \langle x \rangle} = 0 \Longrightarrow \langle x \rangle = \frac{\sum_{i=1}^{N} x_i / \sigma_i^2}{\sum_{i=1}^{N} 1/\sigma_i^2},$$

ossia la miglior stima del valore di aspettazione è, come già avevamo stabilita in modo un po' empirico nel capitolo precedente, la media pesata (5.27).

6.2 Il test del χ^2

Se i dati che consideriamo hanno una distribuzione *gaussiana*, possiamo cercare di dare una forma più quantitativa al concetto che abbiamo introdotto, secondo cui un risultato è tanto più buono quanto maggiore è la probabilità complessiva dei valori effettivamente ottenuti. Cerchiamo infatti di confrontare due serie di misure x_{1i}, x_{2i} di N grandezze, che per generalità assumeremo possano essere anche diverse. A ciascuna grandezza è associata una variabile casuale x_i con una distribuzione gaussiana di valore di aspettazione $\langle x_i \rangle$ e varianza σ_i^2: pertanto x_{1i}, x_{2i} non sono che due diversi valori della *stessa* variabile x_i. Se introduciamo come al solito le variabili normalizzate z_i, con distribuzione gaussiana centrata sull'origine e di varianza unitaria, la probabilità complessiva per ciascuna serie di misure si può scrivere:

$$P(z_{11}, z_{12}, \ldots, z_{1N}) = \frac{1}{(2\pi)^{N/2}} \exp\left(-\frac{\sum_{i=1}^{N} z_{1i}^2}{2}\right)$$

$$P(z_{21}, z_{22}, \ldots, z_{2N}) = \frac{1}{(2\pi)^{N/2}} \exp\left(-\frac{\sum_{i=1}^{N} z_{2i}^2}{2}\right).$$

La seconda serie di dati risulterà allora "peggiore" della prima se e solo se:

$$\sum_{i=1}^{N} z_{2i}^2 > \sum_{i=1}^{N} z_{1i}^2$$

Definiamo allora una nuova quantità, che diremo χ^2 (*chi-quadro*):

$$\chi^2(z_1, \ldots, z_N) = \sum_{i=1}^{N} z_i^2. \tag{6.2}$$

Il χ^2 è una variabile casuale costruita come somma dei quadrati delle N variabili gaussiane unitarie $z_i = \sigma_i^{-1}(x_i - \langle x_i \rangle)$, ossia degli *scarti quadratici* delle x_i rispetto al loro valore d'aspettazione "pesati" con il reciproco delle singole varianze, e sarà naturalmente descritta da una particolare distribuzione di probabilità che in seguito cercheremo di determinare. Alla nostra serie originaria di dati sarà allora associato uno specifico valore di χ^2. Possiamo riformulare il principio di massima verosimiglianza attraverso il:

> TEST DEL χ^2: la probabilità di ottenere un risultato *peggiore* di quello che abbiamo effettivamente ottenuto è uguale alla probabilità complessiva $P(\chi^2 > \chi_0^2)$ di ottenere un valore di χ^2 *maggiore* del valore χ_0^2 calcolato a partire dai valori misurati.

Che cosa abbiamo guadagnato da questo diverso modo di guardare al principio di massima verosimiglianza? Una cosa davvero importante. Se infatti siamo in grado di determinare la distribuzione di probabilità $p(\chi^2)$ per il χ^2, quanto abbiamo detto a parole può essere espresso quantitativamente osservando che:

$$P(\chi^2 > \chi_0^2) = \int_{\chi_0^2}^{\infty} p(\chi^2)\mathrm{d}(\chi^2). \tag{6.3}$$

6.2.1 Gradi di libertà

Prima di continuare, facciamo una breve parentesi per discutere un aspetto sottile ma importante dell'analisi di un campione di dati, che finora abbiamo trascurato. Una misura consiste nella raccolta di un numero generico N di dati indipendenti: nell'analisi dei dati tuttavia, abbiamo spesso bisogno di *mettere in relazione* tra di loro questi dati per stimare delle quantità che sono richieste per confrontare i risultati sperimentali con un modello.

Per fare un esempio molto semplice, supponiamo di voler confrontare il numero di risultati n_k, ottenuti per un certo valore k di una variabile che può assumere r valori distinti, con il valore previsto attraverso una distribuzione di probabilità assunta $P(k)$. Per far questo dobbiamo valutare $NP(k)$: ma il numero totale di dati si ottiene come $N = \sum_{k=1}^{r} n_k$ e non è quindi una quantità che conosciamo *indipendentemente* dagli n_k. Detto in altri termini, valutando N introduciamo una relazione tra gli n_k, che non risultano quindi più linearmente indipendenti: di fatto, a partire da N e da $r - 1$ dati n_k, possiamo determinare il dato mancante usando la precedente relazione.

Per dare un esempio più vicino al problema che stiamo affrontando, calcolare il valore del χ^2 richiede di fare uso di parametri come il valore d'aspettazione o la varianza dei dati. Se la nostra previsione teorica non ci fornisce questi parametri, l'unica cosa che possiamo fare è stimarli proprio determinando il valore che minimizza il χ^2 (come vedremo negli esempi che seguono): ma le condizioni di minimo possono a loro volta essere viste come relazioni che permettono di ricavare alcuni dati a partire dai rimanenti.

In generale quindi, ogni qual volta introduciamo una relazione tra gli N dati originari, in modo tale da determinare un parametro o minimizzare una quantità, *riduciamo di uno il numero di dati effettivamente indipendenti*. In termini meno eleganti, non c'è mai un pasto gratis: ogni volta che usiamo i dati per determinare un parametro, ci "bruciamo" un dato. Se allora abbiamo introdotto m relazioni, rimaniamo in effetti con $\nu = N - m$ dati *realmente* indipendenti. Al valore ν diamo il nome di numero di *gradi di libertà*. Nelle applicazioni che seguono cercheremo di chiarire come si possa in pratica stabilire il numero di gradi di libertà in diverse situazioni.

Possiamo rivedere alla luce del concetto di gradi di libertà un risultato derivato in modo un po' formale nel capitolo scorso, ossia la necessità di introdurre un fattore correttivo nella definizione di deviazione standard (si veda la (5.4)) per far sì che questa sia effettivamente la miglior stima della varianza ottenibile dai dati del campione. Se ci ripensiamo ora, possiamo notare che per valutare la deviazione standard abbiamo bisogno della media, e che calcolare la media di N dati coincide con l'introdurre la relazione lineare $\sum_i x_i = N\bar{x}$. Il numero di dati effettivamente indipendenti, cioè il numero di gradi di libertà, scende quindi ad $N-1$. La definizione di deviazione standard coincide quindi con l'affermare che la stima dell'allargamento della distribuzione è determinata non dal numero di dati, ma dal numero di gradi di libertà. Se poi ricordiamo che la media è anche il valore che rende minima la somma degli scarti quadratici, possiamo anche pensare che la riduzione del numero di dati effettivi (con il conseguente aumento della deviazione standard) è la contropartita che dobbiamo pagare per aver voluto rendere s_x la più piccola possibile valutando gli scarti proprio attorno alla media. Considerazioni legate ai gradi di libertà sono anche all'origine del fattore $N-1$ (e non N) nel denominatore della (5.31) che definisce la distribuzione di Student.

6.2.2 Distribuzione di probabilità per il χ^2

Dobbiamo a questo punto stabilire come sia fatta la distribuzione di probabilità del χ^2. Dato che ciò richiede un po' di fatica, il calcolo è svolto in appendice A.7, mentre qui ci limitiamo a riportare il risultato finale e a discuterne le caratteristiche qualitative. In primo luogo la distribuzione di probabilità per il χ^2 dipenderà dal numero N di dati che stiamo considerando: ciò è evidente se osserviamo che per N molto grande, in virtù del TCL, la distribuzione deve divenire simile ad una gaussiana, mentre per $N = 1$ la distribuzione è quella del *quadrato* di una variabile gaussiana, che come abbiamo visto nel terzo capitolo *non è* gaussiana, ma piuttosto simile ad un'esponenziale. Per un valore intermedio di N si dovrà allora avere un andamento che interpola tra questi due limiti. Sulla base di quanto abbiamo discusso nel paragrafo precedente, tuttavia, la distribuzione del χ^2 non sarà determinata tanto dal numero totale di dati, quanto *dal numero ν di gradi di libertà.* Dal calcolo svolto in App. A.7, per un fissato valore di ν la densità di probabilità $p_\nu(\chi^2)$ risulta data da:

$$p_\nu(\chi^2) = C_\nu(\chi^2)^{\nu/2-1} \exp\left(-\frac{\chi^2}{2}\right) \tag{6.4}$$

dove C_ν è una costante di normalizzazione. Si può dimostrare (il calcolo è un po' laborioso, ma richiede solo integrazioni per parti) che si ha:

$$\begin{cases} \langle\chi^2\rangle = \nu \\ \sigma^2(\chi^2) = 2\nu. \end{cases} \tag{6.5}$$

In figura 6.1 mostriamo l'andamento di $p_\nu(\chi^2)$ per alcuni valori di ν. Osserviamo che la distribuzione presenta una accentuata asimmetria e differisce sensibilmente da una gaussiana anche per valori piuttosto elevati di ν (ciò si nota ancor meglio nell'inserto della figura, dove viene mostrata la distribuzione di probabilità per la variabile "ridotta" $\chi^2_\nu = \chi^2/\nu$, calcolata utilizzando i metodi sviluppati nel Cap. 4).

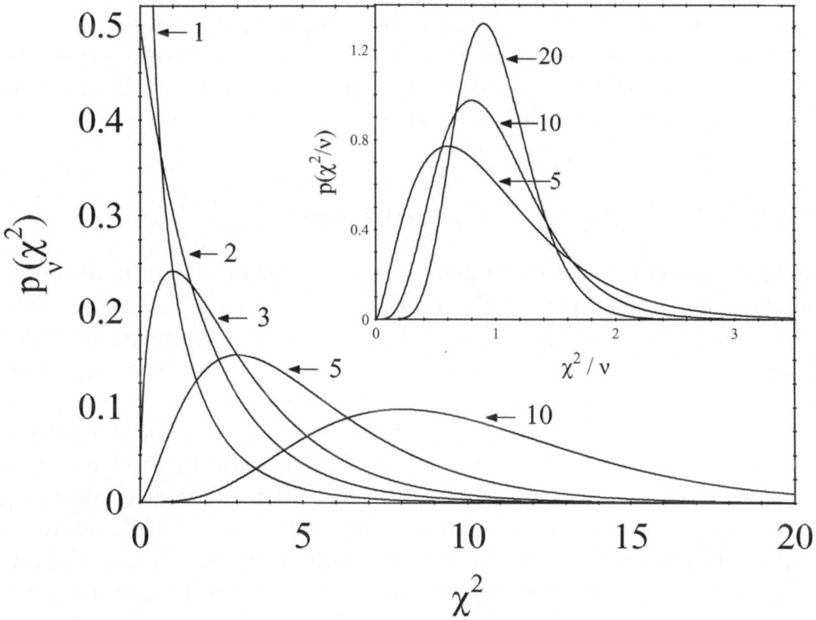

Figura 6.1. Distribuzione del χ^2 e della variabile ridotta χ^2_ν (inserto) per diversi valori del numero di gradi di libertà ν, indicati di fianco a ciascuna curva.

La tabella B.3 in App. B riporta i valori percentuali della probabilità cumulativa $P_\nu(\chi^2 > \chi^2)$ per alcuni valori di ν, che ci saranno utili in quanto segue. Anche in questo caso, dato che la distribuzione tende ad essere centrata attorno a $\langle \chi^2 \rangle = \nu$, la tabella riporta i valori per la variabile ridotta χ^2_ν.

A questo punto possiamo delineare una procedura generale che ci permetta di usare il test del χ^2 per determinare la "bontà" di un set di N dati:

1. se per confrontare i dati con la previsione dobbiamo valutare m parametri, li stimiamo in modo tale da minimizzare il χ^2;
2. utilizzando i parametri stimati, calcoliamo il valore sperimentale del χ^2;
3. scegliamo la distribuzione corretta $p(\chi^2; \nu)$ da utilizzare sulla base del numero $\nu = N - m$ di gradi di libertà;
4. per giudicare la bontà dell'accordo tra dati e previsione, valutiamo la probabilità di ottenere un risultato "peggiore" di quello trovato.

Se i dati si accordano con la teoria, quale valore dobbiamo aspettarci per $P_\nu(\chi^2 > \chi^2_0)$? Dalla tabella B.3, vediamo che al variare di ν il valore di P_ν corrispondente al valore d'aspettazione $\chi^2_0/\nu = 1$ è compreso tra circa il 30% ed il 50%. Ricordiamo però che la distribuzione ha un allargamento pari a $\sqrt{2\nu}$: nel caso $\nu = 10$, ad esempio, un valore $P_\nu(\chi^2 > \chi^2_0) = 0.2$, corrispondente a $\chi^2_0 = 14.5$, è del tutto normale. Come criterio di massima possiamo dire che l'accordo tra dati sperimentali e teoria diviene problematico quando il valore di $P_\nu(\chi^2 > \chi_0^2)$ è minore, diciamo, del 10%. D'altra parte, per le stesse ragioni, anche un valore molto elevato come $P_\nu(\chi^2 > \chi_0^2) = 0.95$ è un po' sospetto: potrebbe trattarsi di un risultato molto "fortunato" ma, come vedremo, può essere anche l'effetto di una trattazione inadeguata degli errori.

6.3 Il test del χ^2 per una distribuzione

Applichiamo le idee che abbiamo appena sviluppato al problema di stabilire quanto una distribuzione di probabilità teorica si adatti ad un insieme di dati sperimentali, cominciando ad occuparci di una variabile continua x: vedremo che, in questo caso, è semplice sviluppare un criterio quantitativo a partire dalle idee sviluppate nel Cap. 3. Supponiamo di voler giudicare la "bontà" di una particolare densità di probabilità $p(x)$ assunta per x: una volta costruito un istogramma a partire da N dati sperimentali, suddiviso in sottointervalli di ampiezza ℓ, ciò che dobbiamo fare è confrontare il numero di risultati n_i^s che cade nel i-esimo sottointervallo con il valore teorico $n_i^t = Np(x_i)\ell$, dove x_i è un valore all'interno del sottointervallo considerato. Se effettuiamo più volte un set di N misure della grandezza che consideriamo, i valori degli n_i^s non saranno naturalmente sempre gli stessi, ma fluttueranno di volta in volta. Quanto è ampia questa fluttuazione? Il problema di stabilire quanti punti cadano effettivamente in un certo intervallo sapendo il numero di punti che ci aspettiamo in media è stato già ampiamente esaminato nel Cap. 3: è facile concludere che *il numero effettivo di punti* n_i^s *fluttuerà attorno al valore teorico* n_i^t *secondo una distribuzione di Poisson di varianza* n_i^t.

Sappiamo tuttavia che per valori di aspettazione sufficientemente grandi (diciamo almeno $n_i^t > 5$) la distribuzione di Poisson assomiglia abbastanza ad una distribuzione normale: in questo caso, le n_i^s sono approssimativamente delle variabili gaussiane e possiamo pertanto utilizzare il metodo del χ^2 per stabilire se $p(x)$ descriva adeguatamente i dati, ponendo nella (6.2) $\sigma_i^2 = n_i^t$:

$$\chi^2 = \sum_{i=1}^{N} \frac{(n_i^s - n_i^t)^2}{n_i^t} = N\ell \sum_{i=1}^{N} \frac{[f(x_i) - p(x_i)]^2}{p(x_i)}, \tag{6.6}$$

dove per ottenere la seconda uguaglianza abbiamo introdotto le frequenze relative normalizzate alla larghezza dell'intervallo $f(x_i) = n_i^s/N\ell$. Notiamo che siamo stati in grado di attribuire un valore alla varianza dei singoli dati proprio perché *sappiamo* che il numero di punti sperimentali che cade in un certo intervallo ha una distribuzione di Poisson.

Il caso di una variabile k discreta è del tutto analogo, se teniamo conto che questa può essere pensata (si veda l'App. A.5) come una variabile continua "estremamente concentrata" attorno ai valori k_i che assume, e a cui si può quindi associare la densità di probabilità:

$$p(k) = \sum_i P(k_i)\delta(k - k_i).$$

In questo caso è semplice vedere che, utilizzando le frequenze relative "semplici" $f(k_i) = n_i^s/N$, l'espressione per il per il χ^2 diviene:

$$\chi^2 = N \sum_{i=1}^{N} \frac{[f(k_i) - P(k_i)]^2}{P(k_i)}. \tag{6.7}$$

Esempio 6.4. Lanciando per $N = 200$ volte una moneta si sono ottenute $n_T = 110$ teste e $n_C = 90$ croci. Quale probabilità c'è che la moneta sia "truccata"? Per una moneta onesta ci attendiamo una distribuzione uniforme per teste e croci, e quindi un numero teorico di teste e croci $n_T^{teo} = n_C^{teo} = 100$. Il valore del χ^2 della distribuzione sperimentale è allora dato da:

$$\chi^2 = \frac{(n_T - n_T^{teo})^2}{n_T^{teo}} + \frac{(n_C - n_C^{teo})^2}{n_C^{teo}} = 2.$$

Poiché l'unico vincolo tra i dati è che $n_T^{teo} + n_C^{teo} = N$, i gradi di libertà sono $\nu = 2 - 1 = 1$. Dalla tabella B.3, per $\nu = 1$, otteniamo

$$P_1(\chi^2 > 2) = 15.73\%.$$

Per quanto abbiamo detto in precedenza, questo valore di probabilità, per quanto piuttosto piccolo, non permette di escludere che la moneta sia una moneta "onesta". Osserviamo che se solo avessimo ottenuto 115 teste ed 85 croci, le conclusioni sarebbero cambiate radicalmente. In questo caso si ha infatti $\chi^2 = 4.5$, e dalla tabella possiamo estrapolare:

$$P_1(\chi^2 > 4.5) \simeq 3\%,$$

che ci direbbe che, con buona probabilità, la moneta è "truccata".

Esempio 6.5. Cerchiamo di stabilire se la distribuzione di frequenze ottenuta analizzando 10^4 decimali di π sia effettivamente compatibile con una distribuzione di probabilità uniforme. Poiché il valore previsto per ogni frequenza è $P(k) = 0.1$, dai dati dell'ultima riga della tabella del Cap. 1 otteniamo:

$$\chi^2 = \frac{10^4}{0.1} \sum_{k=0}^{9} (f_k - 0.1)^2 = 9.1.$$

In questo caso i gradi di libertà sono $10 - 1 = 9$, e quindi si ha $\chi^2_\nu \simeq 1$, che fornisce il valore di probabilità piuttosto elevato $P_9(\chi^2_\nu > 1) \simeq 43\%$.

Esempio 6.6. Si vuole analizzare il numero di incidenti che avvengono su di una strada ad alto traffico. Su un campione di $N = 100$ giorni, si ottengono questi risultati per il numero totale di giorni n_k in cui si osservano k incidenti:

k	0	1	2	3	4
n_k	42	36	14	6	2

La statistica che ci aspettiamo, se ogni incidente è indipendente dagli altri, è come sappiamo quella di Poisson. Il numero medio di incidenti per giorno, che costituisce la nostra miglior stima del valore d'aspettazione, è dato da:

$$\bar{k} = \frac{1}{N} \sum_{k=0}^{4} n_k k = 0.9.$$

Possiamo allora assumere come distribuzione di prova:

$$P(k; 0.9) = \frac{0.9^k \exp(-0.9)}{k!}$$

ed i valori teorici per il numero di giorni con k incidenti saranno dati da $n_k^t = NP(k)$. Approssimando questi valori all'intero più vicino, otteniamo:

$$\chi^2 = \frac{(42-41)^2}{41} + \frac{(36-37)^2}{37} + \frac{(14-16)^2}{16} + \frac{(6-5)^2}{5} + \frac{(2-1)^2}{1} \simeq 0.9.$$

In questo caso, a differenza che nei due precedenti, pur avendo 5 dati i gradi di libertà sono solo 3, dato che oltre alla condizione (sempre presente) che $\sum_k n_k = N$ abbiamo aggiunto quella che ci è servita per fissare il valore di aspettazione attraverso $\bar{k}$. Dalla B.3 otteniamo, in corrispondenza a $\nu = 3$:

$$P_3(\chi^2 > 1.5) = P_3(\chi_\nu^2 > 0.5) \simeq 68\%,$$

che costituisce un ottimo risultato. Osserviamo però che la procedura che abbiamo seguito non è del tutto corretta. In realtà in corrispondenza del valore $k = 4$ abbiamo ottenuto solo due risultati, molto meno del "valore minimo di sicurezza" di $5-6$ misure che avevamo stabilito. Un modo più corretto di procedere è quello di raccogliere insieme i dati per $k = 3$ e $k = 4$, così da ottenere in totale $n_3 + n_4 = 8$ dati complessivi, e confrontare il risultato con $N[P(3; 0.9) + P(4; 0.9)] \simeq 7$. Il valore del χ^2 diviene in questo caso:

$$\chi^2 = \frac{(42-41)^2}{41} + \frac{(36-37)^2}{37} + \frac{(14-16)^2}{16} + \frac{(8-6)^2}{6} \simeq 0.97$$

e naturalmente i gradi di libertà scendono a $\nu = 2$. Otteniamo quindi $\chi_\nu^2 = 0.485$. Poiché dalla tabella si ha:

$$P_2(\chi_\nu^2 > 0.4) = 67.03\%\,;\ P2(\chi_\nu^2 > 0.5) = 60.65\%,$$

interpolando linearmente tra i due risultati: $P_2(\chi_\nu^2 > 0.485) \simeq 61.6\%$, probabilità che risulta lievemente minore di quanto ottenuto in precedenza.

*6.3.1 Massima verosimiglianza o massima entropia?

Quanti di voi si sono soffermati a leggere la discussione sull'entropia statistica svolta nel Cap. 4 potrebbero sentirsi un po' confusi riguardo alla relazione tra i metodi che abbiamo sviluppato nel paragrafo precedente ed il principio di massima entropia introdotto in quella sede.

Chiariamo allora qualche punto: abbiamo utilizzato il principio di massima verosimiglianza per cercare di dare, a partire da un set di dati sperimentali ed utilizzando il test del χ^2, una valutazione dell'attendibilità di una specifica distribuzione *assunta* per i dati stessi, e per fornire una stima dei suoi parametri. Un proposito assai più "ambizioso" sarebbe quello di *stabilire* a posteriori, quale sia in assoluto la "miglior" distribuzione di probabilità suggerita dai dati stessi, problema molto più complesso. Se ad esempio consideriamo una variabile discreta che può assumere r valori, è facile capire che tale problema è insolubile se il numero di dati N è inferiore a r (in realtà, dato che i dati sono soggetti ad errori e fluttuazioni, qualunque metodo affidabile richiederà $N \gg r$). Nel caso di variabili continue, una determinazione esatta della densità $p(x)$ a partire da un numero finito di dati è poi chiaramente impossibile.

Il principio di massima entropia "aggira" in modo intelligente questo complesso problema inverso, cercando di stabilire *a priori* la più "ragionevole" distribuzione di probabilità a partire da un numero *molto limitato* di informazioni sulle caratteristiche della distribuzione stessa (si veda ad esempio la (4.63)), nel senso che la maggior parte delle distribuzioni compatibili con tali informazioni ha un'entropia statistica prossima al valore massimo (ossia ha un'elevata "molteplicità"). Tuttavia, anche il principio di massima verosimiglianza fa un uso molto esplicito del concetto di probabilità come inferenza (stiamo giudicando in effetti la probabilità di un'*ipotesi* fatta sulla distribuzione) ed è pertanto, ad onor del vero, un principio eminentemente "bayesiano". Ma allora, non esiste proprio alcuna relazione tra la quantità definita nella (6.1) e l'entropia statistica?

In realtà, i due criteri non sono così diversi quanto sembra. Consideriamo per semplicità una variabile casuale discreta k che possa assumere r valori k_j, e riscriviamo la (6.1) sommando le probabilità non su i singoli N *dati*, ma sui *valori* di k (ossia facciamo una "statistica per classi", come ampiamente discusso nel Cap. 1). Supponendo che la distribuzione $P(k;a)$ dipenda da un singolo parametro a, vogliamo cioè determinare ad esempio quel valore di a che massimizza:

$$P(k_1, k_2 \ldots, k_r; a) = \prod_{j=1}^{r} P(k_j; a)^{n_j},$$

dove n_j è il numero di volte in cui si è ottenuto il valore k_j (ricordiamo, i dati sono il risultato di misure *indipendenti*). Prendendo il logaritmo negativo di questa espressione e dividendolo per N, ciò significa anche *minimizzare*:

$$\Sigma_N = \frac{\mathcal{L}}{N} = -\frac{1}{N}\sum_{j=1}^{r} n_j \ln P(k_j; a) = -\sum_{j=1}^{r} f(k_j) \ln P(k_j; a),$$

dove le $f(k_j)$ sono le frequenze relative sperimentali. Se allora facciamo tendere $N \to \infty$ ci aspettiamo che le $f(k)$ divengano prossime ai valori di probabilità

$P(k_j; a_0)$, dove con a_0 indichiamo il valore *corretto* del parametro a per la distribuzione che meglio descrive i dati, ossia:

$$\Sigma = \lim_{N \to \infty} \Sigma_N = -\sum_{j=1}^{r} P(k_j; a_0) \ln P(k_j; a).$$

Sottraiamo allora a questa espressione l'entropia $S = -\sum P(k_j; a_0) \ln P(k_j; a_0)$ per la distribuzione "corretta" (dove quindi dobbiamo porre $a = a_0$):

$$\Sigma - S = -\sum_{j=1}^{r} P(k_j; a_0) \left[\ln P(k_j; a) - \ln P(k_j; a_0)\right] = -\sum_{j=1}^{r} P(k_j; a_0) \ln \frac{P(k_j; a)}{P(k_j; a_0)}.$$

Ora, dal fatto che, per ogni $x > 0$, $\ln(x) \leq x - 1$ (è immediato verificarlo graficamente, osservando anche che l'uguaglianza si ha solo per $x = 1$) e scegliendo $x = P(k_j; a)/P(k_j; a_0)$, possiamo scrivere:

$$-\ln \frac{P(k_j; a)}{P(k_j; a_0)} \geq 1 - \frac{P(k_j; a)}{P(k_j; a_0)}.$$

Quindi, poiché le distribuzioni sono normalizzate:

$$\Sigma - S \geq -\sum_{j=1}^{r} P(k_j; a_0) - \sum_{j=1}^{r} P(k_j; a) = 1 - 1 = 0 \Longrightarrow \Sigma \geq S,$$

ossia il minimo di Σ *si ottiene proprio per* $a = a_0$, *e per questo valore* $\Sigma = S$. In altri termini, almeno per un campione molto grande di dati, *la distribuzione stimata a partire dal principio di massima verosimiglianza coincide con quella di massima entropia.*

6.4 Fit dell'andamento di dati sperimentali

Il problema che ci vogliamo porre è quello di determinare sperimentalmente il legame funzionale tra due o più grandezze fisiche i cui valori vengano misurati simultaneamente. Possono presentarsi diverse situazioni:

A) Sulla base di uno specifico modello, potremmo sapere che due grandezze sono legate da una *precisa* relazione funzionale $f(x, y) = 0$. In generale la funzione f dipenderà tuttavia da uno o più parametri p_i, e scopo della misura sarà proprio quello di stabilire quei valori dei p_i che si "adattano meglio" ai risultati sperimentali. Ad esempio, se la teoria ci fa prevedere che $y = A \exp(-x/x_0)$, cercheremo quei valori di A ed x_0 che, in corrispondenza ai valori di x misurati, forniscono valori di y più "vicini" a quelli sperimentali, o come diremo, cercheremo di trovare il "miglior fit".

B) Può darsi invece che due o più modelli teorici distinti forniscano risposte *diverse* sul legame tra x ed y, ad esempio $f_1(x, y) = 0$ e $f_2(x, y) = 0$. In questo caso, nostro scopo è trovare un metodo che ci permetta di discriminare tra le varie alternative proposte dalla teoria.

C) Infine può darsi addirittura che non si sia in possesso di *alcun* modello che permetta di prevedere una relazione tra le grandezze considerate. Ciò che possiamo cercare di fare è trovare una *relazione empirica* che descriva l'andamento di y in funzione di x o viceversa, attraverso una relazione funzionale abbastanza semplice. Il fine dell'esperimento è in questo caso quello di fornire un primo "suggerimento" per sviluppare una descrizione teorica dei risultati, nel senso che ogni buon modello teorico dovrà essere in grado di giustificare il legame empirico che è stato messo in luce.

Le tre situazioni che abbiamo considerato presentano un grado di difficoltà crescente. Vedremo infatti che mentre il problema A può essere risolto, almeno in linea di principio, in modo rigoroso, la situazione B può essere affrontata attraverso "test decisionali" che assegnano solo un certo grado di confidenza ad un modello; nel caso C, infine, non si può in generale fare a meno di una certa dose non quantificabile d'intuito da parte dello sperimentatore. In ogni caso, per ciascuna delle situazioni elencate, abbiamo a che fare con:

1. un numero N di *coppie di valori* (x_i, y_i) misurati per le variabili x ed y, dove per "coppie di valori" intendiamo naturalmente un valore di x ed uno di y misurati nella medesima situazione sperimentale, cioè a parità di tutte le condizioni che concorrono a determinare i valori di x ed y;
2. gli *errori* $\sigma(x_i)$, $\sigma(y_i)$, relativi a ciascuna misura sia di x che di y;
3. la *funzione di fit* $f(x, y; \mathbf{p})$ di cui vogliamo valutare un insieme di parametri, che indicheremo collettivamente con $\mathbf{p}$, per ottenere il miglior fit dei dati sperimentali, o in generale di cui vogliamo valutare l'attendibilità.

Per quanto riguarda gli errori, inoltre questi possono essere

- *direttamente misurati*, nel senso che ogni coppia (x_i, y_i) viene misurata più volte, in modo da poter determinare gli errori standard di x_i ed y_i
- *stimati* a partire dalle caratteristiche dell'apparato sperimentale utilizzato, mentre per ogni coppia si effettua in realtà una sola misura (questo è di solito il caso più comune);
- *non noti*, o parzialmente noti, perché non è possibile dare una valutazione quantitativa adeguata di tutte le fonti d'errore. Vedremo che anche in questo caso è comunque possibile valutare la precisione con cui si determinano i parametri di una relazione $f(x, y; p) = 0$, a costo tuttavia di non poter stimare l'attendibilità della legge f prescelta per correlare i dati.

In pratica, ciò che spesso si fa è impostare sperimentalmente il valore di una delle due variabili, ad esempio x, che viene allora considerata come una "variabile indipendente", e misurare il valore che y assume in corrispondenza del valore impostato per x. Di conseguenza la grandezza x impostata può essere spesso considerata priva d'errore, o comunque con un errore trascurabile rispetto a quello che si compie nella misura della variabile "dipendente" y. In questo caso indicheremo con σ_i l'errore associato alla misura y_i, mentre assumeremo il corrispondente valore x_i come privo di errore.

6.5 Il metodo dei minimi quadrati

Analogamente a quanto abbiamo fatto in precedenza, possiamo pensare ad ogni risultato y_i, ottenuto in corrispondenza al valore fissato $x = x_i$, come ad un particolare valore di una variabile statistica y_i caratterizzata da una distribuzione che possiamo ritenere approssimativamente gaussiana, sempre assumendo che vi siano molte sorgenti di errori casuali. Se la grandezza y è legata ad x da una relazione funzionale $y = f(x; \mathbf{p})$, dove $\mathbf{p}$ rappresenta come abbiamo detto un insieme di parametri, il valore di aspettazione di y_i sarà dato da $\langle y_i \rangle = f(x_i; \mathbf{p})$. La varianza σ_i^2 della distribuzione di y_i può invece dipendere dal valore di x, ed essere quindi in generale diversa per diversi y_i. Come abbiamo già accennato, vogliamo allora seguire un "programma di lavoro" distinto in due fasi:

a_0) vogliamo determinare un insieme $\hat{\mathbf{p}}$ di valori dei parametri $\mathbf{p}$ in modo che la funzione $f(x, \hat{\mathbf{p}})$ sia quella che "descrive meglio" i nostri dati;
b_0) una volta determinato il miglior set $\hat{\mathbf{p}}$ di valori dei parametri, vogliamo trovare un modo per giudicare la "bontà" del fit ottenuto.

Sulla base di quanto abbiamo discusso in precedenza, sappiamo che la "bontà" dei dati può essere giudicata dal valore della variabile:

$$\chi^2(\mathbf{p}) = \sum_{i=1}^{N} \frac{(y_i - \langle y_i \rangle)^2}{\sigma_i^2} = \sum_{i=1}^{N} \frac{[y_i - f(x_i; \mathbf{p})]^2}{\sigma_i^2} \tag{6.8}$$

che naturalmente dipende dal valore assegnato ai parametri $\mathbf{p}$. Tenendo conto di ciò, possiamo riformulare il nostro programma di lavoro come segue:

a) determineremo l'insieme dei valori dei parametri $\hat{\mathbf{p}}$ che minimizza $\chi^2(\hat{\mathbf{p}})$;
b) giudicheremo la "bontà" del fit valutando la probabilità $P(\chi^2 > \chi^2(\hat{\mathbf{p}}))$ di ottenere un valore di $\chi^2(\mathbf{p})$ maggiore di quello effettivamente ottenuto.

Notiamo che una "lettura semplice" di tutto quanto abbiamo visto consiste nel dire che vogliamo minimizzare la somma degli scarti quadratici di y rispetto a quanto previsto calcolando $y = f(x; \mathbf{p})$, pesando ogni scarto con l'incertezza relativa alla singola misura y_i. Per questa ragione il metodo di fit che stiamo introducendo viene generalmente detto *Metodo dei Minimi Quadrati*.

Cominciamo ad occuparci del primo punto del nostro programma di lavoro: se abbiamo a che fare con una funzione che dipende da un singolo parametro p, la condizione a) diviene semplicemente

$$\frac{\mathrm{d}\chi^2(\hat{p})}{\mathrm{d}p} \stackrel{def}{=} \left[\frac{\mathrm{d}\chi^2(p)}{\mathrm{d}p}\right]_{\hat{p}} = 0, \tag{6.9}$$

dove la notazione usata nel membro a sinistra indica che l'estremo[2] si ottiene calcolando la derivata in $p = \hat{p}$. Nel caso in cui f dipenda da più parametri $\mathbf{p} = \{p_1, p_2, \ldots, p_r\}$, la (6.9) viene generalizzata dal sistema di r equazioni:

$$\frac{\partial \chi^2(\hat{p}_1, \hat{p}_2, \hat{p}_r)}{\partial p_j} = 0 \ \ (j = 1, 2, \ldots, r) \tag{6.10}$$

6.5.1 Relazioni lineari (o riconducibili ad esse)

Il caso più semplice di legame funzionale tra y ed x è quello lineare: $y = ax+b$. Vogliamo allora utilizzare il metodo dei minimi quadrati per determinare le migliori stime $\hat{a}$, $\hat{b}$ per la pendenza a e l'intercetta b di una retta che interpoli un certo numero N di dati sperimentali (x_i, y_i), dove assumiamo che i valori x_i siano sostanzialmente privi d'errore. Graficamente la situazione può essere schematizzata come in Fig. 6.2, dove ho posto in corrispondenza ad ogni y_i una "barra d'errore" corrispondente ad un intervallo $(y_i - \sigma_i < y < y_i + \sigma_i)$. Notate che la retta disegnata non "taglia" necessariamente tutte le barre d'errore: se la statistica degli errori è gaussiana, è ragionevole supporre che approssimativamente solo i 2/3 delle barre d'errore intersechino la retta.

Miglior retta con incertezze uguali per tutti i dati

Cominciamo ad occuparci del caso particolarmente semplice in cui si possa assumere che tutti i dati y_i presentino una stessa incertezza σ. L'espressione per il χ^2 diviene allora:

$$\chi^2(a, b) = \frac{1}{\sigma} \sum_{i=1}^{N} (y_i - a x_i - b)^2. \tag{6.11}$$

Per determinare $\hat{a}$ e $\hat{b}$ dobbiamo allora porre:

$$\left.\frac{\partial \chi^2(a, b)}{\partial a}\right|_{\hat{a},\hat{b}} = -\frac{2}{\sigma^2} \sum_{i=1}^{N} x_i \left(y_i - \hat{a} x_i - \hat{b}\right) = 0$$

$$\left.\frac{\partial \chi^2(a, b)}{\partial b}\right|_{\hat{a},\hat{b}} = -\frac{2}{\sigma^2} \sum_{i=1}^{N} \left(y_i - \hat{a} x_i - \hat{b}\right) = 0,$$

che possono essere riscritte:

$$\sum_{i=1}^{N} x_i y_i - \hat{a} \sum_{i=1}^{N} x_i^2 - \hat{b} \sum_{i=1}^{N} x_i = 0$$

$$\sum_{i=1}^{N} y_i - \hat{a} \sum_{i=1}^{N} x_i - N\hat{b} = 0.$$

[2] Che deve essere ovviamente un *minimo*: la somma degli scarti quadratici può infatti essere resa grande a piacere, pur di scegliere molto male il valore di p!

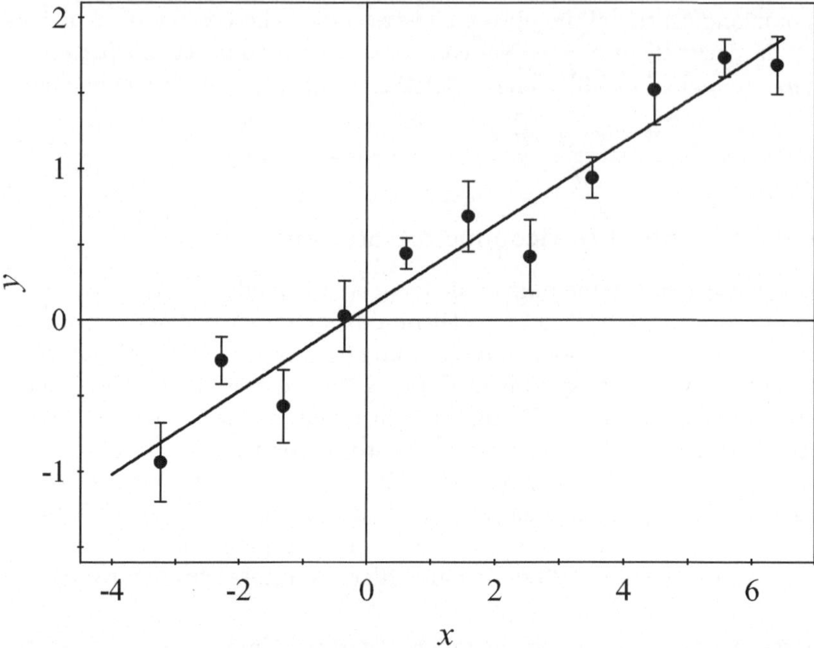

Figura 6.2. Esempio di *best fit* lineare. Le deviazioni dei singoli punti da un andamento esattamente rettilineo sono state generate come numeri casuali, campionati a partire da distribuzioni gaussiane con σ_i pari alla metà delle singole barre di errore.

Dividendo ambo i membri per N, possiamo riscrivere le due equazioni in modo più compatto in termini di quantità che "ricordino" delle medie, scrivendo cioè in generale $\sum_{i=1}^{N} x_i^n y_i^m = N\overline{x^n y^m}$. Notiamo però che queste non sono delle vere medie, dato che x *non è* una variabile casuale: quello che stiamo facendo è solo definire medie aritmetiche tra i valori che *noi* imponiamo ad x ed i corrispondenti valori che si ottengono per y. Con questa convenzione si ottiene:

$$\begin{cases} \overline{xy} - \hat{a}\overline{x^2} - \hat{b}\bar{x} = 0 \\ \bar{y} - \hat{a}\bar{x} - \hat{b} = 0 \end{cases}$$

da cui, risolvendo il sistema:

$$\hat{a} = \frac{\overline{xy} - \bar{x}\bar{y}}{\overline{x^2} - \bar{x}^2} \tag{6.12a}$$

$$\hat{b} = \bar{y} - \hat{a}\bar{x} \tag{6.12b}$$

o, in termini delle somme originarie:

$$\hat{a} = \frac{N\sum_{i=1}^{N} x_i y_i - \sum_{i=1}^{N} x_i \sum_{i=1}^{N} y_i}{N\sum_{i=1}^{N} x_i^2 - \left(\sum_{i=1}^{N} x_i\right)^2} \tag{6.13a}$$

$$\hat{b} = \frac{1}{N}\left(\sum_{i=1}^{N} y_i - \hat{a}\sum_{i=1}^{N} x_i\right). \tag{6.13b}$$

Ma qual è la precisione su $\hat{a}$ e $\hat{b}$? Riscrivendo la (6.13a) nella forma:

$$\hat{a} = \frac{1}{N}\sum_{i=1}^{N} \frac{x_i - \bar{x}}{\overline{x^2} - \bar{x}^2} y_i,$$

il valore ottenuto per la pendenza può essere visto come una *combinazione lineare* delle y_i. Applicando allora la propagazione degli errori, si ha:

$$\sigma_{\hat{a}}^2 = \frac{1}{N^2}\sum_{i=1}^{N}\left(\frac{x_i - \bar{x}}{\overline{x^2} - \bar{x}^2}\right)^2 \sigma_i^2 = \frac{\sigma^2}{N^2\left(\overline{x^2} - \bar{x}^2\right)^2}\sum_{i=1}^{N}(x_i - \bar{x})^2$$

e quindi, dato che $\sum_{i=1}^{N}(x_i - \bar{x})^2 = N(\overline{x^2} - \bar{x}^2)$,

$$\sigma_{\hat{a}}^2 = \frac{\sigma^2}{N(\overline{x^2} - \bar{x}^2)}. \tag{6.14}$$

Procedendo nello stesso modo si ottiene facilmente:

$$\sigma_{\hat{b}}^2 = \frac{\overline{x^2}\sigma^2}{N(\overline{x^2} - \bar{x}^2)}. \tag{6.15}$$

Notiamo che sia $\sigma_{\hat{a}}$ che $\sigma_{\hat{b}}$:

1. sono ovviamente proporzionali a σ;
2. decrescono al crescere del numero di punti sperimentali come $\sqrt{N}$;
3. decrescono al crescere di $(\overline{x^2} - \bar{x}^2)$, quantità che è tanto più grande quanto più esteso è l'intervallo su cui misuriamo x.

Un'ulteriore domanda che possiamo farci è se i valori che abbiamo determinato per $\hat{a}$ e $\hat{b}$ siano indipendenti, o se i due risultati siano correlati. Vogliamo cioè calcolare il coefficiente di correlazione ρ_{ab} tra pendenza ed intercetta. Applicando la propagazione degli errori alla (6.12b), si ha:

$$\sigma_{\bar{y}}^2 = \bar{x}^2\sigma_{\hat{a}}^2 + \sigma_{\hat{b}}^2 + 2\bar{x}\sigma_{\hat{a}}\sigma_{\hat{b}}\rho_{ab}$$

da cui, dato che $\sigma^2(\bar{y}) = \sigma^2/N$, è facile ottenere:

$$2\bar{x}\frac{\sigma^2\sqrt{\overline{x^2}}}{N(\overline{x^2} - \bar{x}^2)}\rho_{ab} = -\frac{\sigma^2}{N}$$

ossia:

$$\rho_{ab} = -\frac{\bar{x}}{\sqrt{\overline{x^2}}}. \tag{6.16}$$

In generale quindi *i valori per la pendenza e per l'intercetta sono correlati* positivamente o negativamente: se il "centro" dell'intervallo di x su cui effettuiamo le misure si trova sull'asse positivo, un errore in eccesso per la pendenza induce un errore in *difetto* per l'intercetta (e viceversa), mentre per $\bar{x} < 0$ c'è al contrario una correlazione *positiva* tra pendenza ed intercetta.

Una volta determinati i parametri del miglior fit, possiamo anche calcolare il valore $\langle y_i \rangle$ di y che ci aspettiamo di ottenere in corrispondenza ad un generico valore x_i di x come $\langle y_i \rangle = \hat{a}x_i + \hat{b}$. Ma quale errore commettiamo sulla stima di $\langle y_i \rangle$? Usando di nuovo la propagazione degli errori e la (6.16), abbiamo:

$$\sigma^2_{\langle y_i \rangle} = |x_i|^2\sigma^2_{\hat{a}} + \sigma^2_{\hat{b}} - \frac{2|x_i|\bar{x}}{\sqrt{\overline{x^2}}}\sigma_{\hat{a}}\sigma_{\hat{b}}. \tag{6.17}$$

Il terzo termine può dare un contributo di errore molto maggiore dei primi due nella determinazione di $\langle y_i \rangle$. La "condizione ideale" è quindi quella in cui si è utilizzato, per valutare i parametri del fit, un set di valori per x abbastanza centrato attorno all'origine, in modo tale da rendere nullo il coefficiente di correlazione tra pendenza ed intercetta.

Le espressioni (6.14) e (6.15) per gli errori sui parametri sono tuttavia corrette solo per un numero sufficientemente grande di coppie di dati sperimentali. Che ci sia qualcosa che non va in quanto abbiamo trovato è infatti evidente dal fatto che, ad esempio, l'errore $\sigma_{\hat{a}}$ sulla pendenza ha un valore ben definito anche per $N = 2$: ma è evidente che, dato che per due punti passa sempre *una sola* retta, in questo caso è insensato tentare di dare una stima dell'errore sulla pendenza! La discussione del paragrafo 6.2.1 ci permette comunque di ottenere rapidamente una risposta: per ottenere espressioni corrette è sufficiente sostituire al numero effettivo di dati sperimentali il numero di gradi di libertà. Dato che per determinare la pendenza e l'intercetta abbiamo introdotto *due* relazioni che connettono le coppie di dati (x_i, y_i), i gradi di libertà nel fit della miglior retta saranno $N - 2$. In generale per un fit di una funzione che contenga r parametri da determinare, i gradi di libertà saranno $N - r$. Se chiamiamo allora $s_{\hat{a}}$ ed $s_{\hat{b}}$ gli errori su $\hat{a}$ e $\hat{b}$ "corretti" per i gradi di libertà (una specie di "deviazioni standard" per i parametri), avremo:

$$s_{\hat{a}} = \frac{\sigma^2}{(N-2)(\overline{x^2} - \bar{x}^2)} \tag{6.18a}$$

$$s_{\hat{b}} = \frac{\overline{x^2}\sigma^2}{(N-2)(\overline{x^2} - \bar{x}^2)}. \tag{6.18b}$$

Esempio 6.7. - Supponiamo che una sbarra metallica lunga $L = 1\,\mathrm{m}$ connetta una sorgente d'acqua calda a temperatura costante T_1 (incognita) con un serbatoio contenente ghiaccio fondente a 0° C. L'intero sistema è termicamente isolato dall'ambiente esterno. Lungo la sbarra, a distanze x_i prefissate dalla sorgente calda, vengono posti 5 termometri che misurano la temperatura locale con una accuratezza di $\pm 0.5°$ C, ottenendo i risultati in tabella:

x (cm)	20	35	50	65	80
x (°C)	57.0	47.0	35.5	25.0	14.5

Supponendo di poter utilizzare una relazione lineare tra temperatura e posizione, vogliamo valutare i parametri della miglior retta, le loro incertezze, e stimare la temperatura della sorgente calda. Dai dati in tabella otteniamo:

$$\begin{cases} \bar{x} = 50\,\text{cm} \\ \overline{x^2} = 2950\,\text{cm}^2 \\ \bar{y} = 35.8\,°\text{C} \\ \overline{xy} = 1469\,\text{cm}°\text{C} \end{cases}$$

e pertanto:

$$\begin{cases} \hat{a} = -0.7133\,°\text{C}\,\text{cm}^{-1} \\ \hat{b} = 71.465\,°\text{C}. \end{cases}$$

Per $s_{\hat{a}}$ e $s_{\hat{b}}$, con un numero di gradi di libertà $\nu = 5 - 2 = 3$. otteniamo:

$$\begin{cases} s_{\hat{a}} = 0.014\,°\text{C}\,\text{cm}^{-1} \\ s_{\hat{b}} = 0.74\,°\text{C} \end{cases}$$

e quindi, in definitiva:

$$\begin{cases} \hat{a} = -0.71 \pm 0.01\,°\text{C}\,\text{cm}^{-1} \\ \hat{b} = 71.5 \pm 0.7\,°\text{C}. \end{cases}$$

La miglior stima per T_1 coincide naturalmente con il valore dell'intercetta.

Miglior retta con errori diversi da punto a punto

Supponiamo ora che in realtà le incertezze σ_i siano diverse da dato a dato: questa è la situazione più comune da un punto di vista sperimentale, dato che normalmente l'errore su un valore y_i *cresce* al crescere di y_i. Le condizioni (6.10) divengono in questo caso:

$$\begin{cases} \sum_{i=1}^{N} \dfrac{x_i(y_i - \hat{a}x_i - \hat{b})}{\sigma_i^2} = 0 \\ \sum_{i=1}^{N} \dfrac{y_i - \hat{a}x_i - \hat{b}}{\sigma_i^2} = 0, \end{cases}$$

il che rende i conti un po' più noiosi. È facile vedere comunque che le espressioni (6.12) rimangono invariate purché:

1. tutte le "medie" vengano intese come *pesate* (ad esempio $\overline{xy} = \dfrac{\sum_i x_i y_i/\sigma_i^2}{\sum_i 1/\sigma_i^2}$);
2. nelle espressioni per $\sigma_{\hat{a}}$ e $\sigma_{\hat{b}}$ si ponga $\sigma^2 = \dfrac{N}{\sum_i 1/\sigma_i^2}$.

Legami funzionali riconducibili ad una relazione lineare

In realtà i risultati che abbiamo ottenuto possono essere estesi ad una casistica molto più generale. Molti legami funzionali $y = f(x)$ possono infatti essere ricondotti ad una relazione lineare con una semplice trasformazione di variabili. Analizziamo quindi in dettaglio i due casi più comuni.

LEGGE DI POTENZA. Supponiamo che la funzione di prova per y sia una legge di potenza $y = Ax^\alpha$. Prendendo i logaritmi di entrambi i membri si ha:

$$\ln y = \alpha \ln x + \ln A.$$

In altri termini, tra le nuove variabili $\ln x$ e $\ln y$ posso aspettarmi una relazione lineare, dove la pendenza è l'esponente della legge di potenza e l'intercetta è il logaritmo dell'"ampiezza" A. Di conseguenza, per determinare questi parametri, posso fare uso delle espressioni che abbiamo ottenuto in precedenza. Nel passare da y a $\ln y$ dobbiamo però tenere conto del fatto che anche le incertezze vengono modificate. Avremo infatti:

$$\sigma^2(\ln y_i) = \frac{1}{y_i^2}\,\sigma_i^2,$$

espressione che devo utilizzare per ricalcolare gli errori dei nuovi "punti sperimentali" $(\ln x_i, \ln y_i)$. Se ad esempio le incertezze sui singoli y_i sono tutte uguali, così non è per le incertezze sui logaritmi. Infine osserviamo che, identificando $\ln(A)$ con la pendenza b, si ha $\sigma_{\hat{A}} = |A|\sigma_{\hat{b}}$, con $\sigma_{\hat{b}}$ dato dalla (6.15).

ESPONENZIALE: Quando la funzione di fit è un esponenziale, $y = A\exp(\pm x/x_0)$, prendendo di nuovo i logaritmi di entrambi i membri possiamo scrivere:

$$\ln y = \pm\frac{x}{x_0} + \ln A,$$

che è ancora una relazione lineare tra le variabili x e $\ln y$ dove il ruolo della pendenza e dell'intercetta è giocato rispettivamente dall'inverso della costante x_0 e dal logaritmo dell'ampiezza A. Per gli errori valgono naturalmente le considerazioni che abbiamo fatto nel caso precedente.

In entrambi i casi, la particolare forma per gli errori della nuova variabile $\ln(y)$ può talvolta semplificare l'analisi. Se ad esempio gli errori derivano da un'incertezza sperimentale legata al fondo scala di uno strumento, cosicché l'errore su y_i risulta approssimativamente proporzionale ad y_i stesso, *gli errori su* $\ln(y)$ *risultano costanti* e quindi possiamo utilizzare direttamente le (6.13).

6.5.2 Funzioni non lineari

Il metodo dei minimi quadrati che abbiamo utilizzato per determinare la miglior retta è applicabile anche ad una relazione polinomiale più generale:

$$y = a_0 + a_1 x + a_2 x^2 + \ldots + a_r x^r .$$

La ragione per cui il metodo funziona ancora bene è che, per quanto la *relazione* tra x ed y non sia lineare, sono *i parametri di fit* ad apparire ancora linearmente nella funzione. Di conseguenza, ciò che si ottiene minimizzando il $\chi^2(a_0, a_1, \ldots, a_r)$ è un sistema di r equazioni lineari in r incognite che, oltre a poter essere facilmente risolto, ha di solito una ed una sola soluzione. Consideriamo ad esempio un fit parabolico della forma: $y = ax^2 + bx + c$. Assumendo incertezze uguali per tutti i punti ed imponendo che si annullino le derivate di $\chi^2(a, b, c)$, è facile ottenere le equazioni lineari in $\hat{a}, \hat{b}$ e $\hat{c}$:

$$\begin{cases} \sum_i x_i^2 y_i - \hat{a} \sum_i x_i^4 - \hat{b} \sum_i x_i^3 - \hat{c} \sum_i x_i^2 = 0 \\ \sum_i x_i y_i - \hat{a} \sum_i x_i^3 - \hat{b} \sum_i x_i^2 - \hat{c} \sum_i x_i = 0 \\ \sum_i y_i - \hat{a} \sum_i x_i^2 - \hat{b} \sum_i x_i - \hat{c} = 0 \end{cases} \tag{6.19}$$

È chiaro che tanto più innalziamo il grado di un polinomio, tanto meglio riusciamo ad approssimare i dati sperimentali[3]: ma è anche evidente che risulta sempre più difficile attribuire un preciso significato alla funzione ottenuta. Inoltre, più aumentiamo il grado del polinomio, più aumenta la sensibilità del fit a piccole variazioni dei dati sperimentali. La linea continua in Fig. 6.3 indica ad esempio il miglior fit con un polinomio di quinto grado dei dieci punti sperimentali mostrati, mentre la curva tratteggiata è ciò che si ottiene modificando il solo dato indicato dalla freccia. Anche se l'andamento complessivo delle due curve non è molto diverso, i valori numerici dei coefficienti dei singoli monomi risultano molto diversi (addirittura di segno opposto), in particolare per quanto riguarda i coefficienti del termine costante e delle potenze più basse. Per ottenere risultati sensati, è quindi opportuno cercare di limitare il più possibile il grado del polinomio, ossia il numero di parametri di fit.

Diamo solo un cenno al problema più generale di un fit non lineare, intendendo con questa espressione tutti i procedimenti di approssimazione dell'andamento dei dati sperimentali attraverso funzioni in cui alcuni *parametri* compaiono in modo non lineare, come ad esempio quando si faccia uso di una funzione di prova della forma $y = \sin(ax)\exp(-bx)$. In questo caso sorgono due ordini diversi di problemi che rendono le procedure di fit molto complesse:

1. le equazioni che si ottengono minimizzando $\chi^2(\mathbf{p})$ sono *non lineari*, e quindi in generale risolubili solo per via numerica;
2. al variare dei parametri $\chi^2(\mathbf{p})$ presenta in genere *più di un minimo.*

Ovviamente, ciò che a noi interessa determinare è il minimo *assoluto* di $\chi^2(\mathbf{p})$ all'interno dell'intervallo di valori permessi per i parametri $\mathbf{p}$. Normalmente i metodi numerici che si utilizzano per risolvere equazioni lineari si basano su approssimazioni iterative a partire da una stima iniziale $\mathbf{p}_0$ del valore dei

[3] Ovviamente, per N coppie di dati, c'è sempre un polinomio di grado $(N-1)$ che passa *esattamente* attraverso tutti i punti sperimentali.

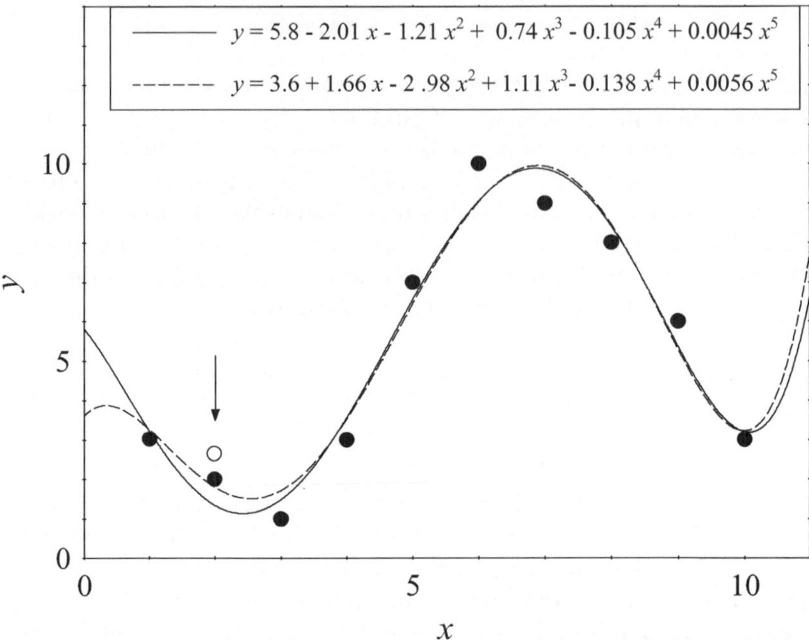

Figura 6.3. Effetti sui parametri di un fit polinomiale di 5° grado come conseguenza della modifica di un solo dato sperimentale, indicato dalla freccia.

parametri. Tuttavia, se $\chi^2(\mathbf{p}_0)$ si trova in prossimità di un minimo secondario, nelle iterazioni successive è facile restare "intrappolati" nella regione di questo minimo senza che il procedimento di fit ci permetta di individuare la presenza del minimo assoluto. Esistono tuttavia metodi numerici efficienti che permettono di superare questi problemi, perlomeno quando la stima iniziale del valore dei parametri è abbastanza plausibile. In particolare, è importante segnalare il *metodo di Levenberg-Marquardt*, una procedura che è alla base di buona parte dei programmi di fit non lineare comunemente utilizzati: chi volesse saperne di più, può consultare *Numerical Recipes*, una splendida introduzione ai metodi numerici citata nella bibliografia consigliata.

6.6 Il test del χ^2 per un fit

6.6.1 Utilità e limiti del χ^2 per giudicare la bontà di un fit

Una volta stabilito come ottenere il valore dei parametri della funzione di prova, possiamo chiederci quanto sia "buono" il fit ottenuto. Basandoci su quanto abbiamo detto nei paragrafi precedenti, sappiamo già cosa fare:

1. sostituiamo nell'espressione per il χ^2 le migliori stime che abbiamo ottenuto per gli r parametri e ne calcoliamo il valore;

2. valutiamo la probabilità di ottenere un χ^2 maggiore di quello effettivamente ottenuto, con un numero di gradi di libertà pari a $N - r$.

Questa volta tuttavia, rispetto al problema di valutare un istogramma di dati sperimentali in relazione ad una distribuzione teorica, le cose sono un po' più delicate. Nel caso precedente potevamo prevedere le incertezze sul numero di punti n_k^s che cadevano all'interno di un intervallo k dell'istogramma perché ci aspettavamo per n_k una distribuzione di Poisson di varianza proprio uguale a n_k^t. Nel caso che stiamo considerando, anche se ci aspettiamo una distribuzione gaussiana per i valori y_i, la larghezza di tale distribuzione può essere determinata solo *ripetendo molte volte* la misura di ciascuna coppia (x_i, y_i), cosa che non viene fatta di frequente. È più comune, come abbiamo detto in precedenza, che gli errori σ_i sui singoli dati y_i vengano *stimati* a partire dal grado di precisione della strumentazione utilizzata. Ma il valore del χ^2 dipende in modo cruciale proprio dai valori delle incertezze σ_i! Osserviamo che nell'espressione per il χ^2 le incertezze σ_i appaiono al denominatore: quindi per σ_i maggiori si ottiene un valore sperimentale del χ^2 più piccolo, e pertanto un fit che "sembra migliore". Basta allora che la precisione dei dati sia valutata in modo un po' approssimativo per ottenere un valore molto diverso del χ^2. Consideriamo allora due situazioni "antitetiche".

- Uno sperimentatore "pessimista" o "modesto" può tendere ad esagerare gli errori sui dati ottenuti. In questo caso otterrà ovviamente valori per i parametri di fit meno precisi: ma il χ^2 sperimentale risulterà più basso del dovuto, e quindi lo sperimentatore si convincerà maggiormente che la relazione funzionale tra x ed y usata per il fit è una buona funzione di fit.
- Uno sperimentatore "ottimista" o "presuntuoso" può al contrario minimizzare gli errori commessi, fidandosi ciecamente della strumentazione utilizzata. Ciò gli permette di ottenere valori dei parametri di fit con errori molto piccoli: ma la delusione si presenta quando calcola il valore ottenuto per il χ^2. Questo risulterà particolarmente elevato, a forte detrimento della sua confidenza nel risultato del fit e nel tipo di funzione utilizzata!

Un corretto uso del test del χ^2 richiede pertanto una conoscenza molto buona delle incertezza sperimentali, per evitare di giungere a conclusioni errate sulla bontà del fit basate su una cattiva stima degli errori. Tuttavia, anche se queste considerazioni suonano come un campanello d'allarme, ciò non impedisce di effettuare un confronto relativo tra diverse espressioni funzionali che possono collegare x ad y. Se infatti usiamo le stesse incertezza nei due casi, può darsi che le probabilità *assolute* per il χ^2 siano errate, ma ciò non toglie che si possano ugualmente *confrontare* le due relazioni tra di loro ed optare per il legame funzionale che presenta il maggior grado di attendibilità.

6.6.2 Far del vizio virtù: il test del χ^2 "rovesciato"

Per concludere il programma che ci siamo proposti, ci rimane da analizzare un problema: che cosa possiamo fare quando non si può dire nulla, o nulla di abbastanza sicuro, sulle incertezze dei dati? È chiaro che non potremo ottenere tutte le informazioni precedenti, ma qualcosa si può ancora fare, e precisamente determinare il miglior valore dei parametri di fit (e in qualche modo le loro incertezze), a patto naturalmente di pagare un prezzo. Quanto fatto finora ci permette di giudicare (con cautela) la bontà di una funzione scelta e di confrontarla con altre: il prezzo da pagare è proprio quello di *rinunciare* alla possibilità di stabilire se la funzione scelta sia o meno buona, assumendo a priori un atteggiamento di "ferma fiducia" nella sua correttezza.

Per quanto possa apparire preoccupante, una tale assunzione è spesso ampiamente giustificata. Supponete ad esempio di voler determinare l'accelerazione g di gravità misurando il periodo di oscillazione T di un pendolo pressoché ideale, di cui conosciamo la lunghezza L. È chiaro che nessuno vi convincerà mai ad usare una funzione diversa da $g = 4\pi^2 L/T^2$: crediamo tutti alle leggi Newton, e a meno che con l'esperimento interferiscano fatti estranei, non c'è ragione di dubitare sulla bontà di questa relazione. Ma allora, se abbiamo un ragionevole grado di certezza sulla bontà di $f(x, \mathbf{p})$, *sappiamo* che il χ^2 deve avere un valore di aspettazione pari a ν. Ossia, se assumiamo incertezze uguali per tutti i dati e chiamiamo $E^2(\mathbf{p}) = \sum_i [y_i - f(x_i, \mathbf{p})]^2$ la somma degli scarti quadratici, dobbiamo aspettarci di ottenere:

$$\chi^2(\mathbf{p}) = \frac{E^2(\mathbf{p})}{\sigma^2} \simeq \nu.$$

Possiamo allora dare una stima *a posteriori* degli errori sui singoli dati calcolando la somma degli scarti quadratici sperimentali e scegliendo:

$$\sigma \simeq \frac{E^2}{\nu} \tag{6.20}$$

valore che può essere poi utilizzato per stimare gli errori sui parametri[4]. È chiaro che questo "test rovesciato" del χ^2 funzionerà bene solo se possiamo stimare che le incertezze delle singole misure siano più o meno dello stesso ordine di grandezza. Inoltre quella che otterremo è solo una stima grossolana, dato che in realtà $\chi^2 = \nu$ solo nel senso di valore di aspettazione.

[4] Questo è ciò che in realtà fanno molte calcolatrici portatili, in grado di compiere un fit lineare di coppie di dati e di fornire anche i valori per le incertezze, senza che voi abbiate mai inserito gli errori sui singoli punti...

Letture consigliate

Letture introduttive

- D. Huff, *How to lie with statistics*, W. W. Norton & Company, New York, 1993 (trad. italiana: *Mentire con le statistiche*, Monti & Ambrosini, Pescara, 2008).
Finalmente disponibile anche in traduzione italiana, questo piccolo gioiello rappresenta un antidoto sicuro nei confronti dell'uso spesso impreciso, talora sconsiderato, quasi sempre pericoloso, che della statistica fanno pubblicitari, giornalisti e politici.
- M. J. Moroney, *Facts from figures*, Penguin Books, Harmondsworth, 1990.
Non esiste purtroppo una traduzione italiana di questa semplice, ma estremamente efficace, introduzione alla statistica. A quanto pare, anche l'edizione inglese è da tempo esaurita: ma non è difficile procurarsene una copia usata (e vale davvero la pena di farlo).

Letture di livello intermedio

- R. J. Barlow, *Statistics: A guide to the Use of Statistical Methods in the Physical Sciences*, John Wiley & Sons, Chichester, 1989.
A mio modo di vedere, il miglior testo esistente sulla teoria degli errori e l'analisi dei dati sperimentali, in particolare per le applicazioni alla fisica. Di livello solo lievemente più avanzato rispetto a questo volume.
- A. Rotondi, P. Pedroni e A. Pievatolo, *Probabilità, Statistica e Simulazione*, Springer-Verlag Italia, Milano, 2005.
Un ottimo testo per chi voglia approfondire i metodi numerici per l'analisi statistica e probabilistica, acquisendo nel contempo i fondamenti delle tecniche di simulazione Montecarlo per mezzo di una piattaforma avanzata (e tra l'altro del tutto gratuita) come SCILAB.
- E. Parzen, *Modern Probability Theory*, John Wiley & Sons Classics Library, New York, 1992 (trad. italiana: *La moderna teoria delle probabilità e le sue applicazioni*, Franco Angeli, Milano, 1992).

Un testo "classico" di teoria delle probabilità, ma con un approccio e soprattutto degli esempi davvero originali.

- R. von Mises, *Probability, Statistics and Truth*, Dover Publications, New York, 1992.
  Scritto dal creatore dell'interpretazione "frequentista" della probabilità rimane, anche se un po' datato, un libro piacevolissimo ed estremamente utile per ragionare sul concetto di probabilità.

Letture avanzate

- W. Feller, *An Introduction to Probability Theory and its Applications*, Vol. 1, John Wiley & Sons, New York, 1950.
  Un vero e proprio capolavoro, che non può mancare nella libreria di chiunque voglia occuparsi seriamente di teoria della probabilità. Magnifico in ogni senso. Tuttavia, di livello (concettuale, più che matematico) molto avanzato: per di più il Vol.1 si occupa solo di variabili a valori discreti (ed il Vol. 2 è davvero quasi inavvicinabile per i non specialisti).
- B. R. Frieden, *Probability, Statistical Optics and Data Testing*, Springer-Verlag, New York, 2001.
  Un testo avanzato sui metodi probabilistici e sull'analisi dei dati, con un "taglio" spiccatamente bayesiano. Molto interessante, in particolare per le applicazioni all'ottica statistica e per la non convenzionale analisi delle metodologie di stima e del rapporto fra fisica e probabilità.

Argomenti collegati

- W. H. Press, S. A. Teukolsky, W. T. Vetterling, B. P. Flannery, *Numerical Recipes: The Art of Scientific Computing* (3rd Edition), Cambridge University Press, Cambridge, UK, 2007.
  La "Bibbia" dei metodi numerici e dell'analisi computazionale (anche per la statistica). Non è possibile (forse neppure concepibile) trovare di meglio.
- G.B. Benedek e F. M. H. Villars, *Physics with Illustrative Examples from Medicine and Biology: Vol. 2 (Statistical Physics)*, Springer-Verlag, Berlin, 2000.
  Scritto da due fisici di primissimo piano, anche se originariamente concepito come introduzione alla fisica per medici e biologi (ai quali tuttavia, a quanto so per certo da uno degli autori, ha sempre creato seri problemi di... digestione), questo testo è comunque un utilissimo libro anche per uno studente di fisica. Il Vol. 2 presenta una splendida introduzione alle distribuzioni di probabilità e alle loro applicazioni alle scienze naturali,
- R. B. Griffiths, *Consistent Quantum Theory*, Cambridge University Press, Cambridge, UK, 2008.
  A dispetto del titolo, un'introduzione alla meccanica quantistica di altissimo livello, fatta utilizzando una matematica elementare. Essenziale per chi voglia comprendere la relazione tra probabilità e fisica moderna.

- M. R. Schroeder, *Fractal, Chaos, Power Laws: Minutes from an Infinite Paradise*, W. H. Freeman & Co, New York, 1991.
  Anche se un po' datato, questo libro rimane a mio parere la migliore introduzione all'invarianza di scala e alla self-similarietà, in particolare in riferimento alla fisica.

A

Un *potpourri* matematico

A.1 Approssimazione di Stirling e funzione Gamma

Il "trucco" per analizzare l'andamento di $n!$ sta nel considerarne il logaritmo:

$$\ln(n!) = \ln(1 \cdot 2 \cdot \ldots \cdot n) = \sum_{k=1}^{n} \ln(k).$$

Il valore di $\ln(n!)$ può allora essere pensato come la somma delle aree di n rettangoli di base unitaria e che hanno per altezza i logaritmi dei numeri naturali da 1 ad n. Possiamo allora paragonare quest'area con quella al di sotto della curva continua $y = \ln(x)$ tra $x = 1$ ed $x = n$. Se osserviamo la Fig. A.1, vediamo che all'area racchiusa dalla curva dobbiamo innanzitutto aggiungere il mezzo rettangolino che ha base compresa tra n ed $n + 1/2$ ed altezza $\ln(n)$. Inoltre dovremmo aggiungere tutti i "triangolini" al di sopra della curva, del tipo di quello indicato con il pallino nero, e togliere tutti quelli al di sotto (come quello indicato dal pallino bianco). In realtà, vediamo che al crescere di k l'area di questi triangolini diviene sempre più piccola, ed inoltre, dato che la curvatura della funzione logaritmo

$$\frac{\mathrm{d}\ln(x)}{\mathrm{d}x^2} = -\frac{1}{x^2}$$

decresce rapidamente al crescere di x, "triangolini sopra" e "triangolini sotto" divengono sempre più simili, dando contributi uguali ed opposti.

La nostra approssimazione corrisponde proprio a dimenticarci del contributo dei triangolini al crescere di k, e a limitarci a tener conto delle differenze delle area dei triangolini per i primi valori di k aggiungendo un termine costante c. Possiamo allora scrivere:

$$\begin{aligned}\ln(n!) \approx\ & [\text{Area racchiusa da } \ln(x) \text{ tra 1 ed } n] + \\ & + [\text{Area dell'ultimo semirettangolo}] + c\end{aligned}$$

Ma l'area racchiusa da $\ln(x)$ non è altro che:

$$\int_1^n \ln(x)dx = [x(\ln(x) - 1)]_1^n = n[\ln(n) - 1]$$

e quindi otteniamo:

$$\ln(n!) \approx n[\ln(n) - 1] + (1/2)\ln(n) + c,$$

ossia, ponendo $C = \mathrm{e}^c$:

$$n! \approx Cn^{n+(1/2)}\mathrm{e}^{-n}.$$

Questa è sostanzialmente l'approssimazione di Stirling, anche se con i nostri semplici ragionamenti non siamo in grado di stabilire il valore della costante C. Seguendo un procedimento più rigoroso, si può dimostrare che C è data da $\sqrt{2\pi}$, e pertanto si ottiene:

$$n! \approx \sqrt{2\pi n}\, n^n \mathrm{e}^{-n}. \tag{A.1}$$

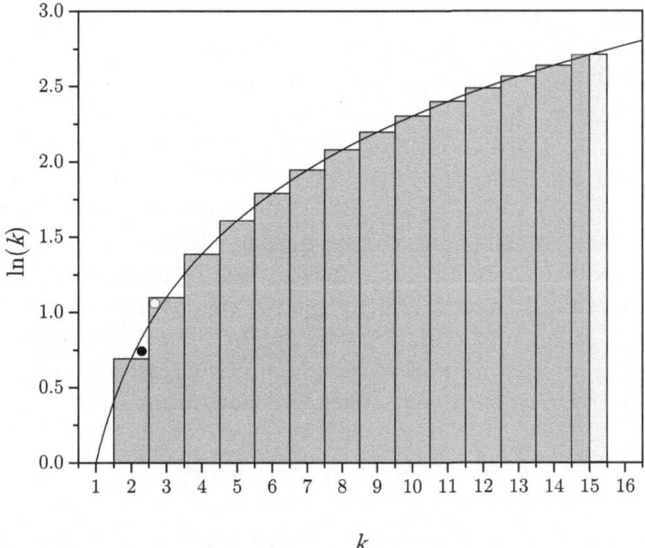

Figura A.1.

Un utile "generalizzazione" del fattoriale di un intero per un numero reale $x > 0$ è costituita dalla funzione Gamma di Eulero, definita come:

$$\Gamma(x) = \int_0^\infty e^{-t}t^{x-1}\mathrm{d}t. \tag{A.2}$$

Infatti, calcolando per parti l'integrale nella (A.2), si ottiene la regola ricorsiva:

$$\Gamma(x+1) = x\Gamma(x) \tag{A.3}$$

e quindi, tenendo conto che ovviamente $\Gamma(1) = 1$, se $x = n$ con n intero:

$$\Gamma(n) = (n-1)! \tag{A.4}$$

Capita spesso di dover calcolare $\Gamma(x)$ per x semintero: ciò si può fare semplicemente sapendo che $\Gamma(1/2) = \sqrt{\pi}$ ed usando la (A.4). Si può dimostrare che, per $x \gg 1$, anche per $\Gamma(x)$ vale l'approssimazione di Stirling:

$$\Gamma(x+1) \simeq \sqrt{2\pi x}\, x^x e^{-x} .$$

A.2 Indicatori caratteristici delle distribuzioni

A.2.1 Binomiale

Normalizzazione

La (3.10) è correttamente normalizzata. Per vederlo basta sommare tutti i valori di probabilità al variare di k:

$$\sum_{k=0}^{n} \binom{n}{k} p^k (1-p)^{n-k} = [p + (1-p)^n] = 1^n = 1,$$

dove la prima uguaglianza è data dalla formula del binomio di Newton.

Valore di aspettazione

Dobbiamo calcolare:

$$\langle k \rangle = \sum_{k=0}^{n} k \frac{n!}{k!(n-k)!} p^k (1-p)^{n-k} = np \sum_{k=1}^{n} \frac{(n-1)!}{(k-1)!(n-k)!} p^{k-1} (1-p)^{n-k},$$

dove la prima uguaglianza si ottiene osservando che il termine con $k = 0$ è nullo. Ponendo allora $k' = k - 1$ e $n' = n - 1$ si può scrivere:

$$\langle k \rangle = np \sum_{k'=0}^{n'} \frac{n'!}{k'!(n'-k')!} p^{k'} (1-p)^{n'-k'} = np \tag{A.5}$$

ancora una volta per la formula di sviluppo del binomio.

Varianza

Se valutiamo il valore di aspettazione della quantità $k(k-1)$, usando qualche accorgimento simile a quelli usati nel precedente paragrafo, si ottiene facilmente:

$$\langle k(k-1)\rangle = \langle k^2\rangle - \langle k\rangle = n(n-1)p^2,$$

da cui:

$$\sigma_k^2 = \langle k^2\rangle - \langle k\rangle^2 = n(n-1)p^2 + np - (np)^2 = np(1-p). \tag{A.6}$$

A.2.2 Poisson

Normalizzazione

E' facile vedere che la (3.12) è correttamente normalizzata osservando che:

$$\sum_{k=0}^{\infty} P(k;a) = \mathrm{e}^{-a}\sum_{k=0}^{\infty}\frac{a^k}{k!} = \mathrm{e}^{-a}\mathrm{e}^{a} = 1$$

dato che i termini della serie costituiscono proprio lo sviluppo di Taylor di e^a.

Valore di aspettazione

Si ha:

$$\langle k\rangle = \sum_{k=0}^{\infty} kP(k;a) = \mathrm{e}^{-a}\sum_{k=0}^{\infty} k\frac{a^k}{k!}.$$

Tenendo conto che il termine con $k = 0$ della serie al membro di destra è comunque nullo, e cambiando indice $k \to k' = k - 1$ si ottiene allora:

$$\langle k\rangle = a\mathrm{e}^{-a}\sum_{k=1}^{\infty}\frac{a^{k-1}}{(k-1)!} = a\mathrm{e}^{-a}\sum_{k'=0}^{\infty}\frac{a^{k'}}{k'!} = a. \tag{A.7}$$

Varianza

Con un metodo del tutto simile a quello utilizzato per il calcolo del valore di aspettazione è facile ottenere $\langle k(k-1)(k-2)...(k-m+1)\rangle = a^m$ e quindi:

$$\sigma_k^2 = \langle k^2\rangle - \langle k\rangle^2 = \langle k(k-1)\rangle + \langle k\rangle - \langle k\rangle^2 = a. \tag{A.8}$$

A.2.3 Gaussiana

Per comprendere il significato dei parametri μ e σ che appaiono nella distribuzione normale, dobbiamo fare uso dei valori di alcuni integrali notevoli che coinvolgono la funzione $\exp(-x^2)$ e che ricorrono spesso anche in molti altri problemi fisici. Nello specifico, vogliamo mostrare che, se $a \geq 0$ ed r è un intero positivo:

$$\int_{-\infty}^{\infty} \mathrm{e}^{-ax^2} \mathrm{d}x = \sqrt{\frac{\pi}{a}} \tag{A.9a}$$

$$\int_{-\infty}^{\infty} x^2 \mathrm{e}^{-ax^2} \mathrm{d}x = \frac{1}{2a}\sqrt{\frac{\pi}{a}} \tag{A.9b}$$

$$\int_{-\infty}^{\infty} x^{2r-1} \mathrm{e}^{-ax^2} \mathrm{d}x = 0. \tag{A.9c}$$

A.9a) Cominciamo dal difficile, e per di più complichiamoci apparentemente la vita calcolando il valore del *quadrato* dell'integrale, ossia dell'integrale doppio:

$$I^2 = \left(\int_{-\infty}^{\infty} \mathrm{e}^{-ax^2} \mathrm{d}x\right)^2 = \int_{-\infty}^{\infty} \mathrm{e}^{-ax^2} \mathrm{d}x \times \int_{-\infty}^{\infty} \mathrm{e}^{-ay^2} \mathrm{d}y,$$

ossia

$$I^2 = \int_{-\infty}^{\infty} \int_{-\infty}^{\infty} \mathrm{e}^{-a(x^2+y^2)} \mathrm{d}x\mathrm{d}y.$$

Data la forma dell'integrale, conviene passare a coordinate polari[1] (r, ϑ), con $r = x^2 + y^2$ e $\mathrm{d}x\mathrm{d}y = r\mathrm{d}r\mathrm{d}\vartheta$:

$$I^2 = \int_0^{2\pi} \mathrm{d}\vartheta \int_0^{\infty} r\mathrm{e}^{-ar^2} \mathrm{d}r = -\frac{\pi}{a} \int_0^{\infty} \mathrm{d}\left(\mathrm{e}^{-ar^2}\right) = \frac{\pi}{a}$$

e quindi $I = \sqrt{\pi/a}$.

A.9b) A questo punto il secondo integrale è quasi immediato. Basta osservare che possiamo scrivere:

$$\int_{-\infty}^{\infty} x^2 \mathrm{e}^{-ax^2} \mathrm{d}x = -\int_{-\infty}^{\infty} \frac{\partial}{\partial a}\left(\mathrm{e}^{-ax^2} \mathrm{d}x\right) = -\frac{\partial}{\partial a}\left(\int_{-\infty}^{\infty} \mathrm{e}^{-ax^2} \mathrm{d}x\right) = -\frac{\partial}{\partial a}\sqrt{\frac{\pi}{a}},$$

---

[1] Qui, rigorosamente si dovrebbe prestare un po' più di attenzione, perché abbiamo a che fare con estremi di integrazioni infiniti. Si dovrebbe in realtà valutare l'integrale doppio tra due estremi finiti $(-b, b)$, osservare che l'area di questo rettangolo (dato che l'integrando è positivo) è sempre compresa tra quella del cerchio circoscritto di diametro $\sqrt{2}b$ e quella del cerchio inscritto di diametro b, e infine passare al limite: ma lasceremo queste sottigliezze ai matematici.

da cui la (A.9b)[2]. Utilizzando lo stesso "trucco", si possono facilmente valutare gli integrali di potenze pari più elevate. Ad esempio:

$$\int_{-\infty}^{\infty} x^4 \mathrm{e}^{-ax^2} \mathrm{d}x = -\frac{\partial}{\partial a}\left(\int_{-\infty}^{\infty} x^2 \mathrm{e}^{-ax^2} \mathrm{d}x\right) = \frac{3\sqrt{\pi}}{4}\frac{1}{a^{5/2}}.$$

A.9c) Qui le cose sono ancora più facili, dato che l'integrando $I(x)$ è antisimmetrico rispetto all'origine, cioè $I(x) = -I(-x)$, e pertanto i contributi all'integrale da $(-\infty, 0]$ e da $[0, +\infty)$ sono uguali e di segno contrario. Pertanto l'integrale è nullo.

Veniamo ora agli indicatori della gaussiana.

Normalizzazione

Dobbiamo valutare:

$$\frac{1}{\sigma\sqrt{2\pi}}\int_{-\infty}^{\infty} \exp\left[-\frac{(x-\mu)^2}{2\sigma^2}\right] \mathrm{d}x.$$

Introducendo la variabile $y = x - \mu$, si ha $\mathrm{d}y = \mathrm{d}x$ e quindi:

$$\frac{1}{\sigma\sqrt{2\pi}}\int_{-\infty}^{\infty} \exp\left[-\frac{y^2}{2\sigma^2}\right] \mathrm{d}x = \frac{1}{\sigma\sqrt{2\pi}}\sqrt{2\pi\sigma^2} = 1.$$

Valore di aspettazione

Possiamo scrivere:

$$\begin{aligned}\langle x\rangle &= \frac{1}{\sigma\sqrt{2\pi}}\int_{-\infty}^{\infty} x \exp\left[-\frac{(x-\mu)^2}{2\sigma^2}\right] \mathrm{d}x = \\ &= \frac{1}{\sigma\sqrt{2\pi}}\int_{-\infty}^{\infty} (x-\mu) \exp\left[-\frac{(x-\mu)^2}{2\sigma^2}\right] \mathrm{d}x + \frac{\mu}{\sigma\sqrt{2\pi}}\int_{-\infty}^{\infty} \exp\left[-\frac{(x-\mu)^2}{2\sigma^2}\right] \mathrm{d}x.\end{aligned}$$

Ponendo $y = x - \mu$, il primo integrale risulta nullo per la (A.9c) e pertanto si ottiene:

$$\langle x\rangle = \frac{\mu}{\sigma\sqrt{2\pi}}\int_{-\infty}^{\infty} \exp\left[-\frac{(x-\mu)^2}{2\sigma^2}\right] \mathrm{d}x = \mu. \tag{A.10}$$

Varianza

Anche in questo caso, sostituendo $y = x - \mu$, otteniamo:

$$\sigma_x^2 = \frac{1}{\sigma\sqrt{2\pi}}\int_{-\infty}^{\infty} y^2 \exp\left[-\frac{y^2}{2\sigma^2}\right] \mathrm{d}x = \frac{1}{\sigma\sqrt{2\pi}}\frac{2\sigma^2}{2}\sqrt{2\pi\sigma^2} = \sigma^2. \tag{A.11}$$

[2] Ancora una volta, abbiamo scambiato l'ordine di derivazione e di integrazione con *nonchalance* matematica: ma funziona, credetemi.

*A.3 Il teorema di DeMoivre–Laplace

Per valutare l'andamento della binomiale per grandi n, tenendo conto che anche i valori di k assunti con probabilità non trascurabile saranno grandi, possiamo utilizzare l'approssimazione di Stirling (A.1) per tutti i fattoriali nella (3.10). Con qualche semplice passaggio algebrico si ottiene:

$$B(k; n, p) \underset{n\to\infty}{\longrightarrow} \sqrt{\frac{n}{2\pi k(n-k)}}\frac{n^n}{k^k(n-k)^{n-k}}\, p^k(1-p)^{n-k}, \tag{A.12}$$

che, in particolare, in corrispondenza al valore di aspettazione ci dà:

$$B(np; n, p) \underset{n\to\infty}{\longrightarrow} \frac{1}{\sqrt{2\pi}}\frac{1}{\sqrt{np(1-p)}} = \frac{1}{\sigma_k\sqrt{2\pi}}. \tag{A.13}$$

Il nostro scopo è vedere se la (A.9) sia approssimabile con una gaussiana, perlomeno nella regione attorno al suo massimo. Per far questo, dovremmo sviluppare in serie $B(k; n, p)$ e considerare solo i primi termini dello sviluppo: al crescere di n, tuttavia, la distribuzione diviene sempre più "stretta", nel senso che $\sigma_k / \langle k\rangle \sim \langle k\rangle^{-1/2}$, e quindi uno sviluppo in serie la rappresenta bene solo in un intervallo molto limitato. Per superare questo problema sviluppiamo in serie, anziché $B(k; n, p)$, il suo *logaritmo*, che è una funzione molto più "morbida"[3]: in questo modo, la regione in cui varrà l'approssimazione sarà molto più ampia.

Prima di ciò, cominciamo ad osservare che, per n grande, il massimo della binomiale (e quindi del suo logaritmo, che è una funzione monotona crescente) coincide con $\langle k\rangle$ (se $p \neq 0.5$, ciò non è vero per piccoli n). Si ha:

$$\frac{\mathrm{d}}{\mathrm{d}k}\ln B(k; n, p) = -\frac{\mathrm{d}}{\mathrm{d}k}\ln(k!) - \frac{\mathrm{d}}{\mathrm{d}k}\ln(n-k)! + \ln p - \ln(1-p).$$

Per valutare i primi due termini, possiamo osservare che, se r è grande:

$$\frac{\mathrm{d}}{\mathrm{d}r}\ln(r!) \simeq \frac{\mathrm{d}}{\mathrm{d}r}\left[\left(r+\frac{1}{2}\right)\ln r - r - \frac{1}{2}\ln(2\pi)\right] = \ln r + \frac{1}{2r} \underset{r\to\infty}{\longrightarrow} \ln r$$

(dato che il primo termine si annulla rapidamente), per cui possiamo scrivere:

$$\frac{\mathrm{d}}{\mathrm{d}k}\ln B(k; n, p) \simeq -\ln k + \ln(n-k) + \ln p - \ln(1-p),$$

che si annulla per:

$$\ln\frac{p(n-k)}{k(1-p)} = 0 \Longrightarrow \frac{p(n-k)}{k(1-p)} = 1,$$

[3] Ad esempio, mentre una gaussiana decresce rapidissimamente allontandosi dal massimo, il suo logaritmo decresce solo come $(x - \langle x\rangle)^2$.

ossia proprio per $k = np$. Notiamo che la derivata seconda in $k = np$:

$$\left[\frac{d^2}{dk^2}\ln B(k;n,p)\right]_{k=np} \simeq \left[-\frac{1}{k}-\frac{1}{nk}\right]_{k=np} = -\frac{1}{np(1-p)} = -\frac{1}{\sigma_k^2} \quad (A.14)$$

è negativa, per cui si ha effettivamente un massimo.

Sviluppando ora $\ln B(k;n,p)$ fino al secondo ordine attorno al massimo

$$\ln B(k;n,p) \simeq \ln B(np;n,p) + \frac{1}{2}\left[\frac{d^2}{dk^2}\ln B(k;n,p)\right]_{k=np}(k-np)^2$$

e facendo uso delle A.10 e A.11 si ha:

$$\ln B(k;n,p) \simeq \ln\left(\frac{1}{\sigma_k\sqrt{2\pi}}\right) - \frac{(k-np)^2}{2\sigma_k^2}$$

ossia il teorema di DeMoivre-Laplace:

$$B(k;n,p) \underset{n\to\infty}{\longrightarrow} \frac{1}{\sigma_k\sqrt{2\pi}}\exp\left[-\frac{(k-np)^2}{2\sigma_k^2}\right]. \quad (A.15)$$

Da quanto abbiamo fatto è tuttavia evidente come la convergenza di $B(k;n,p)$ alla forma gaussiana discreta della (A.12) non sia uniforme, ma più rapida attorno al massimo che nelle "code".

Usando esattamente lo stesso metodo, è facile ottenere un risultato analogo per la distribuzione di Poisson $P(k;a)$. Per $a \to \infty$ si ottiene infatti, in analogia con la (A.10), $P(a;a) \simeq 1/\sqrt{2\pi a}$. Anche in questo caso inoltre il massimo si avvicina, per $k \to \infty$, a $\langle k\rangle = a$, mentre l'analogo della (A.10) è:

$$\left[\frac{d^2}{dk^2}\ln P(k,a)\right]_{k=a} \simeq -\frac{1}{a},$$

da cui, sviluppando al secondo ordine il logaritmo si ottiene

$$P(k;a) \underset{a\to\infty}{\longrightarrow} \frac{1}{\sqrt{2\pi a}}\exp\left[-\frac{(k-a)^2}{2a}\right].$$

*A.4 Lemma di Borel–Cantelli e legge dei grandi numeri

*A.4.1 Il lemma di Borel-Cantelli

In teoria della misura, esiste un risultato generale che può essere facilmente usato nella teoria della probabilità per ricavare la legge dei grandi numeri in "forma forte". La sua importanza va però ben al di là di questo, e conviene dedicargli quindi un po' di spazio. In forma molto semplice, il risultato può essere così espresso:

Consideriamo una successione infinita di eventi $\{A_n\}_{n=1}^{\infty}$, le cui probabilità siano $P(A_n)$. Allora se $\sum_{n=1}^{\infty} P(A_n) < \infty$ (cioè se la serie converge) la probabilità che si verifichino un numero *infinito* di eventi A_n è nulla.

Conviene però riformulare il lemma in un modo un po' meno "verboso". Introduciamo allora l'evento:

$$A = \limsup_{n\to\infty} A_n \doteq \bigcap_{n=1}^{\infty} \left(\bigcup_{k=n}^{\infty} A_k \right).$$

ossia, valutiamo prima il più piccolo evento $B_n = \bigcup_{k=n}^{\infty} A_k$ che contiene tutti gli eventi A_k con $k > n$, e poi cerchiamo l'intersezione di tutti i B_n[4]. Per capire davvero come sia fatto A (cosa non molto intuitiva) basta però osservare che un evento elementare x appartiene ad A *se e solo se* appartiene ad infiniti A_n. Il lemma di Borel-Cantelli equivale quindi ad affermare che l'evento A sarà "pressoché sempre" vuoto:

$$\sum_{n=1}^{\infty} P(A_n) < \infty \Rightarrow P(A) = 0. \tag{A.16}$$

Una volta capito il significato del lemma, la dimostrazione è quasi immediata. L'evento A è contenuto in tutti i B_n, e quindi

$$\forall n : P(A) \leq P(B_n) = P\left(\bigcup_{k=n}^{\infty} A_k \right) \leq \sum_{k=n}^{\infty} P(A_k),$$

dove l'ultima disuguaglianza segue dalla subadditività delle probabilità espressa dalla (2.4). Ma dato che $\sum_{n=1}^{\infty} P(A_n) < \infty$, l'ultimo termine a sinistra tende a zero per $n \to \infty$ (è il residuo di una serie convergente) e quindi si deve avere $P(A) = 0$.

Prima di applicare questo risultato alla dimostrazione della legge dei grandi numeri, vogliamo però analizzare un secondo lemma di Borel-Cantelli, che vale solo quando gli eventi A_n sono tutti tra di loro *indipendenti*. In questo caso si ha anche:

$$\sum_{n=1}^{\infty} P(A_n) = \infty \Rightarrow P(A) = 1, \tag{A.17}$$

[4] A è il corrispettivo per una successione di insiemi del *limite superiore* per una successione numerica. Analogamente si può definire un limite inferiore

$$\liminf_{n\to\infty} A_n \doteq \bigcup_{n=1}^{\infty} \left(\bigcap_{k=n}^{\infty} A_k \right)$$

e si dice che una successione di insiemi converge se i limiti superiore ed inferiore esistono e coincidono. Notiamo poi che, per ogni n, $B_n \subseteq B_{n-1}$, ossia che i B_n costituiscono una successione di eventi di misura decrescente.

ossia, se la somma delle probabilità di eventi indipendenti diverge, allora con certezza (con probabilità uno) si verificheranno *infiniti* eventi A_k, per quanto piccole siano le $P(A_k)$.

Per provarlo, basta mostrare che $P(\overline{A}) = 0$, ossia che la probabilità dell'evento complementare è nulla. Ricordando che $\overline{A \cap B} = \overline{A} \cup \overline{B}$ e che $\overline{A \cup B} = \overline{A} \cap \overline{B}$, il complementare di A sarà:

$$\overline{A} = \bigcup_{n=1}^{\infty} \left(\bigcap_{k=n}^{\infty} \overline{A}_k \right) = \liminf_{n \to \infty} \overline{A}_n .$$

Osserviamo che, in questo caso, ogni $B'_n = \bigcap_{k=n}^{\infty} \overline{A}_k$ *contiene* il precedente e, dato che gli $\overline{A}_k$ sono anch'essi indipendenti, per la sua probabilità possiamo scrivere:

$$P(B'_n) = \prod_{k=n}^{\infty} P(\overline{A}_n) = \prod_{k=n}^{\infty} [1 - P(A_n)] .$$

Sfruttando ora il fatto che $1 - x \leq e^{-x}$ per ogni $x \geq 0$, abbiamo:

$$P(B'_n) \leq \prod_{k=n}^{\infty} e^{-P(A_n)} = \exp\left[-\sum_{k=n}^{\infty} P(A_n) \right] = 0,$$

dato che la serie delle $P(A_k)$ diverge. L'evento $\overline{A}$ è quindi un unione numerabile di eventi con probabilità nulla, per cui $P(\overline{A}) = 0$. Per eventi indipendenti dunque, i due lemmi di Borel-Cantelli ci danno quindi una sorta di legge del "tutto o niente": o avvengono infiniti eventi A_k (se la serie delle probabilità di questi eventi, per quanto piccole, diverge) o, in caso contrario, ne avviene un numero trascurabile rispetto al totale.

Quando consideriamo delle sequenze infinite di Bernoulli, è facile costruire una serie di eventi A_k indipendenti. Basta suddividere le sequenze in "blocchi" di tentativi e considerare degli eventi A_k che si riferiscano solo ai tentativi contenuti nel blocco k: in questo modo, è immediato stabilire che *qualunque sequenza finita di successi e fallimenti avrà luogo infinite volte.* Consideriamo ad esempio la sequenza "101"(cioè successo-fallimento-successo), e scegliamo come A_k gli eventi "la sequenza 101 avrà luogo ai tentativi $3k, 3k+1, 3k+2$": questi eventi, riferendosi a blocchi di tentativi disgiunti, sono indipendenti ed inoltre ciascuno di essi ha probabilità $p^2(1-p)$, per cui la serie delle probabilità degli A_k diverge. Oppure consideriamo un libro di qualunque lunghezza, come ad esempio la Divina Commedia: traducendolo in codice Morse, cioè come una sequenza di punti e linee, questo non è che una sequenza di Bernoulli finita. Abbiamo quindi il cosiddetto "teorema della scimmia instancabile" secondo cui, messo davanti a una tastiera per tempo... sufficiente, uno di questi nostri parenti stretti prima o poi scriverà tutta la Divina Commedia (anzi, riscriverà infinite volte tutti i libri presenti nella biblioteca di Babele di Borges)[5].

[5] Feller fa giustamente notare che lo stesso risultato si otterebbe più semplicemente lanciando una moneta, con il notevole vantaggio di risparmiare i costi di mante-

*A.4.2 La "forma forte" della legge dei grandi numeri

A questo punto, la dimostrazione della formulazione "forte" della legge dei grandi numeri è quasi immediata. Ricordiamo che quest'ultima corrisponde ad affermare che, per ogni ϵ e δ positivi, possiamo trovare un numero di tentativi n_0 per cui:

$$\forall n > n_0 : P\left(\left|\frac{k_n}{n} - p\right| < \epsilon\right) > 1 - \delta,$$

dove k_n è il numero di successi negli n tentativi, o in altri termini la condizione

$$\left|\frac{k_n}{n} - p\right| > \epsilon \tag{A.18}$$

dovrà verificarsi al più per un numero finito di eventi.

In realtà, utilizzando il lemma di Borel-Cantelli, possiamo dimostrare qualcosa di molto più forte. Dato un numero $a > 1$, consideriamo l'evento:

$$A_n : \left\{\left|\frac{k_n - np}{\sqrt{np(1-p)}}\right| \geq \sqrt{2a \ln n}\right\},$$

ossia il fatto che la variabile normalizzata z definita nel Cap. 3 superi il valore $z_0 = \sqrt{2a \ln n}$, la cui probabilità sarà data da $1 - G(z_0)$. Ma per la (3.31) abbiamo allora, per n sufficientemente grande:

$$P(A_n) \simeq \frac{\exp(-z_0^2/2)}{z_0\sqrt{2\pi}} = \frac{1}{4\pi a \ln n}\frac{1}{n^a} < \frac{1}{n^a}, \tag{A.19}$$

dove l'ultima disuguaglianza segue dal fatto che, per $n > 1$, $4\pi a \ln n < 1$. Ma allora, dato che $a > 1$, la serie $\sum_n P(A_n) = \sum_n n^{-a}$ converge, e quindi si potranno verificare al più un numero *finito* di eventi A_n. D'altronde, se contrariamente alla (A.18) avessimo $|k_n/n - p| > \epsilon$, ciò sarebbe equivalente a:

$$\left|\frac{k_n - np}{\sqrt{np(1-p)}}\right| > \frac{\epsilon}{p(1-p)}\sqrt{n}.$$

Ma, per n sufficientemente grande, il secondo membro diviene sempre *maggiore* di $\sqrt{2a \ln n}$: quindi il verificarsi della (A.19) implica anche che l'evento $|k_n/n - p| > \epsilon$ si verificherà al più per numero finito di valori di n, ossia la legge dei grandi numeri in forma forte.

Ripensando al modo in cui abbiamo introdotto la descrizione statistica a partire dalla distribuzione dei decimali di π, corollario particolarmente interessante (e non difficile da dimostrare rigorosamente) di questo risultato è

---

nimento della scimmia (la quale peraltro potrebbe non essere per nulla scontenta di essere in più scimmiesche faccende affaccendata).

che "quasi tutti" i numeri reali, che possono essere pensati come l'insieme di tutte le sequenze infinite di Bernoulli in cui i "risultati" possibili sono i valori delle singole cifre, sono normali (ossia, un generico numero reale è normale con probabilità uno). Se infatti consideriamo una generica combinazione di cifre come "7523", la frequenza con cui questa appare nella distribuzione di quasi tutti i reali si avvicinerà (e resterà) prossima alla sua probabilità teorica $p = 10^{-4}$. Anzi, dato che il risultato che abbiamo ottenuto non dipende dalla specifica base in cui rappresentiamo il numero, quasi tutti i numeri reali sono normali *in ogni base* $b > 1$, ossia, come si dice, sono "assolutamente normali".

A.5 La δ di Dirac

La δ di Dirac[6] ha, per quanto ci riguarda, due scopi principali:

- quello di fornire un metodo di "campionamento" (sampling) di una funzione, in grado di "estrarne" il valore in un punto specifico;
- quello di permettere di scrivere una densità di probabilità per una variabile "mista", ossia che ammetta valori sia continui che discreti.

Per comprendere il primo punto, consideriamo l'analogo discreto della δ. Se abbiamo una successione di numeri $\{f_j\} = f_1, f_2, \ldots, f_i, \ldots$, possiamo pensare di estrarre il termine f_i introducendo un simbolo, detto "delta di Kronecker", definito come:

$$\delta_{ij} = \begin{cases} 1, \text{ se } i = j \\ 0, \text{ se } i \neq j. \end{cases}$$

Allora, ad esempio, per una serie $\sum_j f_j$ si ha $\sum_j f_j \delta_{ij} = f_i$. Ma una funzione $f(x)$ non è altro che una "successione", in cui all'indice discreto j sostituiamo l'"indice continuo" x (e dove pertanto le serie diventano integrali). Supponendo allora di voler campionare il valore $f(0)$ di una funzione definita su tutto l'asse reale, per avere un analogo della delta di Kronecker vorremmo allora poter scrivere:

$$\int_{-\infty}^{\infty} \delta(x - x_0) f(x) \mathrm{d}x = f(x_0). \tag{A.20}$$

In particolare, se scegliamo $x_0 = 0$, ciò ci spinge ad introdurre un "oggetto" $\delta(x)$ tale che $\int_{-\infty}^{\infty} \delta(x) f(x) \mathrm{d}x = f(0)$. È chiaro che $\delta(x)$ non può essere una "vera" funzione, dato che dovrebbe soddisfare la relazione:

$$\int_a^b \delta(x) \mathrm{d}x = \begin{cases} 1, \text{ se } 0 \in [a, b] \\ 0, \text{ se } 0 \notin [a, b] \end{cases}$$

e ciò significa che $\delta(x)$ dovrebbe essere zero per ogni $x \neq 0$, ma avere un'integrale pari ad uno su ogni intervallo $[a, b]$ piccolo a piacere che contenga

[6] Già introdotta in qualche modo nel XIX secolo da matematici quali Poisson, Fourier e Heaviside, ma usata estesamente per la prima volta da P. A. M. Dirac nel 1926 per formalizzare la meccanica quantistica.

l'origine. In realtà quindi la (A.20) deve essere pensata come ad un modo formale per indicare un'operazione che associa ad una funzione il suo valore in un punto[7]. Possiamo però pensare a $\delta(x)$ come al limite di una successione di funzioni $\delta_a(x)$ quando il parametro $a \to 0$, quali ad esempio le funzioni "rettangolari":

$$\delta_a(x) = \frac{1}{a}\text{rect}(x/a) = \begin{cases} 1/a, \text{ se } |x| \le a/2 \\ 0, \text{ se } |x| > a/2, \end{cases}$$

dove, per $a \to 0$, otteniamo una funzione sempre più "stretta" ed "alta", ma il cui integrale rimane unitario. La stessa cosa avviene se prendiamo per $\delta_a(x)$ delle gaussiane $g(x;0,a)$ centrate sull'origine e $\sigma = a$ e facciamo tendere la varianza a 0. Non è neppure necessario che l'intervallo in cui $\delta_a(x) \neq 0$ si restringa progressivamente per $a \to 0$. Ad esempio si può mostrare che:

$$\delta_a(x) = \frac{1}{\pi x} \sin\left(\frac{x}{a}\right) \underset{a \to 0}{\longrightarrow} \delta(x)$$

anche se ciascuna di queste funzioni oscilla rapidamente su tutto l'asse reale, con oscillazioni che crescono per $x \to 0$. Ma la "rappresentazione" di $\delta(x)$ che forse ci interessa di più per quanto segue è quella di cui abbiamo fatto ampio uso nel Cap. 4:

$$\delta(x) = \frac{1}{2\pi} \int_{-\infty}^{\infty} \mathrm{e}^{-i\kappa x} \mathrm{d}\kappa = \frac{1}{2\pi} \left[\int_{-\infty}^{\infty} \cos(\kappa x) \mathrm{d}\kappa - \mathrm{i} \int_{-\infty}^{\infty} \sin(\kappa x) \mathrm{d}\kappa \right]. \quad (4.26)$$

Non è banale dimostrare questo risultato, ma possiamo farcene una ragione qualitativa, osservando innanzitutto che la parte immaginaria deve essere nulla, dato che il secondo termine è l'integrale di una funzione dispari. Per quanto riguarda il primo integrale, notiamo che è una sovrapposizione di oscillazioni con diverse frequenze (e quindi fasi) il cui valore in un punto generico avrà un valore distribuito tra $[-1, 1]$: quindi possiamo aspettarci che, sommando un numero molto grande di contributi, si ottenga un valor medio nullo, *tranne* che nel punto $x = 0$, dove $\cos(\kappa x) = 1$ per ogni κ e quindi l'integrale diverge[8]. La delta di Dirac ha inoltre una serie di proprietà che spesso facilitano molti calcoli. Mi limito a segnalarne due particolarmente interessanti:

a) $\delta(ax) = \delta(x)/|a|$, che si dimostra facilmente a partire dalla (A.20), svolgendo il calcolo separatamente per $a > 0$ e $a < 0$.
b) $f(x) * \delta(x - x_0) = f(x - x_0)$, ossia la convoluzione di una funzione generica con $\delta(x)$ equivale ad una traslazione della funzione stessa (è facile dimostrarlo a partire dalla definizione di convoluzione).

[7] Operatori di questo tipo, che associano ad una funzione di una certa classe un numero reale sono detti *funzionali*.

[8] Notiamo che possiamo leggere la (4.26) anche dicendo che $\delta(x)$ è la trasformata di Fourier inversa della funzione costante $f(x) \equiv 1$ (funzione che, non essendo integrabile, non ammette una trasformata di Fourier "ordinaria").

Veniamo ora al secondo aspetto d'interesse per quanto ci riguarda. Abbiamo parlato di variabili casuali a valori discreti, per le quali definiamo una distribuzione di probabilità $P(k_i)$, e di variabili continue, per le quali invece si deve necessariamente introdurre una *densità* di probabilità $p(x)$. Ma possono esistere anche variabili che assumono sia valori in un intervallo continuo che, con probabilità *finita* (non infinitesima) $P(x_i)$, per alcuni specifici valori x_i. La delta di Dirac permette di adattare la descrizione in termini di densità di probabilità anche al caso di queste variabili "miste", associando a ciascun valore "puntuale" x_i un termine di densità di probabilità pari a $P(x_i)\delta(x - x_i)$. Chiariamoci le idee con un esempio. Supponiamo di voler calcolare il tempo medio t di attesa ad un semaforo, sapendo che il semaforo è verde per un tempo T, poi rosso per lo stesso tempo, e così via. È chiaro che ho una probabilità $P_v = 1/2$ di trovare il semaforo verde, nel qual caso $t = 0$. Se invece trovo il semaforo rosso (il che avviene ancora con probabilità $P_r = 1/2$) la densità di probabilità per il tempo di attesa è uniforme e pari a $p(t) = 1/T$ per $0 < t < T$ (e ovviamente nulla per $t > T$, dato che è scattato il verde!) È facile capire che una densità di probabilità "adeguata", che tenga conto di entrambe le situazioni, è:

$$p(t) = P_v\delta(t) + P_r\frac{1}{T} = \frac{\delta(t)}{2} + \frac{1}{2T},$$

che dà (come dovremmo aspettarci) un tempo medio di attesa:

$$\langle t\rangle = \frac{1}{2}\int_0^\infty t\delta(t)\mathrm{d}t + \frac{1}{2T}\int_0^T t\mathrm{d}t = 0 + \frac{1}{2T}\left[\frac{t^2}{2}\right]_0^T = \frac{T}{4}.$$

*A.6 Funzioni generatrici

Consideriamo una sequenza (anche infinita) di numeri reali $\{a_0, a_1, a_2, \ldots\}$ Se:

$$A(s) = a_0 + a_1 s + a_2 s^2 + \ldots \tag{A.21}$$

converge in un intervallo finito $-s_0 < s < s_0$, $A(s)$ (dove la variabile s non ha di per sé alcun particolare significato) è detta *funzione generatrice* della sequenza. Così, ad esempio, la funzione generatrice della sequenza $\{1, 1, 1, \ldots\}$ è la serie geometrica $\sum_n s^n = 1/(1-s)$ che converge per $-1 < s < 1$.

La funzione generatrice assume particolare interesse quando la sequenza è costituita dalle probabilità p_k di una variabile casuale k che possa assumere solo valori *interi non negativi* (come la binomiale o la Poisson). In questo caso, dato che si ha $|p_k| \leq 1$ per ogni k,

$$P(s) = \sum_{k=0}^{\infty} p_k s^k \tag{A.22}$$

converge assolutamente almeno in $(-1, 1)$ (infatti è maggiorata dalla serie geometrica). La conoscenza della funzione generatrice permette di ricavare immediatamente il valore di aspettazione della distribuzione. Infatti, se consideriamo la derivata di $P(s)$ rispetto ad s, $P'(s) = \sum_{k=1}^{\infty} kp_k s^{k-1}$, si ha semplicemente:

$$\langle k \rangle = \sum_{k=1}^{\infty} kp_k = P'(1). \tag{A.23}$$

Analogamente, da $\langle k(k-1) \rangle = \sum_{k=2}^{\infty} k(k-1)p_k = P''(1)$, si ottiene:

$$\sigma_k = P''(1) + P'(1) - [P'(1)]^2. \tag{A.24}$$

La definizione del tutto generale di funzione generatrice di una sequenza numerica ci chiarisce perché la funzione caratteristica ed il suo logaritmo definite nel Cap. 4 possano dirsi ripettivamente generatrici dei momenti e dei cumulanti. Del resto, in modo del tutto simile a quanto fatto nel Cap. 4. si può dimostrare che se le distribuzioni di probabilità p_k e q_k di due variabili a valori interi non negativi hanno per funzioni generatrici $P(s)$ e $Q(s)$, la loro convoluzione ha per funzione generatrice $P(s)Q(s)$. Per variabili casuali di questo tipo, la funzione generatrice può spesso essere più semplice da utilizzare di quanto non lo sia la funzione caratteristica. Riportiamo allora (ponendo $q = 1-p$) le funzioni generatrici di alcune variabili intere a valori non negativi:

Distribuzione	**P(s)**
Geometrica	$1/(1-qs)$
Binomiale	$(ps+q)^s$
Poisson:	$\exp[a(s-1)]$

A.7 La distribuzione del χ^2

Vogliamo determinare la distribuzione di probabilità di una variabile χ^2 costruita come somma dei quadrati di ν variabili gaussiane, dove ν rappresenta il numero di gradi di libertà. Per cercare di trovare una risposta, cominciamo a considerare un problema più semplice, “rispolverando” qualche idea che abbiamo introdotto nel Cap. 3.

Esempio A.1. Abbiamo visto che la posizione di un punto che compie un *random walk* su una linea ha, per un numero N sufficientemente grande di “passi” di lunghezza L, una distribuzione di probabilità gaussiana centrata sull'origine e di varianza $\sigma^2 = NL^2$.Che cosa possiamo dire di un punto che compie un moto simile su di un piano? Se il moto lungo y è indipendente da quello lungo x, ciascuna di queste due variabili avrà una distribuzione di probabilità gaussiana di larghezza σ. Siamo però interessati a determinare qual è la distribuzione di probabilità $p(r)$ per il modulo r della distanza del punto dall'origine o, se vogliamo, del suo quadrato $r^2 = x^2 + y^2$. Possiamo scrivere che:

$$p(r)\mathrm{d}r = p(x)p(y) \times P(x^2 + y^2 = r^2).$$

La probabilità $P(x^2+y^2 = r^2)$ che $x^2+y^2 = r^2$ sarà proporzionale all'area di una corona circolare di raggio r e spessore $\mathrm{d}r$, che vale $2\pi r\mathrm{d}r$. Quindi possiamo scrivere:

$$p(r)\mathrm{d}r = Arp(x)p(y)\mathrm{d}r = Ar\exp\left(-\frac{x^2+y^2}{2\sigma^2}\right)\mathrm{d}r = Ar\exp\left(-\frac{r^2}{2\sigma^2}\right)\mathrm{d}r$$

dove A è una costante da determinarsi normalizzando $p(r)$. La densità di probabilità per r^2 sarà allora data da:

$$p(r^2) = \frac{\mathrm{d}}{\mathrm{d}(r^2)}p(r) = \frac{1}{2r}p(r) = C\exp\left(-\frac{r^2}{2\sigma^2}\right), \qquad \text{(A.25)}$$

dove C è una nuova costante di normalizzazione. Osserviamo che, come funzione di r^2, la distribuzione è di tipo *esponenziale.*

Ritorniamo ora al nostro problema originario. In questo caso il calcolo è del tutto simile, solo che abbiamo a che fare non solo con la somma dei quadrati di due, ma di ν variabili gaussiane $z_1, \ldots, z_\nu$. È quindi in qualche modo come avere a che fare con un moto browniano in ν dimensioni. Nel caso precedente dovevamo limitare i valori delle due variabili alla regione di piano delimitata da una corona circolare. In questo caso allora, la regione che ci interesserà sarà una calotta di spessore $\mathrm{d}\chi$ attorno ad una sfera in dimensioni di raggio χ. Dato che una regione di questo tipo ha in due dimensioni un'area proporzionale ad $\chi\mathrm{d}\chi$ ed in tre dimensioni un volume proporzionale a $\chi^2\mathrm{d}\chi$, è facile dedurre che in ν dimensioni il "volume" della calotta sarà proporzionale a $\chi^{\nu-1}\mathrm{d}\chi$. Possiamo allora scrivere per la distribuzione di χ:

$$p_\nu(\chi)\mathrm{d}\chi = A\exp\left(-\frac{z_1^2+z_1^2+\ldots+z_\nu^2}{2}\right)\chi^{\nu-1}\mathrm{d}\chi,$$

dove A è una costante di normalizzazione, e quindi da $p_\nu(\chi^2) = \dfrac{\mathrm{d}}{\mathrm{d}(\chi^2)}p_\nu(\chi)$ si ottiene in definitiva:

$$p_\nu(\chi^2) = C_\nu(\chi^2)^{\nu/2-1}\exp\left(\frac{-\chi^2}{2}\right). \qquad \text{(A.26)}$$

Con un calcolo esplicito, si può mostrare che la costante C_ν è esprimibile in termini della funzione Gamma come:

$$C_\nu = \frac{1}{2^{\nu/2}\Gamma(\nu/2)}. \qquad \text{(A.27)}$$

B

Tavole numeriche

TABELLA B.1: DISTRIBUZIONE GAUSSIANA. La tabella riporta, per valori della variabile normalizzata $0 \leq z \leq 3.5$, la quantità:

$$G(z) = \frac{1}{\sqrt{2\pi}} \int_{-\infty}^{z} \exp\left(-\frac{t^2}{2}\right) \mathrm{d}t.$$

Le prime due cifre di z sono indicate per riga, mentre il valore al secondo decimale di z si ottiene dalla colonna corrispondente). Per i corrispondenti valori negativi di z, si può utilizzare la relazione $G(-z) = 1 - G(z)$, che deriva immediatamente dal fatto che la (3.31) è normalizzata.

TABELLA B.2: DISTRIBUZIONE DELLA VARIABILE t DI STUDENT. La tabella fornisce, in funzione del numero N di dati del campione (corrispondenti a $N-1$ gradi di libertà), i valori di $t = t_P$ per cui si ottiene una data probabilità cumulativa

$$P = C_N \int_{-t_P}^{+t_P} \left(1 + \frac{t^2}{N-1}\right)^{-\frac{N}{2}} \mathrm{d}t$$

per la distribuzione di Student, indicata come percentuale tra il 50% ed il 99%. La costante di normalizzazione C_N è data esplicitamente da:

$$C_N = \frac{1}{\sqrt{\pi(N-1)}} \frac{\Gamma\left(\frac{N}{2}\right)}{\Gamma\left(\frac{N-1}{2}\right)}. \tag{B.1}$$

TABELLA B.3: DISTRIBUZIONE DEL χ^2. La tabella riporta, al variare del nmero ν di gradi di libertà la probabilità cumulativa percentuale per la distribuzione:

$$p_\nu(\chi^2) = \frac{1}{2^{\nu/2}\Gamma(\nu/2)} (\chi^2)^{\nu/2-1} \exp\left(\frac{-\chi^2}{2}\right)$$

in funzione della variabile ridotta $\chi^2_\nu = \chi^2/\nu$.

Tabella B.1. Distribuzione cumulativa gaussiana per la variabile ridotta z.

z	**0**	**1**	**2**	**3**	**4**	**5**	**6**	**7**	**8**	**9**
0.0	50.00	50.41	50.82	51.22	51.62	52.02	52.41	52.81	53.21	53.61
0.1	54.01	54.40	54.80	55.19	55.59	55.98	56.38	56.77	57.16	57.56
0.2	57.95	58.34	58.73	59.12	59.50	59.89	60.28	60.66	61.05	61.43
0.3	61.81	62.19	62.57	62.95	63.33	63.70	64.08	64.45	64.82	65.19
0.4	65.56	65.93	66.29	66.66	67.02	67.38	67.74	68.10	68.46	68.81
0.5	69.16	69.51	69.86	70.21	70.56	70.90	71.24	71.58	71.92	72.26
0.6	72.59	72.92	73.25	73.58	73.91	74.23	74.55	74.87	75.19	75.50
0.7	75.82	76.13	76.44	76.74	77.05	77.35	77.65	77.95	78.24	78.54
0.8	78.83	79.11	79.4	79.68	79.97	80.24	80.52	80.80	81.03	81.34
0.9	81.60	81.87	82.13	82.39	82.65	82.90	83.16	83.41	83.65	83.90
1.0	84.14	84.38	84.62	84.86	85.09	85.32	85.55	85.78	86.00	86.22
1.1	86.44	86.66	86.87	87.08	87.29	87.50	87.70	87.91	88.11	88.30
1.2	88.50	88.69	88.88	89.07	89.26	89.44	89.62	89.80	89.98	90.15
1.3	90.33	90.50	90.66	90.83	90.99	91.15	91.31	91.47	91.63	91.78
1.4	91.93	92.08	92.22	92.37	92.51	92.65	92.79	92.93	93.06	93.19
1.5	93.32	93.45	93.58	93.72	93.83	93.95	94.07	94.18	94.30	94.41
1.6	94.52	94.63	94.74	94.85	94.95	95.06	95.16	95.26	95.35	95.45
1.7	95.55	95.64	95.73	95.82	95.91	96.00	96.08	96.17	96.25	96.33
1.8	96.41	96.49	96.56	96.64	96.71	96.79	96.86	96.93	97.00	97.06
1.9	97.13	97.19	97.26	97.32	97.38	97.44	97.50	97.56	97.62	97.67
2.0	97.73	97.78	97.83	97.88	97.92	97.98	98.03	98.08	98.12	98.17
2.1	98.21	98.26	98.30	98.34	98.38	98.42	98.46	98.50	98.54	98.57
2.2	98.61	98.65	98.67	98.71	98.75	98.78	98.81	98.84	98.87	98.90
2.3	98.93	98.96	98.98	99.01	99.04	99.06	99.09	99.11	99.13	99.16
2.4	99.18	99.20	99.22	99.25	99.27	99.29	99.31	99.32	99.34	99.36
2.5	99.38	99.40	99.41	99.43	99.45	99.46	99.48	99.49	99.51	99.52
2.6	99.53	99.55	99.56	99.57	99.59	99.60	99.61	99.62	99.63	99.64
2.7	99.65	99.66	99.67	99.68	99.69	99.70	99.71	99.72	99.73	99.74
2.8	99.74	99.75	99.76	99.77	99.77	99.78	99.79	99.79	99.80	99.81
2.9	99.81	99.82	99.83	99.83	99.84	99.84	99.85	99.85	99.86	99.86
3.0	99.87	99.87	99.87	99.88	99.88	99.89	99.89	99.89	99.90	99.90
3.0	99.87	99.87	99.87	99.88	99.88	99.89	99.89	99.89	99.90	99.90
3.1	99.90	99.91	99.91	99.91	99.92	99.92	99.92	99.92	99.93	99.93
3.2	99.93	99.93	99.94	99.94	99.94	99.94	99.94	99.95	99.95	99.95
3.3	99.95	99.95	99.95	99.96	99.96	99.96	99.96	99.96	99.96	99.97
3.4	99.97	99.97	99.97	99.97	99.97	99.97	99.97	99.97	99.97	99.98

Tabella B.2. Distribuzione di Student: valori di $t = t_P$ a cui corrisponde una probabilità cumulativa percentuale P, al variare del numero N di dati.

N \ P	**50.0%**	**66.3%**	**90.0%**	**95.0%**	**50.0%**
2	1.000	1.838	6.314	12.71	63.65
3	0.817	1.322	2.920	4.303	9.925
4	0.765	1.197	2.353	3.182	6.841
5	0.741	1.142	2.132	2.776	4.604
6	0.727	1.111	2.015	2.571	4.032
7	0.718	1.091	1.943	2.447	3.707
8	0.711	1.077	1.895	2.365	3.499
9	0.706	1.067	1.860	2.306	3.355
10	0.703	1.059	1.833	2.262	3.250
11	0.700	1.053	1.812	2.228	3.169
12	0.697	1.048	1.796	2.201	3.106
13	0.695	1.044	1.782	2.179	3.055
14	0.694	1.040	1.771	2.160	3.012
15	0.692	1.037	1.761	2.145	2.977
16	0.691	1.035	1.753	2.131	2.947
17	0.690	1.033	1.746	2.120	2.921
18	0.689	1.031	1.740	2.110	2.898
19	0.688	1.029	1.734	2.101	2.878
20	0.687	1.027	1.729	2.093	2.861
∞	0.675	1.000	1.645	1.960	2.576

Tabella B.3. Probabilità cumulativa percentuale per la variabile ridotta χ^2_ν.

χ^2_ν \ ν	**1**	**2**	**3**	**4**	**5**	**6**	**7**	**8**	**9**	**10**
0.1	75.18	90.48	96.00	98.25	99.21	99.64	99.83	99.92	99.96	99.98
0.2	65.47	81.87	89.64	93.85	96.26	97.69	98.56	99.09	99.43	99.63
0.3	58.39	74.08	82.54	87.81	91.31	93.71	95.41	96.92	97.50	98.14
0.4	52.71	67.03	75.30	80.88	84.92	87.95	90.29	92.12	93.57	94.74
0.5	47.95	60.65	68.23	73.58	77.65	80.89	83.52	85.71	87.55	89.12
0.6	43.86	54.88	61.49	66.26	70.00	73.06	75.65	77.87	79.81	81.53
0.7	40.28	49.66	55.19	59.18	62.34	64.96	67.22	69.19	70.96	72.54
0.8	37.11	44.09	49.36	52.49	54.94	56.97	58.72	60.25	61.63	62.88
0.9	34.28	40.66	44.02	46.28	47.99	49.36	50.52	51.52	52.41	53.21
1.0	31.73	36.79	39.16	40.60	41.59	42.32	42.89	43.35	43.73	44.05
1.1	29.43	33.29	34.76	35.46	35.80	35.94	35.98	35.95	35.86	35.75
1.2	27.33	30.12	30.80	30.84	30.62	30.28	29.87	29.42	28.97	28.51
1.3	25.42	27.25	27.25	26.74	26.06	25.31	24.56	23.81	23.08	22.37
1.4	23.67	24.66	24.07	23.11	22.06	21.02	20.02	19.06	18.16	17.30
1.5	22.07	22.31	21.23	19.92	18.60	17.36	16.20	15.12	14.13	13.21
1.6	20.59	20.19	18.70	17.12	15.62	14.25	13.01	11.89	10.88	9.96
1.7	19.23	18.27	16.46	14.68	13.08	11.65	10.39	9.28	8.30	7.44
1.8	17.97	16.53	14.47	12.57	10.91	9.48	8.25	7.19	6.28	5.50
1.9	16.81	14.96	12.72	10.74	9.07	7.68	6.51	5.54	4.72	4.03
2.0	15.73	13.53	11.16	9.16	7.52	6.20	5.12	4.24	3.51	2.93
2.25	13.36	10.54	8.03	6.11	4.66	3.58	2.75	2.12	1.64	1.28
2.5	11.38	8.20	5.76	4.04	2.85	2.03	1.44	1.03	0.74	0.53
2.75	9.72	6.39	4.11	2.66	1.73	1.13	0.74	0.49	0.33	0.22
3.0	8.32	4.97	2.93	1.74	1.04	0.62	0.38	0.23	0.14	0.09
3.25	7.14	3.87	2.08	1.13	0.62	0.34	0.19	0.11	0.06	0.03
3.5	6.14	3.02	1.48	0.73	0.36	0.18	0.09	0.05	0.02	0.01
3.75	5.28	2.35	1.05	0.47	0.21	0.10	0.05	0.02	0.01	0.00
4	4.55	1.83	0.74	0.30	0.12	0.05	0.02	0.01	0.00	0.00

Indice analitico

A

anagrammi 70
apparato di misura
  banda passante 172
  calibrazione 172
  struttura generale 168
asimmetria 30, 90

B

Bayes, teorema di 63
Bernoulli
  distribuzione di *vedi* binomiale
  sequenza di 92
biblioteca di Babele 161
binomiale 92, 233
  funzione caratteristica 147
  funzione generatrice 245
Borel–Cantelli, lemma di 238
  per eventi indipendenti 239

C

calcolo combinatorio
  coefficienti binomiali 66
  coefficienti multinomiali 70
  combinazioni 66
  disposizioni 65
  fattoriali 65
  permutazioni 65
campionamento
  con rimpiazzamento 65
  senza rimpiazzamento 65
campione 12
Cauchy, distribuzione di 112, 135
  funzione caratteristica 148
Chauvenet, criterio di 181
chi-quadro (χ^2)
  distribuzione del 208, 245
  tavole 247
  test del 206
cifre significative 196
colore del cielo 104
compleanni 67
convoluzione 143
  e trasformata di Fourier 146
correlazione 44
  coefficiente di 45, 139, 187
  tra gli indici di Borsa 46
covarianza 140
cumulanti 151
  funzione generatrice 151
  relazione con i momenti 152

D

decadimenti radioattivi 103
  tempi di attesa 114, 116
δ di Dirac 144, 242
DeMoivre–Laplace, teorema di 237
deviazione standard 28
  corretta, come stima di σ_x 184
  relativa 29
diffusione
  coefficiente di 124
  equazione di 125
distribuzione

dei decimali di π 7
dei redditi 35
del numero di citazioni 43
del tasso di fecondità 22
delle lettere in un testo 16
dei terremoti 40
dei test di ammissione 17
del peso corporeo 21
dell'età al matrimonio 21
della magnitudine stellare 38
della statura 20
gaussianità 122
delle aziende italiane 42
esponenziale 36
distribuzione di probabilità
condizionata 138
marginale 137
per funzioni di una variabile 132
per più variabili 136
per variabili continue 109
per variabili discrete 83

E

entropia statistica 157
e massima verosimiglianza 212
per variabili continue 164
principio di massima 162
errori
casuali 175
di *offset* 172
di scala 174
di zero 174
propagazione degli 187
sistematici 175
umani 173
esponenziale, distribuzione
funzione caratteristica 148
eventi 51
spazio degli 50
composti 64
elementari 50
equiprobabili 50, 54
indipendenti 56
mutualmente esclusivi 52
probabilità degli 52

F

fit
lineari 217
non lineari 223
parametri di 215
polinomiali 222
frequenze
distribuzione di 15
relative 15
normalizzate 19
funzione caratteristica 144
e momenti 150
funzione generatrice 244

G

Γ di Eulero 232
gaussiana 117, 235
cumulanti 153
entropia statistica 165
forma standard 120
funzione caratteristica 149
momenti 235
per due variabili 141
probabilità cumulativa 120
tavole 247
gemelli 62
geometrica, distribuzione 85
funzione generatrice 245
gioco
del Lotto 60
del poker 67
vantaggio della prima mossa 61
gradi di libertà 207
Gutenberg-Richter, legge di 41

I

invarianza di scala 37
istogramma 19

J

Jensen, disuguaglianza di 111

L

legge dei grandi numeri 127
forma "debole" 128
forma "forte" 129, 241
leggi di potenza 36, 222
lorentziana 112

M

Marcinkiewicz, teorema di 153
massima verosimiglianza
  principio di 203
media 25
  come stima
    del valore di aspettazione 183
  pesata 198, 205
mediana 24, 182
minimi quadrati 216
  retta dei 217
misure
  outliers 178
  accuratezza 177
  dirette 167
  indirette 167
  precisione 177
  riproducibilità 172
moda 24
momenti 26, 89
  rispetto al valore di aspettazione 89
  rispetto alla media 30
Mothy Hall, problema di 81
moto browniano 32
  e processi di diffusione 124
  spostamento quadratico medio 34

N

normale, distribuzione *vedi* gaussiana
normalizzazione 84
  per variabili continue 110
numeri normali 8, 242

P

Poisson, distribuzione di 98, 234
  cumulanti 153
  entropia statistica 166
  funzione caratteristica 148
  funzione generatrice 245
  per eventi puntuali in un continuo 101
popolazione 12
probabilità 49
  assiomatica 50
  bayesiana 77
  che il sole sorga domani 78
  come misura 50
  condizionata 59
  ed informazione 156
  frequentista 74
  geometrica 54
  nella meccanica quantistica 82
  oggettiva 76

R

raccolte di figurine 91
random walk 33
  e distribuzione binomiale 95
  numero di percorsi distinti 64
  ritorno all'origine 68, 86
  su di un piano 245
Richter, scala di 40
rivelatori
  rumore di buio 171
  sincroni 171
  soglia di sensibilità 170
  tempi morti 108

S

S. Pietroburgo, paradosso di 90, 113
scimmia instancabile 240
segnali
  range dinamico 172
  amplificazione 169
  elaborazione 170
  filtraggio 170
  rivelazione 168
  SNR 171
  trasduzione 168
sistemi di scommessa 96
  e gioco del Lotto 114
Smoluchovski, equazione di 125
soglia visiva 106
statistica
  grandezza 12
  descrizione 5
  di Bose–Einstein 71
  di Fermi–Dirac 72
  di Maxwell–Boltzmann 71
  inferenza 77
  robusta 181
Stirling, approssimazione di 66, 231
Student, distribuzione di 199
  tavole 247

T

Teorema Centrale Limite 153
  e gaussianità degli errori 177
test diagnostici 61
trasformata di Fourier 146
  e derivate 147

U

uniforme, distribuzione 111
  funzione caratteristica 148

V

valore di aspettazione 88
variabili casuali 83
  indipendenti 137
  scorrelate 139
  somma di 139, 144
varianza 89

UNITEXT – Collana di Fisica e Astronomia

Adalberto Balzarotti, Michele Cini, Massimo Fanfoni
Atomi, Molecole e Solidi
Esercizi risolti
2004, VIII, 304 pp.

Maurizio Dapor, Monica Ropele
Elaborazione dei dati sperimentali
2005, X, 170 pp.

Carlo M. Becchi, Giovanni Ridolfi
An Introduction to Relativistic Processes and the Standard Model of Electroweak Interactions
2006, VIII, 139 pp.

Michele Cini
Elementi di Fisica Teorica
1a ed. 2005; ristampa corretta, 2006
XIV, 260 pp.

Giuseppe Dalba, Paolo Fornasini
Esercizi di Fisica: Meccanica e Termodinamica
2006, X, 361 pp.

Attilio Rigamonti, Pietro Carretta
Structure of Matter
An Introductory Course with Problems and Solutions
2007, XVIII, 474 p.; 2a edizione 2009, XVII, 490 pp.

Carlo M. Becchi, Massimo D'Elia
Introduction to the Basic Concepts of Modern Physics
Special Relativity, Quantum and Statistical Physics
2007, X, 155 p.

Luciano Colombo, Stefano Giordano
Introduzione alla Teoria della elasticità
Meccanica dei solidi continui in regime lineare elastico
2007, XII, 292 pp.

Egidio Landi Degl'Innocenti
Fisica Solare
2008, X, 294 pp., inserto a colori

Leonardo Angelini
Meccanica quantistica: problemi scelti
100 problemi risolti di meccanica quantistica
2008, X, 134 pp.

Giorgio Bendiscioli
Fenomeni radioattivi
Dai nuclei alle stelle
2008, XVI, 464 pp.

Michelangelo Fazio
Problemi di Fisica
2008, XII, 212 pp., con CD Rom

Giampaolo Cicogna
Metodi matematici della Fisica
2008, X, 242 pp.

Egidio Landi Degl'Innocenti
Spettroscopia atomica e processi radioattivi
2009, XII, 494 pp.

Roberto Piazza
I capricci del caso
2009, XII, 254 pp.